"十四五"职业教育国家规划教材

"十二五"职业教育国家规划教材
经全国职业教育教材审定委员会审定

修订版

传感器原理及应用

第4版

主　编　于　彤
参　编　赵文艺　石梦笛　李亚萍　殷　红

机械工业出版社
CHINA MACHINE PRESS

本书根据教育部最新《高等职业学校专业教学标准》的要求，在第3版的基础上进行修订。本书采用模块化的形式进行编写，使内容系统化；根据传感器技术新发展，增加了相应的教学案例；配套在线课程资源，以适应网络化教学需要；增加和更新了素养教育内容，以提升学生综合素质。本书分为八个模块，主要包括传感器的基本知识、温度和其他环境量传感器、力和压力传感器、物位和流量传感器、位置传感器、位移和速度传感器、新型传感器的应用、传感器信号处理与显示。本书内容丰富、适应性强，使用者可通过配套的教学资源提升信息化教学效果或学习成效。

本书可作为高等职业院校自动化类、机电设备类及相关专业教材，也可作为职业培训或成人教育的岗位培训教材。

为便于教学，本书将动画、视频等以二维码的形式插入到相关内容处，并配套有电子教案、多媒体课件、测试题及答案、实训指导书等教学资源，选择本书作为授课教材的教师可登录机械工业出版社教育服务网（http://www.cmpedu.com），注册并免费下载。

图书在版编目（CIP）数据

传感器原理及应用/于彤主编．—4版．—北京：机械工业出版社，2022.10（2024.7重印）

“十二五”职业教育国家规划教材：修订版

ISBN 978-7-111-71686-0

Ⅰ.①传…　Ⅱ.①于…　Ⅲ.①传感器-高等职业教育-教材　Ⅳ.①TP212

中国版本图书馆CIP数据核字（2022）第179103号

机械工业出版社（北京市百万庄大街22号　邮政编码100037）

策划编辑：赵红梅　　责任编辑：赵红梅　于　宁

责任校对：李　婷　刘雅娜　封面设计：张　静

责任印制：任维东

河北鑫兆源印刷有限公司印刷

2024年7月第4版第6次印刷

184mm×260mm · 15.75印张 · 384千字

标准书号：ISBN 978-7-111-71686-0

定价：48.00元

电话服务	网络服务
客服电话：010-88361066	机　工　官　网：www.cmpbook.com
010-88379833	机　工　官　博：weibo.com/cmp1952
010-68326294	金　　书　　网：www.golden-book.com
封底无防伪标均为盗版	机工教育服务网：www.cmpedu.com

关于“十四五”职业教育
国家规划教材的出版说明

为贯彻落实《中共中央关于认真学习宣传贯彻党的二十大精神的决定》《习近平新时代中国特色社会主义思想进课程教材指南》《职业院校教材管理办法》等文件精神，机械工业出版社与教材编写团队一道，认真执行思政内容进教材、进课堂、进头脑要求，尊重教育规律，遵循学科特点，对教材内容进行了更新，着力落实以下要求：

1. 提升教材铸魂育人功能，培育、践行社会主义核心价值观，教育引导学生树立共产主义远大理想和中国特色社会主义共同理想，坚定“四个自信”，厚植爱国主义情怀，把爱国情、强国志、报国行自觉融入建设社会主义现代化强国、实现中华民族伟大复兴的奋斗之中。同时，弘扬中华优秀传统文化，深入开展宪法法治教育。

2. 注重科学思维方法训练和科学伦理教育，培养学生探索未知、追求真理、勇攀科学高峰的责任感和使命感；强化学生工程伦理教育，培养学生精益求精的大国工匠精神，激发学生科技报国的家国情怀和使命担当。加快构建中国特色哲学社会科学学科体系、学术体系、话语体系。帮助学生了解相关专业和行业领域的国家战略、法律法规和相关政策，引导学生深入社会实践、关注现实问题，培育学生经世济民、诚信服务、德法兼修的职业素养。

3. 教育引导学生深刻理解并自觉实践各行业的职业精神、职业规范，增强职业责任感，培养遵纪守法、爱岗敬业、无私奉献、诚实守信、公道办事、开拓创新的职业品格和行为习惯。

在此基础上，及时更新教材知识内容，体现产业发展的新技术、新工艺、新规范、新标准。加强教材数字化建设，丰富配套资源，形成可听、可视、可练、可互动的融媒体教材。

教材建设需要各方的共同努力，也欢迎相关教材使用院校的师生及时反馈意见和建议，我们将认真组织力量进行研究，在后续重印及再版时吸纳改进，不断推动高质量教材出版。

机械工业出版社

前 言

在技能型人才培养的背景下，按照“新形态”教材发展趋势和“十四五”职业教育国家规划教材审核要求，我们对本书进行全面修订。

本书依据高等职业教育人才培养目标的要求，遵循思想性、基础性、应用性、可读性等原则，编写中参考了《传感网应用开发职业技能等级标准》《计算机视觉应用开发职业技能等级标准》及其面向岗位群的要求。在内容和形式上，力求满足“课证融通”“类型学分制”等教学要求，配备信息化教学资源等。本书主要体现以下几方面特色：

1）调整和增补了应用案例，使之尽可能适应不同专业所需。

2）增加了信息化教学资源，以调动学生的学习兴趣，适应新形势下的学习方式。

3）调整和增补了新工艺、新设备、新材料、新技术在传感器中的应用。

本书采用模块化编写，以工程任务为主线。本书包括八个模块，分别是传感器的基本知识、温度和其他环境量传感器、力和压力传感器、物位和流量传感器、位置传感器、位移和速度传感器、新型传感器的应用、传感器信号处理与显示。本书基础知识宽泛，体现多方位实践，突出技能培训。

本书参考学时建议为48~64学时，根据教学单位条件可做适当内容增删和学时调整。

本书编写分工如下：石梦笛编写模块一和模块六，于彤编写模块二、模块七和模块八，赵文艺编写模块三，殷红编写模块四，李亚萍编写模块五。全书由北京电子科技职业学院于彤主编并统稿。在编写过程中得到了黄敦华教授、杨富民博士的有益指导，在此对他们表示感谢！

鉴于本书内容涉及学科多，以及编者水平有限，书中不妥、疏漏之处在所难免，恳请专家、同行及读者批评指正。

编 者

二维码索引

目　录

模块一　传感器的基本知识

模块引入

近年来，“中国制造 2025”计划纲领的提出预示着我国要从制造大国向制造强国转型，在这其中会遇到诸多的困难，解决问题的关键核心在于工业与信息化的融合，利用信息化、互联网、大数据管理与分析等技术，来提高制造业的智能化水平。目前，中国、日本、美国、法国等世界上的主要工业国家先后发表了自己的第四次工业革命国家发展战略，智能制造（Intelligent Manufacturing）概念正式提出。数字化、网络化、智能化离不开传感器，传感器与我们的生活息息相关。因此，掌握传感器的基本知识具有重要意义。

小提示　兴趣是最好的老师，你能否发现身边用到哪些传感器？是否能看懂传感器使用手册上的性能参数指标？

本模块学习传感器的基本知识，包括传感器的作用、组成和分类以及传感器的基本特性参数。

单元一　传感器的作用、组成和分类

单元引入

工程测量中将能够感受规定的被测量并按照一定规律转换成可用输出信号的器件或装置称为传感器。传感器的输出量是某种物理量，便于传输、转换、处理、显示等，常见的是电量（如电压、电流等）或者电参数（电阻、电容、电感等）。

人的行为运动是通过人的五官感受外界刺激并传递给大脑，大脑再发出指令控制骨骼和肌肉的过程。在这里我们可以把传感器与人的五官做类比，在工程测量中，传感器就是我们的五官，它用来感受被测物理量，计算机相当于人的大脑，测试系统工作的过程就是传感器作用于被测物理量，把采集到的原始数据利用通信传输到计算机中，最终实现数据分析与处理。

学习目标

1）认识机电及电器设备中最常见的传感器。

2）掌握传感器的作用和组成，了解传感器的分类、主要性能指标和发展趋势。

3）熟悉测量误差的基本概念和相关计算。

建议课时

2 学时

知识点

一、传感器的作用

在工业控制领域中，只有准确的检测才能有精确的控制，这句话生动地反映了工业生产中传感器的重要地位。

机电一体化系统一般由机械本体、传感器、控制装置和执行机构四部分组成，如图 1-1 所示。

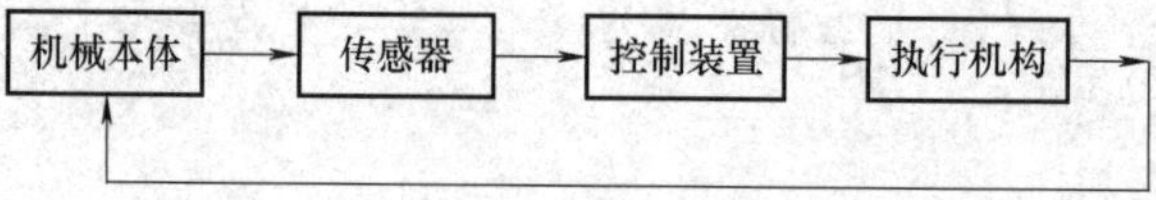

图 1-1　机电一体化系统的组成

传感器作用

传感器把代表机械本体的工作状态、生产过程等工业参数转换成电量，从而便于采用控制装置使控制对象按给定的规律变化，推动执行机构适时地调整机械本体的各种工业参数，使机械本体处于自动运行状态，并实行自动监视和自动保护。显然，传感器是机械本体与控制装置的“纽带”和“桥梁”。

人类借助于感觉器官（耳、目、口、鼻和皮肤）从自然界获取信息，再将信息输入大脑进行分析判断（即人的思维）和处理，由大脑指挥四肢作出相应的动作，这是人类认识和改造世界的最基本模式。现代科学技术使人类进入了信息时代，自然界的信息都需要通过传感器进行采集才能获取。图 1-2 形象地表达了人体与机器的自动控制系统各部分的对应关系，把计算机比作人的大脑，传感器比作人的五官，执行器比作人的四肢，便有了工业机器人的雏形。传感器在诸如高温、高湿等环境及高精度、超细微等方面是人的感觉器官所不能替代的。传感器的作用包括信息的收集、信息数据的交换和控制信息的采集。

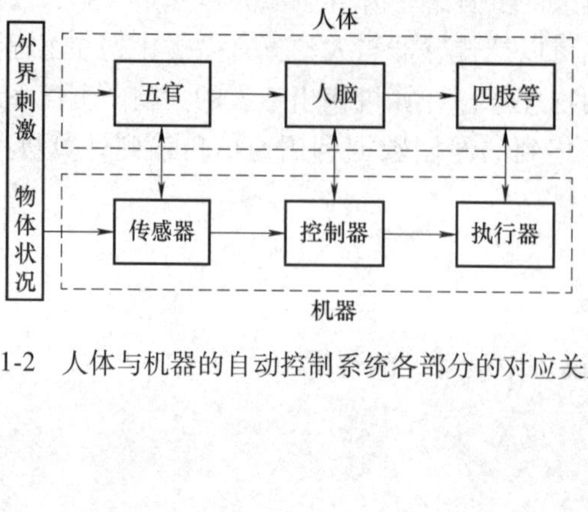

图 1-2　人体与机器的自动控制系统各部分的对应关系

随着自动化等新技术的发展，传感器的使用范围越来越大，现代化仪器和设备几乎都离不开传感器。传感器的应用领域大致有以下几个方面。

1）在机械制造业中，要进行动态特性测量，如加工精度等，需要利用传感器测量刀架、床身等有关部位的振动、机械阻抗等参数来进行检验。在超精加工中，要求对零件尺寸在线检测与控制，只有具有“耳目”作用的传感器才能提供有关信息。

2）农业生产中，必须掌握土地作物的分布，预防和判断灾情，掌握森林资源，观察海洋环境，农、林、渔产品的储藏、流通、病虫害诊断等，所有这些工作都离不开传感器。

3）在汽车工业中，传感器已经不仅限于测量车速、距离、转速等参数，而且在一些设施如安全气囊、防滑系统、防抱死系统、电子燃料喷射、电子变速控制等装置上都安装有相应的传感器。有资料显示，美国某汽车生产厂曾在一辆汽车上安装 90 余只传感器，以测量不同的信息。

4）在家用电器中，厨房电器、空调、电冰箱、洗衣机、安全报警器、电熨斗、照相机、音像设备等都用到了传感器。

5）在机器人技术中，生产用的机器人用传感器检测位置、角度等；智能机器人用传感器实现视觉和触觉等。在日本，机器人成本的 1/2 是耗费在传感器上面的。

6）传感器还在医学、环境保护、航空航天、遥感技术和军事等各个方面得到越来越多的应用。

为了形象地了解传感器的作用，介绍一个典型的实例——液位自动控制系统，其工作原理图如图 1-3a 所示。

被控制的液体中放置两个传感器（见图 1-3b），当液体接近高液位或低液位传感器的感应面时，该传感器就会发出一个信号到控制器，控制器按照设定的程序断开或闭合接触器 KM，关闭或起动水泵电动机 M，这样容器中液体储量就可以控制在一定的范围内，整个系统处于自动控制状态，降低了人的劳动强度。

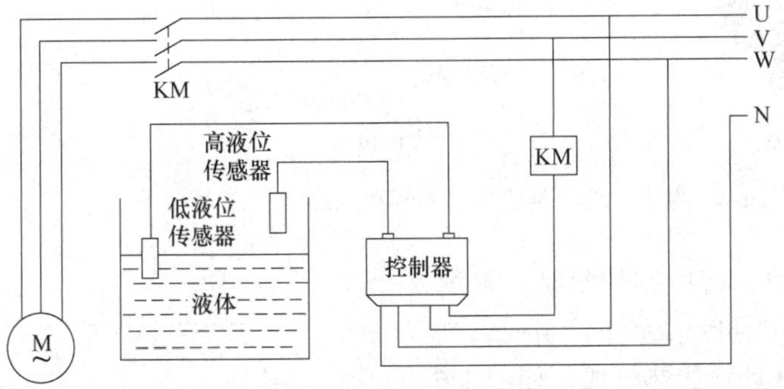

a) 工作原理图

b) 液位传感器

图 1-3　液位自动控制系统

通常的传感器技术是指信息采集和系统控制两个不同的领域。

传感器用于信息采集时，信息经过处理后送到显示系统（如仪表），就可以指示设备或系统当前的运行状态。如汽车的速度传感器用来检测汽车的行驶速度，将速度信号变换后，通过仪表盘显示或记录车速。

传感器还用于系统控制中。一些自动控制系统利用传感器来采集信息，并将其输送到控制器，控制器产生输出信号去控制被测参数。如汽车中的 ABS（制动防抱死系统），利用传感器监测到的车轮的速度信息来控制刹车装置的压力，从而保证刹车时车轮不与地面滑动。

二、传感器的组成

传感器通常由敏感元件、传感元件和测量转换电路组成，如图 1-4 所示，其中，敏感元件是指传感器中能直接感受被测量的部分；传感元件（也称转换元件）指传感器中能将敏感元件输出的非电量信号转换为适于传输和测量的电信号的部分；由于传感器输出信号一般都很微弱，需要有信号调节与转换电路将其放大或转换为容易传输、处理、记录和显示的形式，这一部分称为测量转换电路。

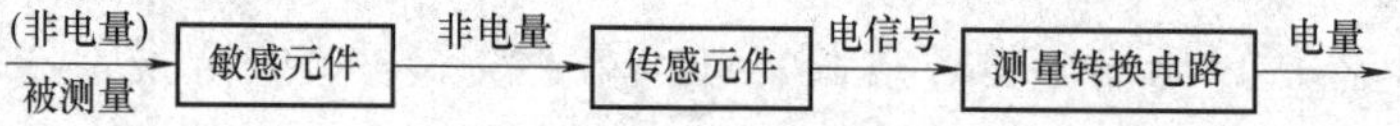

图 1-4 传感器的组成

传感器输出信号有很多形式，如电压、电流、频率、脉冲等，输出信号的形式由传感器的原理决定。常见的信号调节与转换电路有放大器、电桥、振荡器、电荷放大器等，它们分别与相应的传感器配合。

如电容式压力传感器，其外观和原理如图 1-5 所示。传感器底侧为待测压力入口，左侧是信号电缆接口。待测压力作用于可动电极上，使之（向上）变形，造成可动电极与固定电极的距离发生变化，从而电容量发生变化。传感器输出电容量的变化经处理电路进一步变换后得到输出电压信号。

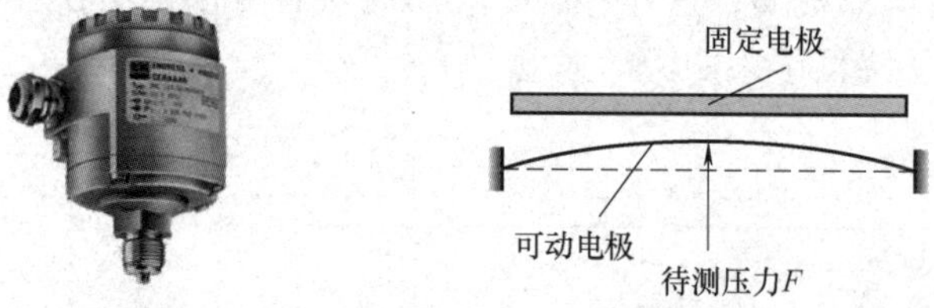

a) 外观　　b) 原理

图 1-5 电容式压力传感器的外观和原理

实际上有些传感器很简单，有些则较复杂。最简单的传感器由一个敏感元件（兼传感元件）组成，当它感受被测量时，直接输出电量，如热电偶。如图 1-6 所示，两种不同的金属材料 A 和 B，一端连接在一起，放在被测温度 T 中，另一端为参考温度 T_0，则在回路中将产生一个与温度 T、T_0 有关的电动势，从而进行温度测量。

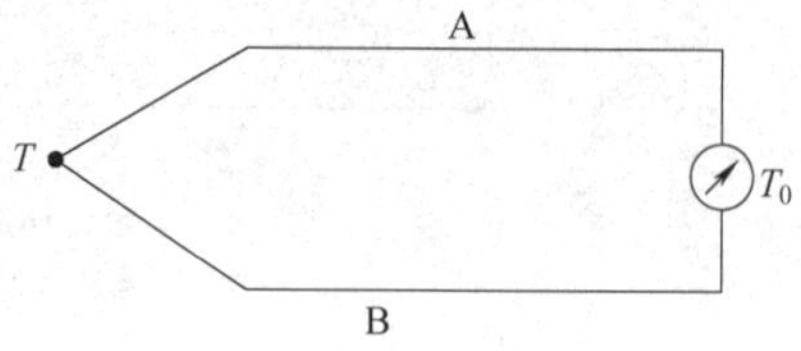

图 1-6 热电偶

在某些领域，传感器又称为变换器、检测器或探测器等。应该说明，并不是所有的传感器都能明显分清敏感元件、传感元件和测量转换电路三个部分，也可能是三者合为一体。随着半导体器件与集成技术在传感器中的应用，传感器的测量转换电路可以安装在传感器的壳体里或与敏感元件一起集成在同一芯片上，如半导体气体传感器、湿度传感器等，它们一般都是将感受的被测量直接转换为电信号，没有中间环节。

三、传感器的分类

传感器技术是一门知识密集型技术，传感器的原理各种各样，与许多学科有关，其种类十分繁多，分类方法也五花八门，目前尚无一个统一的方法。比较常用的分类方法如下。

1. 按工作原理分类

传感器按工作原理可以分成参量传感器、发电传感器、脉冲传感器及特殊传感器。其中参量传感器有触点传感器、电阻传感器、电感式传感器、电容式传感器等；发电传感器有光电池、热电偶传感器、压电式传感器、磁电式传感器等；脉冲传感器有光栅、磁栅、感应同步器、码盘等；特殊传感器是不属于以上三种类型的传感器，如超声波探头、红外探测器、激光检测等。

这种分类方法的优点是可以把传感器按工作原理分门别类地归纳起来，避免名目过多，且较为系统。

2. 按被测量性质分类

传感器按被测量性质可以分成机械量传感器、热工量传感器、成分量传感器、状态量传感器和探伤传感器等。其中机械量有力、长度、位移、速度、加速度等；热工量有温度、压力、流量等；成分量传感器是检测各种气体、液体、固体化学成分的传感器，如检测可燃气体泄漏的气敏传感器；状态量传感器是检测设备运行状态的传感器，如由干簧管、霍尔元件做成的各种接近开关；探伤传感器是用来检测金属制品内部的气泡和裂缝以及检测人体内部器官的病灶等的各种传感器，如超声波探伤头、CT 探测器等。

这种分类方法对使用者比较方便，容易根据测量对象的性质来选择所需要的传感器。本书就是采用这种分类方法。

3. 按输出量种类分类

传感器按输出量种类可分成模拟式传感器和数字式传感器。模拟式传感器输出与被测量成一定关系的模拟信号，如果需要与计算机配合或用数字显示，还必须经过模/数（A/D）转换电路。数字式传感器输出的是数字量，可直接与计算机连接或用数字显示，读取方便，抗干扰能力强。还有一种传感器，能将被测量转换成开关的通断状态，称为开关式传感器。

传感器常常按工作原理及被测量性质两种分类方式合二为一进行命名，如电感式位移传感器、光电式转速计、压电式加速度计等。这种命名方式使传感器的工作原理与被测量一目了然，便于使用者正确选用。

四、应用案例——桥梁结构安全健康监测系统

随着科学技术的发展，桥梁结构正朝着规模化、大型化、功能复杂化发展，同时桥梁结构的安全性受到越来越多的重视，因为一旦发生问题会造成不可估量的后果，因此需要对桥梁进行安全评估和寿命预测。桥梁结构安全健康监测系统可以有效解决这些问题，并被广泛应用。图 1-7 所示为桥梁结构安全健康监测系统。

目前，国内的桥梁如厦门集美大桥等都是采用这种方式进行桥梁结构的监测，整个系统

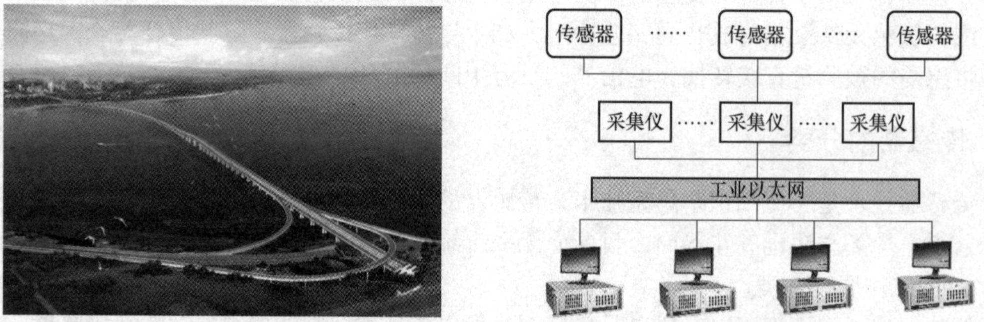

a) 外观　　b) 监测系统

图 1-7　桥梁结构安全健康监测系统

使用大量的传感器，其中包括风速仪、磁通量传感器、倾角仪、压力变送器和单向、三向加速度传感器等。不同类型的传感器的原理及应用各有特点。

（1）风速仪　利用声波在大气中的传播速度随风速的变化而变化的原理，通过电子线路测得时间差和时间之和就可求得风速。

（2）磁通量传感器　基于铁磁性材料的磁弹效应原理进行测量，当传感器受到外力作用时，铁磁性材料内部产生机械应力或应变，其磁导率发生相应变化，通过测定磁导率的变化来反映应力（或索力）的变化。

（3）倾角仪　当基体中的轴向一个方向转动时，计数值增加，当转动方向改变时，计数值减少。计数值与倾角仪的初始位置有关，当初始化倾角仪时，它的计数值被设置为 0。通过计算旋转的角度，测出位置和速度。

（4）压力变送器　是一种将压力转换成气动信号或电动信号进行控制和远程传输的设备。它能将测压元件传感器感受到的气体、液体等物理压力参数转变成标准的电信号（如 DC 4~20mA 等），以供给指示报警仪、记录仪、调节器等二次仪表进行测量、指示和过程调节。

（5）加速度传感器　通常由质量块、阻尼器、弹性元件、敏感元件和适调电路等部分组成。传感器在加速过程中，通过对质量块所受惯性力的测量，利用牛顿第二定律获得加速度值。根据传感器敏感元件的不同，常见的加速度传感器包括电容式、电感式、应变式、压阻式和压电式等。

桥梁结构安全健康监测系统通过多种类型传感器结合的工作方式将原始信号进行收集、整理与传输，实现桥梁的环境、结构等监测，可以有效避免桥梁结构故障的发生，保障人民群众的安全，具有重要的意义。

单元小结

传感器是人类感官的延伸，借助传感器可以探测那些人们无法或不便用感官直接感知的事物。此外，传感器处于测试装置的输入端，是测试系统的重要环节，直接影响整个测试系统的精确度。因此，我们需要掌握传感器的基本知识。

传感器可以按照工作原理、被测量性质和输出量种类进行分类。

单元二　传感器的基本特性参数

单元引入

在工业现场如何根据测试目的和实际工作条件合理地选择传感器，这是经常会遇到的问题。

学习目标

1）理解传感器的静态特性。
2）理解传感器的动态特性。

建议课时

2 学时

知 识 点

在生产过程和科学实验中，要对各种各样的参数进行检测和控制，这就要求传感器能感受被测非电量的变化，并不失真地变换成相应的电量，这取决于传感器的基本特性，即输入输出特性。传感器的基本特性通常可以分为静态特性和动态特性。传感器的特性也同样适用于测量系统。

一、传感器的静态特性

静态特性是指当输入的被测量不随时间变化或缓慢地随时间变化时，传感器的输出量与输入量的关系。它主要有线性度、灵敏度、分辨率和迟滞等。

1. 线性度

线性度指传感器的输出与输入之间数量关系的线性程度。输出与输入关系可分为线性特性和非线性特性。从传感器的性能看，希望具有线性关系，即理想输入输出关系，但实际遇到的传感器大多为非线性。

在实际使用中，为了标定和数据处理的方便，希望得到线性关系，因此引入各种非线性补偿环节，从而使传感器的输出与输入关系变为线性或接近线性。但如果传感器非线性特性不明显，且输入量变化范围较小时，可用一条直线近似地代表实际曲线的一段，使传感器的输入输出特性线性化，所采用的直线称为拟合直线，如图 1-8 所示。

传感器的线性度是指在全量程范围内实际特性曲线与拟合直线之间的最大偏差 $|\Delta_{Lmax}|$ 与输出量程范围之比。线性度也称为非线性误差，用 γ_L 表示，即

$$\gamma_L = \frac{|\Delta_{Lmax}|}{y_{max} - y_{min}} \times 100\% \tag{1-1}$$

式中　$|\Delta_{Lmax}|$——最大非线性绝对误差；
$y_{max} - y_{min}$——输出量程范围。

2. 灵敏度（S）

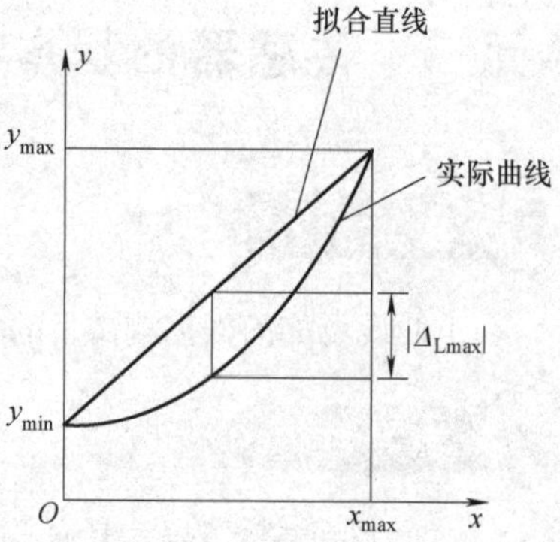

图 1-8　线性度示意图

灵敏度是指在稳态工作情况下，传感器输出量增量 Δy 与被测量增量 Δx 的比值，即 $S=\Delta y/\Delta x$，它是输入输出特性曲线的斜率。如果传感器的输出和输入之间呈线性关系，则灵敏度（S）是一个常数。灵敏度的量纲是输出和输入的量纲之比。如，某位移传感器在位移变化 1mm，输出电压变化为 50mV 时，其灵敏度应表示为 50mV/mm。当传感器输出和输入的量纲相同时，灵敏度可理解为放大倍数。

3. 分辨率

分辨率是指传感器在规定测量范围内检测被测量的最小变化量的能力。只有当输入量的变化量超过了分辨率量值时，其输出才会发生变化。分辨率越小，表明传感器检测非电量的能力越强。分辨率的高低从某一个侧面反映了传感器的精度。对于模拟（指针）式仪表，分辨率就是面板刻度盘上的最小分度（1 格），而对于数字式仪表，分辨率就是仪表的最小显示数字的单位值。

4. 迟滞

迟滞是指传感器的正向特性与反向特性不一致的程度。产生迟滞现象的主要原因是传感器的机械部分不可避免存在着间隙、摩擦及松动。

二、传感器的动态特性

传感器检测的输入信号是随时间变化的，传感器应能跟踪输入信号的变化，这样才可以获得准确的输出信号；如果输入信号变化太快，传感器就可能跟踪不上。这种能跟踪输入信号变化的特性就是响应特性，即为动态特性。动态特性是传感器的重要特性之一。

单元小结

了解和掌握传感器的基本特性有助于我们进行传感器的应用。在工程实际中，传感器的选型基于被测物理量的类型（静态或动态），一些传感器的精度非常高，但是测量时长较长，这样的传感器属于静态特性好，适合用于检测静态物理量；同理，动态物理量检测需要响应速度快、时间精度高的传感器。

单元三　测量误差及误差的处理

单元引入

测试系统可以将采集到的原始物理信号转化成电信号，利用模/数转化，供计算机存储与整合。传感器处于测试系统的最初环节，它的测量误差直接影响整个系统的准确性。现实中测量误差是无法避免的，但在设备选型时，利用传感器的测量误差及处理方法，我们可以对传感器的类型进行筛选，尽量减小误差带来的影响。

学习目标

1）熟悉测量误差及误差的处理方法。

2）能根据工程实际，结合测量误差进行传感器设备的选型。

3）培养科学严谨的学习态度。

建议课时

4 学时

知识点

任何测量都存在误差，只要误差在允许范围内即可认为符合标准，传感器也不例外。传感器的误差是指传感器的实际输出值与理论输出值的差值。因此要求设计与制造传感器时，误差必须在规定误差的范围之内。

一、传感器的基本误差

由传感器的定义得知，传感器是将未知的物理量转换成可知的电信号，传感器的误差也就是测量误差。下面介绍有关测量的部分名词。

1. 真值

被测量本身所具有的真正值称为真值。量的真值是一个理想的概念，一般是不知道的，但在某些特定情况下，真值又是可知的，如一个整圆的圆周角为360°等。

2. 约定真值

由于真值往往是未知的，所以一般用基准器的量值来代替真值，称为约定真值，它与真值之差可以忽略不计。

3. 实际值

在排除了系统误差的前提下，当测量次数为无限多时，测量结果的算术平均值接近于真值，因而可将它视为被测量的真值。但是实际的测量次数是有限的，故按有限测量次数得到的算术平均值只是统计平均值的近似值。而且由于系统误差不可能完全被排除掉，故通常只能把精度更高一级的标准器具所测得的值作为“真值”。为了强调它并非是真正的“真值”，故把它称为实际值。

4. 标称值

测量器具上所标出来的数值。

5. 示值

由测量器具读数装置指示出来的被测量的数值。

6. 测量误差

用器具进行测量时，所测量出来的数值与被测量的实际值之间的差值。

二、误差的分类

在测量中，由不同因素产生的误差是混合在一起且同时出现的。为了便于分析和研究误差的性质、特点和消除方法，下面将对各种误差进行分类讨论。

1. 按表示方法分类

（1）绝对误差　示值 A_x 与约定真值 A_0 的差值，即 $\Delta = A_x - A_0$。

绝对误差是有正、负并有量纲的。在实际测量中，有时要用到修正值，修正值是与绝对误差大小相等、符号相反的值，即 $\alpha = -\Delta$。只要得到修正值 α 和示值 A_x，便可得知约定真值 A_0。修正值通常用高一级的测量仪器或标准仪器获得。

测量误差

采用绝对误差表示测量误差，不能很好地说明测量质量的好坏。如，在温度测量时，绝对误差 $\Delta = 1℃$，对体温测量来说是不允许的，而对钢水温度来说是极好的测量结果，所以用相对误差可以比较客观地反映测量的准确性。

（2）相对误差　针对绝对误差有时不足以反映示值偏离约定真值的程度而设定的，在实际测量中相对误差有下列表示形式：

1）实际相对误差 γ_A。用绝对误差 Δ 与约定真值 A_0 的百分比表示，即

$$\gamma_A = \pm\frac{\Delta}{A_0}\times 100\% \tag{1-2}$$

2）标称相对误差 γ_x。用绝对误差 Δ 与示值 A_x 的百分比表示，即

$$\gamma_x = \pm\frac{\Delta}{A_x}\times 100\% \tag{1-3}$$

3）满度（或引用）相对误差 γ_m。用绝对误差 Δ 与仪器满刻度值 A_m 百分比表示，即

$$\gamma_m = \pm\frac{\Delta}{A_m}\times 100\% \tag{1-4}$$

在式（1-4）中，当 Δ 取最大值 Δ_m 时，满度（或引用）相对误差就被用来确定仪表的准确度等级 S（如 $0.5\% <$ 满度相对误差 $\leqslant 1\%$ 时，则称准确度等级为 1 级），即

$$S = \frac{|\Delta_m|}{A_m}\times 100\% \tag{1-5}$$

当仪表显示值下限不为零时，准确度等级 S 应用式（1-6）表达：

$$S = \frac{|\Delta_m|}{A_{max} - A_{min}}\times 100\% \tag{1-6}$$

式中，A_{max}——仪表刻度盘的上限值；

A_{min}——仪表刻度盘的下限值。

我国电工仪表等级分为七级，即 0.1、0.2、0.5、1.0、1.5、2.5 和 5.0 级。

【例 1-1】　现有 0.5 级的 0~300℃ 和 1.0 级的 0~100℃ 两个温度计，要测 100℃ 的温度，试问采用哪一个温度计好？

解：用 0.5 级仪表测量时，最大标称相对误差为

$$\gamma_{x_1} = \frac{\Delta m1}{A_x}\times 100\% = \frac{300\times(\pm 0.5\%)}{100}\times 100\% = \pm 1.5\%$$

用 1.0 级仪表测量时，最大标称相对误差为

$$\gamma_{x_2} = \frac{\Delta m2}{A_x}\times 100\% = \frac{100\times(\pm 1.0\%)}{100}\times 100\% = \pm 1.0\%$$

$$\gamma_{x_1}>\gamma_{x_2}$$

显然用1.0级仪表比用0.5级仪表更合适。因此在选用传感器时应兼顾准确度等级和量程。

2. 按误差出现的规律分类

（1）系统误差　指误差的数值及符号都保持不变，或在条件改变时误差按某一确定规律变化的一类误差。系统误差主要由材料、零部件及工艺缺陷、环境温度和湿度、压力变化及其他外界干扰所引起。

系统误差表明了一个测量结果偏离真值和实际值的程度。系统误差越小，测量越准确，系统误差是有规律的，它可以通过实验方法或引入修正值方法予以修正。

（2）随机误差　由于偶然因素的影响而引起的，在同一条件下多次测量同一量时，误差的绝对值和符号随机变化。随机误差的特点是随机性，没有一定规律，时大时小，时正时负，不能预测。

由于随机误差具有偶然的性质，不能预先知道，因而也就无法从测量过程中予以修正或把它消除。但是随机误差在多次重复测量中符合统计规律，在一定条件下，可以用增加测量次数的方法加以控制。

（3）过失误差（粗大误差）　指明显歪曲测量结果的误差。这是由于测量者在测量和计算中方法不合理、粗心大意或记错数据所引起的误差。只要实验者采取严肃认真的态度是可以避免的。

三种误差比较见表1-1。

表1-1　三种误差比较

误差种类	产生原因	表现特征	解决方法
系统误差	测量设备自身原因或测量环境的干扰	误差值恒定或按一定规律变化	改进测量设备或引入修正值
随机误差	大量偶然因素	误差值不定、不可预测	多次测量、算术平均
过失误差	人为因素	测量值明显偏离实际值	避免过失和错误方法

三、传感器和仪表的精度

精度可细分为精密度、准确度和精确度。

1. 精密度

表示一组测量值的偏离程度，或表示多次测量时，测得值重复性的高低。如果多次测量的值都互相很接近，即偶然误差小，则称为精密度高。可见精密度与偶然误差相联系。

2. 准确度

表示一组测量值与真值的接近程度。测量值与真值越接近，或者说系统误差越小，其准确度越高。所以准确度与系统误差相联系。

3. 精确度

它反映系统误差与偶然误差合成的大小程度。在实验测量中，精密度高的、准确度不一定高；准确度高的，精密度不一定高；但精确度高的，精密度和准确度都高。

图1-9所示为用射击弹点表示精度。

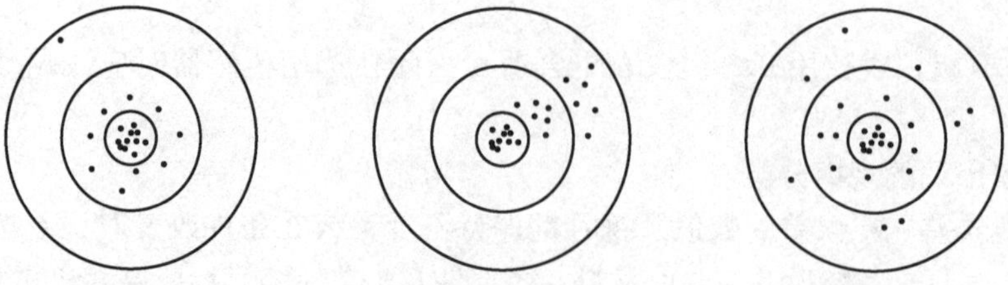

图 1-9 用射击弹点表示精度

小知识

一、测量的方法

为获得被测量的值而进行的操作称为测量。测量的过程就是将被测量与标准量进行比较，从而确定被测量对标准量的倍数。

实际测量中为了得到测量结果，可以采取不同方法。通常要根据被测量的性质和测量的要求选择适当的测量方法。

1. 按测量操作的方法分类

（1）直接测量 用测量仪器与被测量进行比较，直接读取被测量的数据结果；或将测量值与同类标准量比较而得出结果。如用刻度尺、游标卡尺、天平、电流表等进行的测量都属于直接测量。

（2）间接测量 有些被测量不能直接用测量仪器得到数据，可以间接测出与被测量有确定函数关系的几个量，再根据函数关系换算出被测量的值。如用单摆测量重力加速度、伏安法测量电阻等。

2. 按获取被测数据的方法分类

（1）偏差式测量 用测量仪指示数相对于刻度起始点的位移（偏差）来表示被测量大小的测量方法称为偏差式测量。这种测量方法的特点是仪表内部没有标准量具，只有与标准量校准过的标尺或刻度。测量时利用仪表指针在标尺或刻度盘上的相对偏差，读出被测量的大小。偏差式测量方法的优点是快捷方便，但测量精度较低。这种方法广泛应用于各种工程测量。

（2）零位式测量 采用指零式机构指示测量系统的平衡状态。测量时，当指示机构显示系统达到平衡时，用已知的标准量来确定被测量的大小，这种测量方法称为零位式测量。天平测量质量就是典型的实例。这种测量方法精度可以很高，但测量过程较长，且只适用于测量缓慢变化量。

（3）微差式测量 综合偏差式测量和零位式测量的优点，将被测量与标准量进行比较，取得差值后，再用偏差式测量方法求出此偏差值。

设 N 为标准量，x 为被测量，Δ 为两者之差，$\Delta=x-N$，即 $x=N+\Delta$，被测量是标准量与偏差值之和。因为 N 是标准量，故误差很小，由于 $\Delta \ll N$，因此可以选用高灵敏度的偏差式仪表进行测量。即使 Δ 的测量准确度较低，但因 $\Delta \ll N$，总的测量准确度仍然很高。

微差式测量示意图如图 1-10 所示，P 是灵敏度很高的偏差式仪表，用于指示被测量与标准量的差值。可见，被测量 $x=N+\Delta$，只要偏差式仪表准确度高，Δ 足够小，那么测量准确度基本上取决于 N 的准确度。

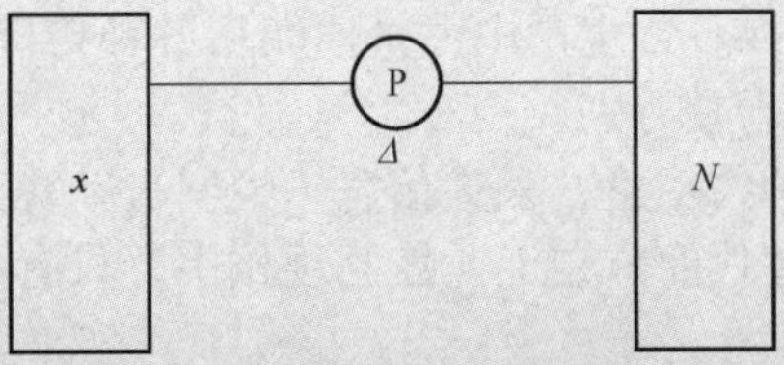

图 1-10　微差式测量示意图

微差式测量速度快、准确度高，既避免了偏差式测量精度低的缺点，又避免了零位式测量反复调节标准量大小的麻烦，因此微差式测量常用于精密测量或生产线控制参数的测量。

二、传感器的输入量与输出量

在检测过程中，传感器感受外界信息，并将其转换成电信号，即利用各种效应，把被测的物理量、化学量、生物量等非电量转换成电量。表 1-2 为传感器的输入量、输出量及其转换原理。

表 1-2　传感器的输入量、输出量及其转换原理

输入量				转换原理	输出量
物理量	机械量	几何学量	长度、位移、应变、厚度、角度、角位移	物理定律或物理效应	电量（电压或电流）
		运动学量	速度、角速度、加速度、振动、频率、时间		
		力学量	力、力矩、应力、质量、荷重		
	流体量		压力、真空度、流速、流量、液位、黏度		
	温度		温度、热量、比热		
	湿度		湿度、露点、水分		
	电量		电流、电压、功率、电场、电荷、电阻、电感、电容		
	磁场		磁通、磁场强度、磁感应强度		
	光		光度、照度、色、紫外光、红外光、可见光、光位移		
	放射线		X、α、β、γ 射线		
化学量			气体、液体、固体分析、pH 值、浓度	化学效应	
生物量			酶、微生物、免疫抗原、抗体	生物效应	

模块总结

人们在日常生活中大量地使用各种传感器，传感器的种类繁多，外观与原理千差万别。

传感器

传感器可以用于测量各种物理量、采集信息、控制自动化系统，在很多方面是人的感觉器官所不能替代的。在工业控制领域中，只有准确的检测才能有精确的控制。

传感器大量应用在机械制造业、农业生产、汽车工业、家用电器、机器人技术等领域。传感器的发展方向有开发新型传感器、开发新材料和新工艺、集成化、多功能化和智能化等。

传感器是利用各种效应，把被测非电量转换成电量的器件或装置。传感器通常由敏感元件、传感元件和测量转换电路组成。不同传感器的复杂程度各不相同。

由于传感器材料、结构和应用的多样性，传感器的分类方法也有很多，如按工作原理可分为电阻传感器、电容式传感器等，按被测量性质可分为温度传感器、压力传感器等。

测量方法一般分为直接测量和间接测量两大类。测量误差分为绝对误差和相对误差。按误差出现的规律，误差还可分为系统误差和随机误差。

根据相对误差的大小，传感器及仪表可分为不同的准确度等级，仪表的准确度等级表示该仪表的最大满度相对误差。

传感器的特性参数有静态参数和动态参数之分。灵敏度和分辨力是最重要的静态参数。

为便于学习和总结，将常见传感器产品及其测量对象附于表 1-3 中。

表 1-3　常见传感器一览表

测量对象	测量原理	传感器名称
光强、光束、红外光	1. 光电子释放效应 2. 光电效应 3. 光导效应 4. 热释电效应 5. 固体摄像元件 6. 其他	1. 光电管、光电倍增管、摄像管、火焰检测器 2. 光电二极管、光电晶体管、光敏电阻、遥控接受光元件晶体光传感器 3. 内藏 IC 的光电二极管、光导电元件、量子型红外线传感器、分光器 4. 热释电传感器、红外线传感器 5. CCD 图像传感器
声、超声波	1. 压电、电致伸缩 2. 电磁感应 3. 静电效应 4. 磁致伸缩 5. 其他	1. 石英传声器、陶瓷传声器、陶瓷超声波传感器 2. 磁铁传声器 3. 驻极体传声器 4. 铁氧体超声波传感器、磁致伸缩振动元件
磁、磁通、电流	1. 法拉第效应 2. 磁阻效应 3. 霍尔效应 4. 磁电效应 5. 其他	1. 光纤磁场传感器、法拉第器件、电流传感器 2. 磁阻式磁场传感器、MR 元件、磁性薄膜磁阻元件 3. 霍尔元件、霍尔 IC、磁二极管、速度传感器、霍尔探针 4. 铁磁性磁传感器、磁头、电流传感器、地磁传感器、光学 CT 裂纹测试仪

（续）

测量对象	测量原理	传感器名称
力、重量	1. 磁致伸缩 2. 压电效应 3. 应变计 4. 扭矩 5. 电磁耦合 6. 导电率 7. 其他	1. 磁致伸缩负荷元件、磁致伸缩扭矩传感器 2. 压电负荷元件 3. 应变计负荷元件、应变式扭矩传感器 4. 差动变压器式扭矩传感器 5. 电磁式扭矩传感器 6. 薄板式力传感器
位置、速度、角度	1. 电磁感应 2. 电阻变化 3. 光线/红外线 4. 霍尔效应、磁阻 5. 声波 6. 机械变化 7. 陀螺仪 8. 其他	1. 差动变压器、接近开关、电涡流测厚仪、自整角机 2. 电位器、角度传感器、扭矩传感器、滑动电位计 3. 角编码器、千分尺、直线编码器、光电开关、光传感器、高度传感器、光断流器、光纤光电开关、激光雷达 4. 磁尺、同步器、编码器 5. 超声开关、高度计 6. 微动开关、限位开关、门锁开关、断线传感器、位置传感器 7. 水平传感器、陀螺罗盘
压力	1. 压电效应 2. 阻抗变化 3. 光弹性效应 4. 静电效应 5. 力平衡 6. 电离 7. 热传导率 8. 磁致伸缩 9. 谐振线圈 10. 霍尔效应 11. 其他	1. 陶瓷压力传感器、振动式压力传感器、石英压力传感器、压电片 2. 滑动电位计式压力传感器、薄膜式压力传感器、压敏二极管 3. 光纤压力传感器 4. 电容式压力传感器 5. 力平衡式压力传感器 6. 电离真空传感器、热电耦真空传感器 7. 热敏电阻式真空传感器 8. 磁致伸缩式压力传感器 9. 谐振式压力传感器 10. 磁阻式压力传感器
温度	1. 热电效应 2. 半导体温度特性 3. 热释电效应 4. 导电率 5. 光学特性 6. 热膨胀 7. 半导体特性 8. 色温 9. 热辐射 10. 核磁共振 11. 磁特性 12. 谐振频率变化 13. 其他	1. 热电偶、热电堆、铠装热电偶 2. 热敏电阻、测辐射热器、感温可控硅、热电阻传感器 3. 热释电温度传感器、驻极体温度传感器 4. 陶瓷温度传感器、铁电温度传感器、电容温度传感器 5. 红外温度传感器、光纤温度传感器 6. 液体温度传感器、双金属温度传感器、恒温槽 7. 热保护器、晶体管温度传感器 8. 色温传感器、双色温度传感器、液晶温度传感器 9. 放射线温度传感器、压电式放射线温度传感器 10. NQR 温度传感器 11. 磁温度传感器、感温铁氧体、感温式铁氧体热敏元件 12. 石英晶体温度传感器

（续）

测量对象	测量原理	传感器名称
气体、湿度	1. 导电率变化 2. 门电位效应 3. 静电容量变化 4. 原电池 5. 电极电位 6. 电解电流 7. 离子电流 8. 热电效应 9. 光电效应 10. 热释电效应 11. 膨胀 12. 振子谐振频率 13. 露点 14. 其他	1. 电阻式气体传感器、接触燃烧式气体传感器 2. 热传导式气体传感器、溶液电导率式气体传感器 3. 半导体气体传感器、辐射热计电阻式湿度传感器 4. 热敏电阻式湿度传感器 5. MOS 型气体传感器、FET 传感器、电容式湿度传感器 6. 氧化锆固体电解质气体传感器 7. 离子电极式气体传感器、离子传感器 8. 热电式红外线气体传感器 9. 量子式红外线气体传感器 10. 热释电式红外线气体传感器 11. 电容式红外线气体传感器 12. 石英振动式气体传感器、石英振动式湿度传感器 13. 露点湿度传感器
流量、流速	1. 电磁感应 2. 超声波 3. 卡罗曼涡流 4. 相关 5. 转数 6. 热传导 7. 光吸收/反射 8. 压力 9. 其他	1. 电磁式流量传感器 2. 超声波式流量传感器 3. 涡流流量传感器 4. 相关流量传感器 5. 容积式流量传感器、涡轮式流量传感器 6. 热线式流量传感器 7. 激光多普勒流量传感器、光纤多普勒血流传感器 8. 差压式流量传感器、泄漏传感器

模块测试

1-1 传感器有哪些作用？举出三种传感器的分类方法。

1-2 举出四个传感器的应用领域。

1-3 从功能上说，传感器由哪几部分组成？

1-4 传感器的主要静态特性有哪些？分别用什么指标表示？

1-5 什么是测量？测量有哪些方法？

1-6 什么是系统误差？如何检验系统误差的存在？怎样减小或消除系统误差？

1-7 随机误差的产生原因和特点是什么？如何减小随机误差对测量结果的影响？

1-8 用一台 0.5 级、0~1000℃的测温仪表检测 500℃的温度，求仪表可能的最大绝对误差和最大相对误差。

1-9 有三台测温仪表量程均为 600℃，准确度等级分别为 1.5 级、2.0 级和 2.5 级，现要测量 500℃的温度，允许的相对误差不超过±2.5%，计算说明应选用哪台仪表（从测量误差和经济性综合考虑）？

1-10 从误差的出现规律考虑，分析图 1-9 所示弹击点中各存在哪种误差？

1-11　现有准确度等级为 0.5 级的 0~300V 和准确度等级为 1.0 级的 0~100V 两只电压表，要测量 80V 的电压，选用哪个电压表较好？为什么？

1-12　什么是随机误差？随机误差有什么特征？随机误差产生的原因是什么？

1-13　风力发电装置能够把风能转换为电能，它是否属于传感器？

1-14　机电一体化系统由哪几部分组成？

1-15　怎样理解“系统的自动化程度越高，对传感器的依赖性就越强”？举例说明你的观点。

1-16　思考和讨论：在各种家用电器中，分别使用了什么功能的传感器？

模块二　温度和其他环境量传感器

模块引入

温度是人们感知自然环境的基本因素，是表示物体冷热程度的物理量，其物理含义是物体分子热运动的剧烈程度。自然界的一切过程无不与温度密切相关，各种工程及科学研究中，常需要精确测定和控制温度，如工业过程控制、制造行业、交通运输、环境监测、家用电器、人的体温检测等。温度的检测是当今发展最快、应用最广的技术之一。湿度和气体成分的检测，也是工业生产和家庭生活中很有用的一类技术。

本模块讲述常用的温度和湿度检测传感器。通过本模块的学习和训练，使学生熟悉温度等环境量的检测方法，熟知典型的温度、湿度及常见气体传感器的原理特性和它们的使用方法，了解温度检测技术在工程项目中的实施流程。

单元一　膨胀式温度传感器

单元引入

家用玻璃温度计或水银（汞）体温计等都是利用物体热胀冷缩原理制成的。膨胀式温度传感器主要有液体膨胀式、气体膨胀式和固体膨胀式三种。

学习目标

1）能描述膨胀式温度传感器的原理，识别膨胀式温度传感器。

2）能举例说明双金属片温度计的应用并解释常见设备中双金属片温控器的工作原理。

3）善于运用科技常识探索和解释未知世界。

建议课时

2 学时

知识点

一、液体膨胀式温度传感器

利用某些液体的热胀冷缩现象，可以制成液体膨胀式温度检测装置。图 2-1 所示为常用的玻璃管水银（汞）体温计，两端封闭的玻璃管的中间为毛细管，毛细管内腔至左端的感温泡内充入液态汞。根据热胀冷缩原理，毛细管内汞柱的长度与所测温度成正比。

利用汞的导电性，还可以制成电触点水银温度计，其外观如图 2-2 所示。当被测温度达到某设定值时，利用汞的导电性使电触点端子接通或关断。

图 2-1　玻璃管水银（汞）体温计

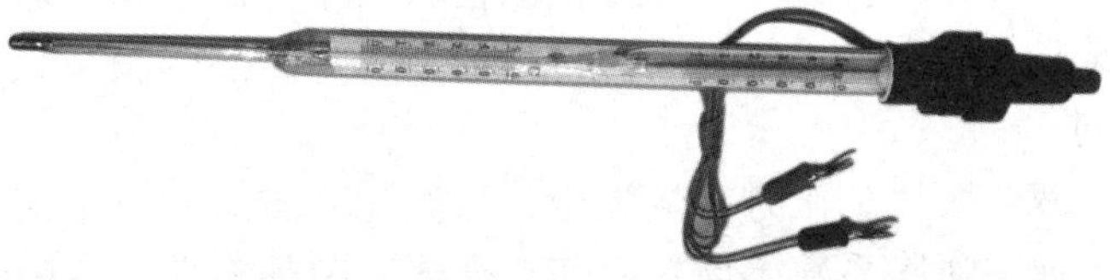

图 2-2　电触点水银温度计外观

常见的家用室内温度计与体温计原理相同，但是工作物质不是汞，而是酒精或煤油等。温度计要求工作物质在量程内不凝结、不气化，而且液柱长度变化与温度变化成线性关系。水银温度计使用范围约为−35～510℃，酒精温度计使用范围约为−80～70℃。

液体玻璃管温度计结构简单，但不耐受工业恶劣环境且无电学量输出，所以在工业应用中很有限。

液体金属管温度计也是利用液体的热胀冷缩原理，其金属感温泡通过柔性管与压力仪表相连，用压力表读取压力值，从而间接测出温度值，液体金属管温度计外形如图 2-3 所示。

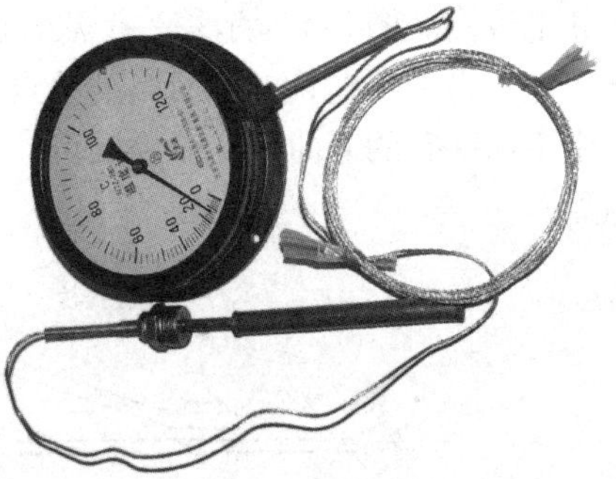

图 2-3　液体金属管温度计外形

小提示

水银体温计与物理实验室的水银温度计有什么区别?

体温计在使用后，汞柱示数会停留在固定温度点上以便于读取所测体温数值，不像实验室温度计那样示数随温度变化而随时改变。所以水银体温计再次使用前要甩几下才能用，这又是怎么回事?

原来体温计玻璃感温泡上方有一段极细的缩口，测体温时，汞膨胀能通过缩口，当体温计离开人体时，汞遇冷收缩，在缩口处断开，汞柱无法退回到感温泡，于是汞柱便固定在一定的体温值上。要使汞柱再退回到感温泡里，则需把体温计向下甩，使柱管中的汞在较大的冲击力作用下冲过缩口与感温泡中的汞相接，这样才能重新使用体温计。

二、气体膨胀式温度传感器

气体膨胀式温度传感器利用封闭容器内的气体或饱和蒸气受热后产生的体积膨胀或压力变化作为测量信号，它由温包、毛细管和指示表三部分组成。气体膨胀式温度传感器是最早应用于生产过程温度控制的方法之一。

气体膨胀式温度传感器也称为压力式温度计，现在仍广泛用于指示和控制温度的场合。其优点是结构简单、机械强度高、耐振动、价格低廉、无需电源；缺点是测温范围有限

（一般在-80~400℃）、热损失大、响应较慢，测量精度较低，仪表密封系统损坏难以修理。

三、固体膨胀式温度传感器

双金属片温度计是常见的固体膨胀式温度传感器，其核心元件是一个双金属片，如图 2-4 所示，它由两个长度相同但材料不同的金属片碾压或粘接固定在一起组成的，两个金属片的热膨胀系数不同。

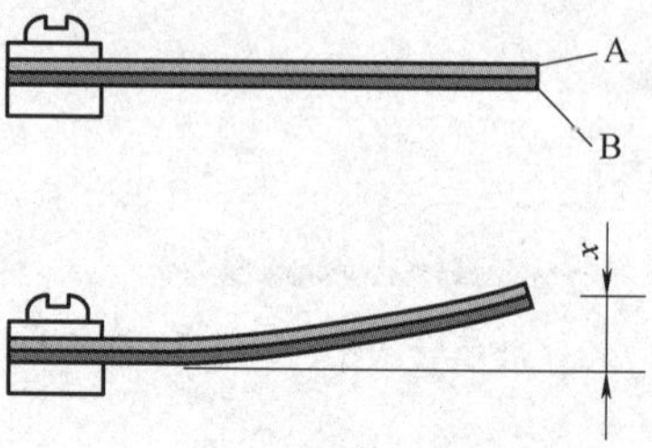

图 2-4　双金属片温度计

双金属片工作时一端固定，当温度升高时，由于两种金属的膨胀系数不同，而使双金属片整体弯曲，下侧金属片的膨胀系数比上侧金属片的大，升温时造成向上弯曲。自由端的弯曲量与温度变化有关。

双金属温控器广泛应用于家用电热器具中，如电熨斗和电饭煲。图 2-5 所示是一个双金属温控器结构和外观图，左端为加热电路电源回路的接点，右端为常闭触点。当双金属片检测到实际温度时，就产生不同状态的弯曲，从而控制可动触点的通断。改变调节螺钉位置可以设定不同的温度控制点。

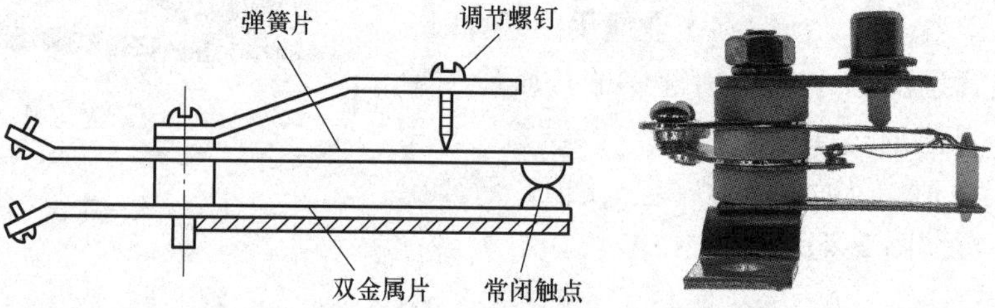

图 2-5　双金属温控器结构和外观图

图 2-6 所示为工业用双金属片温度计。感温元件由螺旋状双金属片构成，并封装在保护套管内。当温度变化时，双金属片 5 产生变形，转化为转轴 4 的旋转，使指针 1 在表盘 7 上指示相应的温度值。

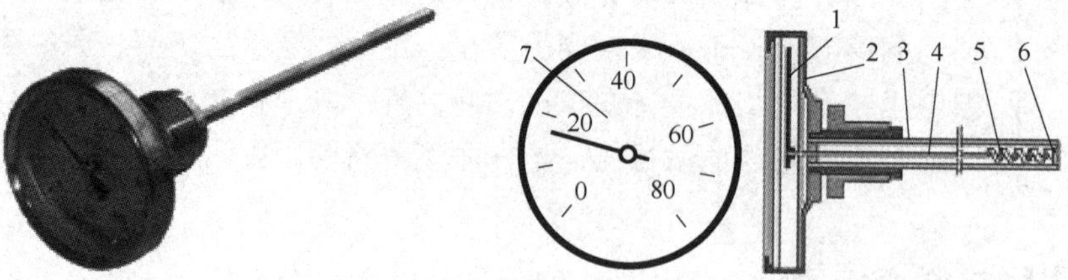

图 2-6　工业用双金属片温度计

1—指针　2—罩壳　3—保护套管　4—转轴　5—双金属片　6—测量端　7—表盘

单元小结

利用物体的热胀冷缩原理制成的膨胀式温度传感器是较简单的一类测温传感器。在工业温度检测中，双金属片温度计结构简单、工作可靠、价格低廉，但精度低，量程和使用范围有限，一般用于要求不高的温度控制场合，在中低精度的温度测量中应用较多。

单元二　电阻式温度传感器

单元引入

你使用过电子温度计吗？电子温度计和许多温度测控显示设备中，都使用了电阻式温度传感器。利用导体或半导体的电阻-温度特性实现的温度测量元件统称为电阻式温度传感器。

学习目标

1）理解热电阻和热敏电阻的原理特性。

2）能根据现场任务选择和测试铂热电阻、铜热电阻和其他热敏电阻元件。

3）根据说明书连接热电阻与变送器等，组成温度测量系统。

建议课时

2 学时

知识点

一、金属热电阻

1. 金属的热特性

金属导体具有正的温度系数，即导体的电阻值随着温度的变化而同方向变化。当导体温度上升时，由于内部电子热运动加剧，使导体的电阻值增加；反之则电阻值减小。热电阻传感器利用金属导体的电阻-温度特性来测量温度。

热电阻应用

2. 热电阻传感器

图 2-7 所示为普通型热电阻传感器的外形，图 2-8 为其结构示意图，其保护管和接线盒可以拆解。图 2-9 所示为铠装热电阻传感器的外形。

不是所有的金属导体都适合做测温热电阻，一般要求热电阻的金属材料具有较大的温度系数（即电阻值变化较大），性能稳定，复现性好。目前应用最多的是铂（Pt）和铜（Cu）。在同一材料的热电阻中，又有不同分度号的区别，如分度号 Pt100 表示 0℃时阻值为 100Ω 的铂热电阻；Cu50 代表 0℃时阻值为 50Ω 的铜热电阻。常用热电阻的分度表见附录 C。

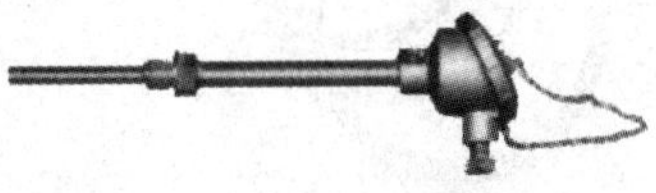

图 2-7　普通型热电阻传感器的外形

热电阻还可以按结构分成不同类型，铠装热电阻传感器比普通型的细而长，能弯曲、抗冲击、便于安装、使用寿命长。

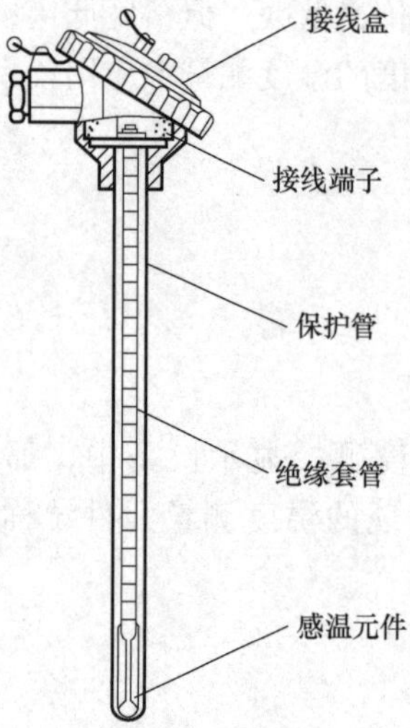

图 2-8 普通型热电阻传感器的结构示意图

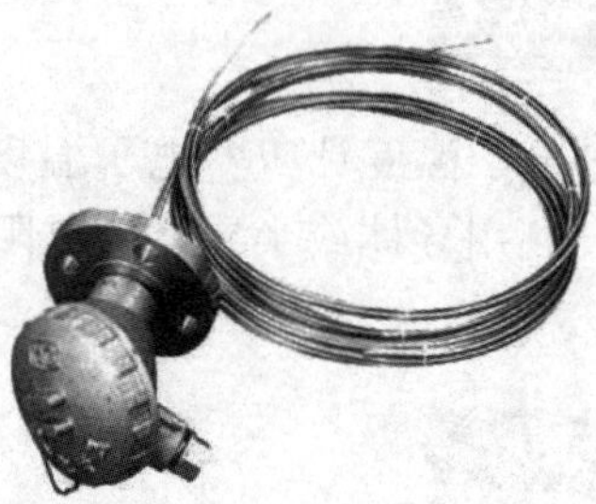

图 2-9 铠装热电阻传感器的外形

3. 热电阻与温度显示仪表的连接

热电阻传感器的测量电路一般使用电桥电路，如图 2-10 所示。电路中 R_t 为热电阻，当温度变化引起 R_t 变化时，电桥输出电压 U_o 会发生变化。

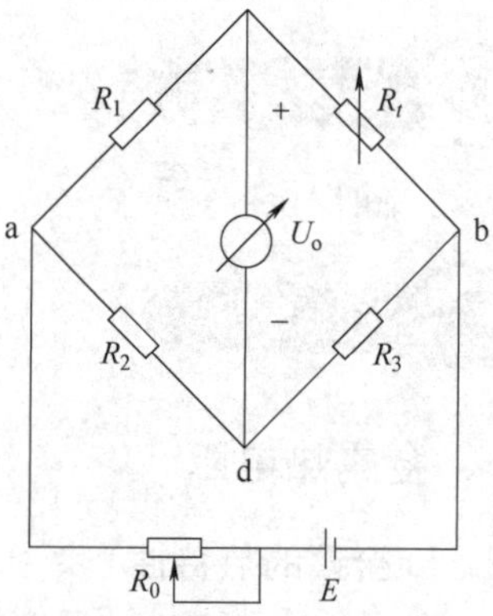

图 2-10 热电阻测温电桥

因为热电阻元件引出线的电阻值会随温度变化而变化，会给温度检测带来误差。为消除引出线电阻的影响，工业现场多采用三线制或四线制连接电路。三线制是指在电阻体引出线的其中一端做两根引线，图 2-11 所示为三线制热电阻、温度变送器及温度变送器的接线图。

以三线制铂热电阻为例，电阻引出的三根导线阻值均相同，测量铂热电阻的电路一般使用不平衡电桥，铂热电阻作为电桥的一个桥臂电阻，将引出的导线一根接到电桥的电源

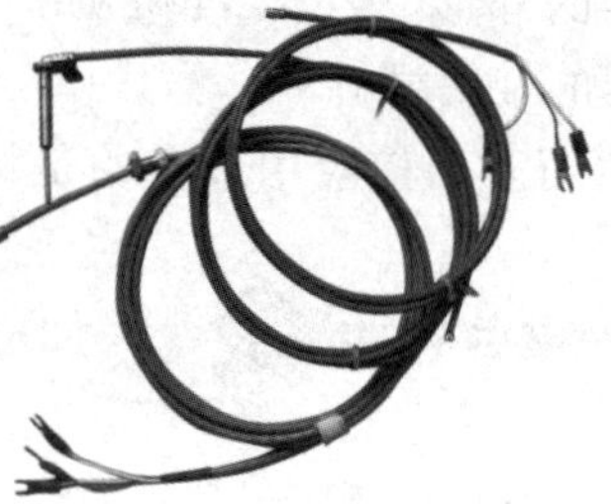

a) 热电阻

b) 温度变送器

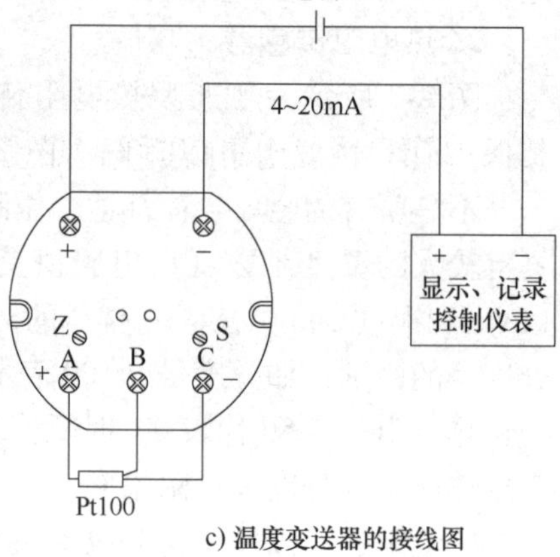

c) 温度变送器的接线图

图 2-11 三线制热电阻、温度变送器及温度变送器的接线图

端，其余两根分别接到铂热电阻所在的桥臂及与其相邻的桥臂上，如图 2-12 所示，当桥路平衡时，通过计算可知

$$R_t=\frac{R_1R_3}{R_2}+\frac{R_1r}{R_2}-r$$

当 $R_1=R_2$ 时，导线电阻 r 的变化对测量结果没有任何影响，这样就消除了导线电阻带来的测量误差。

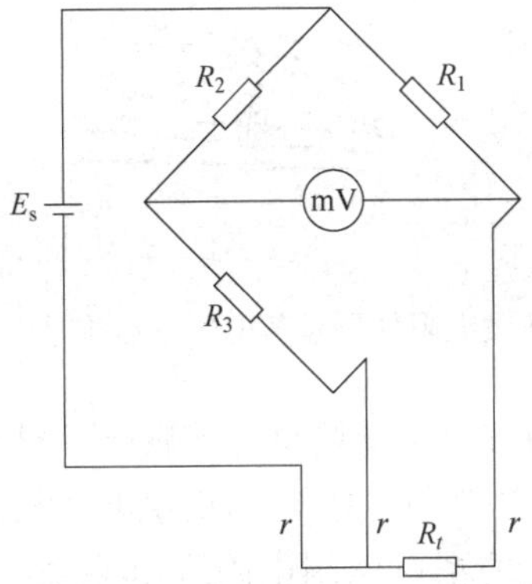

图 2-12　三线制铂热电阻电桥电路

小技巧

热电阻与变送器的连接

目前热电阻的引线主要有三种方式。

1）两线制。是在热电阻的两端各连接一根导线来引出电阻信号，这种引线方法很简单，但由于连接导线存在的引线电阻 r 会引入测量误差，因此这种引线方式只适用于对测量精度要求不高的场合。

2）三线制。是在热电阻根部的一端连接一根引线，另一端连接两根引线，这种方式通常与变送器的电桥电路配套使用，可消除引线电阻的影响，是工业过程控制中最常用的方式。图 2-13 所示为典型的热电阻变送器配用热电阻的引线连接图。

3）此外还有在热电阻根部的两端各连接两根导线的方式，称为四线制，主要用于高精度的温度检测。

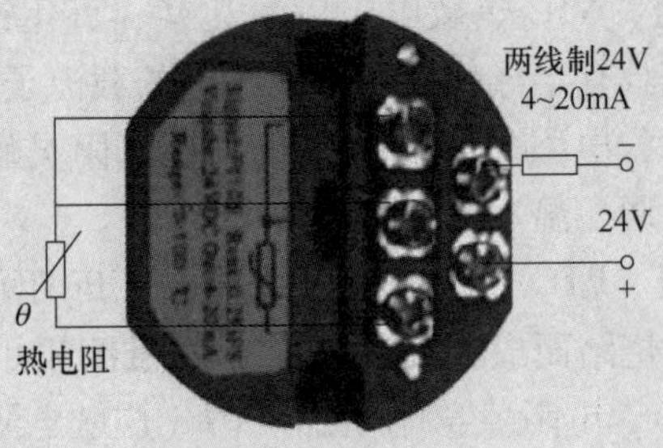

图 2-13　典型的热电阻变送器配用热电阻的引线连接图

二、半导体热敏电阻

1. 半导体热敏电阻的类型

常见热敏电阻外形如图 2-14a 所示，其外形有珠粒形、圆柱形、圆片形等。图 2-14b 所示为热敏电阻的电气图形符号。

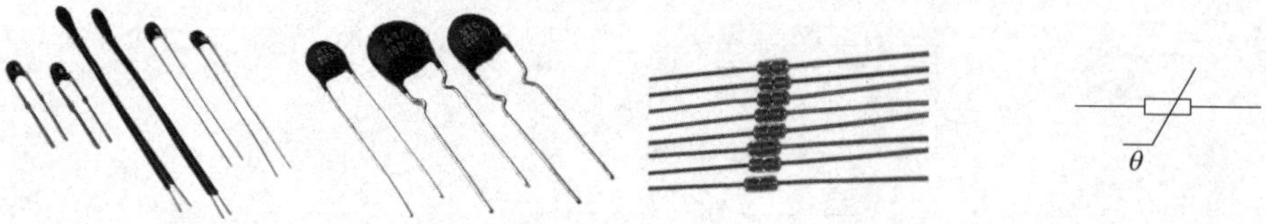

a) 外形　　b) 电气图形符号

图 2-14　常见热敏电阻外形及其电气图形符号

热敏电阻应用

热敏电阻一般由金属氧化物陶瓷半导体材料或碳化硅材料制成。按照电阻值与温度变化的规律，热敏电阻分为负温度系数型（NTC）和正温度系数型（PTC）两大类。

热敏电阻的电阻值与温度的关系可以用电阻-温度特性曲线来表示，如图 2-15 所示。

NTC 热敏电阻的特性曲线如图 2-15 中线 1 和线 2 所示。其中缓变型曲线特性（变化缓慢，线 1）的热敏电阻主要用于测量温度；而剧变型曲线特性（变化剧烈，线 2）的热敏电阻一般做无触点开关，因为当达到临界温度时，这种元件的阻值会发生急剧的转变。

PTC 热敏电阻的特性曲线如图 2-15 中线 3 和线 4 所示，也有剧变型（线 3）和缓变型（线 4）两种，前者用于恒温加热控制或温度开关，后者由于温度范围比较宽，可用于温度测量或温度补偿。如电饭煲的恒温控制就可以利用 PTC 热敏电阻的特性，当温度超过规定值时，电阻值变大，回路电流减小使发热降低，保持锅内温度基本不变。

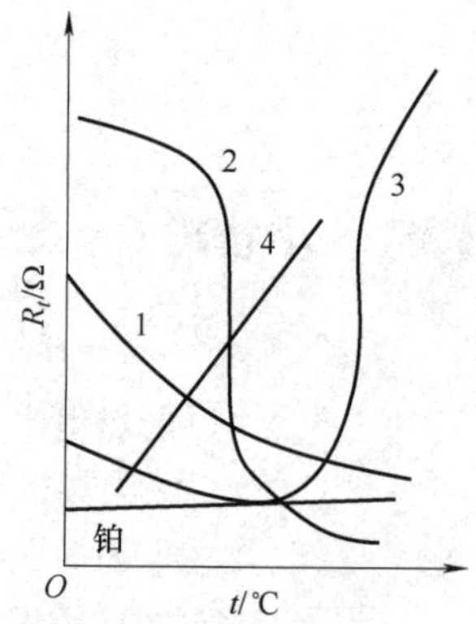

图 2-15　热敏电阻的电阻-温度特性曲线

1—缓变型 NTC　2—剧变型 NTC

3—剧变型 PTC　4—缓变型 PTC

图 2-15 曲线的下方还给出了铂热电阻的温度特性曲线。

2. 热敏电阻的特性

（1）NTC 热敏电阻　NTC 热敏电阻以氧化锰、氧化钴、氧化镍、氧化铜和氧化铝等为主要原料，这些材料都具有半导体性质，因体内的载流子数目少而电阻值较高；当温度升高时，体内载流子数增加，电阻值降低。NTC 热敏电阻灵敏度高、稳定性好、响应快、寿命长，广泛用于冰箱、空调、温室等温控系统中。

（2）PTC 热敏电阻　PTC 热敏电阻以钛酸钡（$BaTiO_3$）为基本材料，掺入适量稀土元素，利用陶瓷工艺高温烧结而成。温度低时，电阻值较小；当温度升高到临界点时（钛酸钡的临界温度为 120℃），电阻值急剧增加。PTC 热敏电阻具有恒温、调温和自动控温的功能，非常适用于电动机等电器装置的过热探测。

热敏电阻结合简单电路可检测 0.001℃的温度变化；与电子仪表组成测温计，能完成高精度的温度测量。普通热敏电阻的工作温度为-55~315℃。

3. 热敏电阻的选用

热敏电阻的种类和型号较多，应根据电路的具体要求来选用。

1）PTC 热敏电阻可以用于电动机过电流、过热保护及限流电路，如制冷压缩机起动电路等。

压缩机起动电路中常用 MZ 系列、MZ81/91 系列、MZ92/93 系列的热敏电阻；用于电动机过电流保护的 PTC 热敏电阻有 MZ2A~MZ2D 系列、MZ21 系列；用于电动机过热保护的 PTC 热敏电阻有 MZ61 系列。

2）NTC 热敏电阻常用于电子产品的温度检测、补偿、控制和稳压等。

用于温度检测的 NTC 热敏电阻有 MF53/57 系列；用于稳压的 NTC 热敏电阻有 MF21 系列等；用于温度补偿和控制的 NTC 热敏电阻有 MF11~MF17 系列。选用温度控制热敏电阻时，应注意 NTC 热敏电阻的温度控制范围是否符合应用电路的要求。

单元小结

热电阻与热敏电阻的性能相似，但应用领域不同。前者多应用于精度要求较高的工业温度测控，后者多用于普通电子设备当中。

热电阻是中低温区最常用的一种温度传感器，其精度较高、性能稳定。铂热电阻的精度最高，广泛用于工业测温，还被制成某些温度基准仪。使用热电阻时要考虑导线电阻给温度测量带来的影响。

热敏电阻也是一种半导体元件，常用于电动机等设备的过热探测和保护。NTC 热敏电阻灵敏度高、稳定性好、响应快，广泛应用于需要定值测控的温度自控系统，如冰箱、空调、温室等。

单元三　热电偶温度传感器

单元引入

热电偶是工厂测温仪表中最常用的传感器之一，它将温度信号转换成电动势，通过二次仪表进行显示。各种热电偶的外形不尽相同，但其基本结构大致相同，通常由热电极、绝缘套保护管和接线盒等主要部分组成。热电偶一般与变送器、显示和记录仪表等模块配套使用。

热电偶

学习目标

1）熟知热电偶的工作原理和基本特性。

2）了解中间温度定律并据此进行温度补偿计算。

3）根据工程实际和产品手册，选择热电偶、补偿导线或变送器，构成测温系统并进行基本调试。

建议课时

4 学时

知识点

一、热电偶的类型和测温原理

1. 热电偶的结构和种类

热电偶按用途、安装位置和方式、材料等分为不同类型，但其基本组成大致相同。

（1）普通型热电偶　其核心敏感元件是两种不同材料制作的金属丝。普通型热电偶也称工业装配型热电偶，一般由热电极、绝缘套管、保护套管和接线盒等几部分组成，其外观和结构如图 2-16 所示。热电极直径一般为 0.35~3.2mm，长度为 250~300mm；绝缘套管用于防止两个热电极短路；保护套管用于增加强度，并防止热电偶被腐蚀或受冲击；接线盒用于固定接线座和连接外接导线。

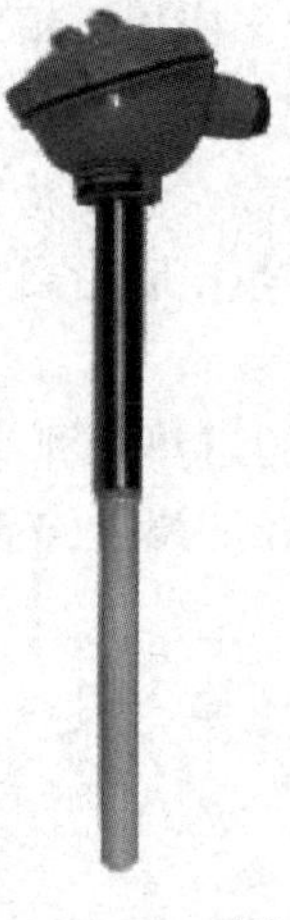

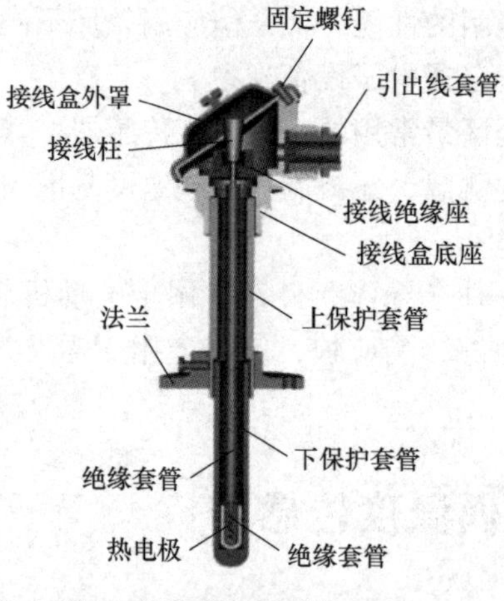

图 2-16　普通型热电偶的外观和结构

（2）铠装热电偶　铠装热电偶也称缆式热电偶，它是将热电极、绝缘材料连同保护管一起拉制成型，经焊接密封和装配工艺制成坚实的组合体，外形如图 2-17 所示。其套管可长达 100m，管外径最细为 0.25mm。铠装热电偶具有体积小、动态响应快、柔性好、便于弯曲、强度高等优点，广泛用于工业生产，特别是高压装置或狭窄管道温度的测量。

（3）薄膜热电偶　薄膜热电偶是由两种金属薄膜连接而成的一种特殊结构热电偶，如图 2-18 所示。它的测量端既小又薄，热容量很小，动态响应快，可以用于微小面积上的温度测量以及快速变化的表面温度测量。测量时薄膜热电偶用特殊黏合剂紧贴在被测体表面，由于受黏合剂的限制，测量温度范围一般为-200~300℃。

按照构成材料的不同，国际通用分度号为 S、B、E、K、R、N、J、T 的八种热电偶为标准化热电偶，它们的基本特性见表 2-1，表中最后一行是一种特殊热电偶，分度号为 C。

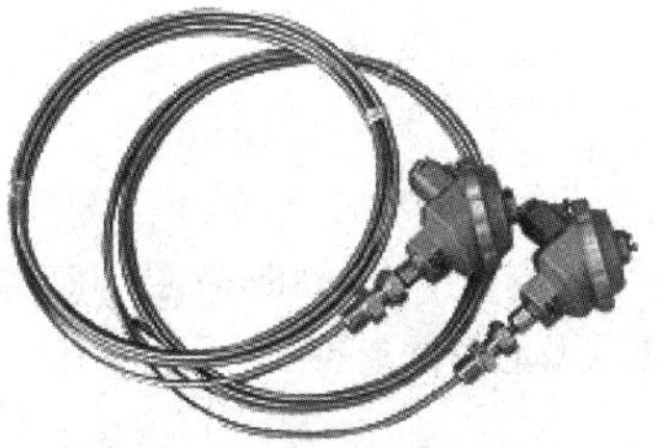

图 2-17　铠装热电偶外形

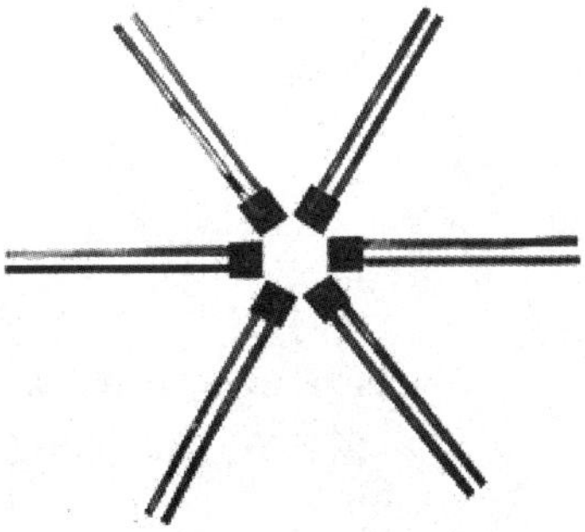

图 2-18　薄膜热电偶

表 2-1　标准化热电偶的基本特性

分度号	热电偶名称	热电偶材料		极限使用温度/℃
		正极	负极	
K	镍铬-镍硅	镍铬	镍硅或镍铝	−270～1372
E	镍铬-康铜	镍铬	康铜	−270～1000
J	铁-康铜	铁	康铜	−270～1200
T	铜-康铜	铜	康铜	−270～400
N	镍铬硅-镍硅	镍铬硅	镍硅	−270～1300
S	铂铑$_{10}$-铂	铂铑 10%	铂	−270～1768
R	铂铑$_{13}$-铂	铂铑 13%	铂	0～1768
B	铂铑$_{30}$-铂铑$_{6}$	铂铑 30%	铂铑 6%	−270～1820
C	钨铼$_{5}$-钨铼$_{26}$	钨铼 5%	钨铼 26%	常温～2320

工业现场常用的热电偶有 K、E、S 和 B 型（分度号）。

2. 热电偶的测温原理

热电偶是将两种不同材料的导体或半导体 A 和 B 的端点焊接起来，构成一个闭合回路，如图 2-19 所示。当导体 A 和 B 两个接点温度 T 和 T_0 之间存在差异时，回路中便产生热电动势而形成电流 I，这种效应称为热电效应。热电动势的大小正比于两个接点的温差 $|T-T_0|$。热电偶就是利用这一效应进行温度检测的。

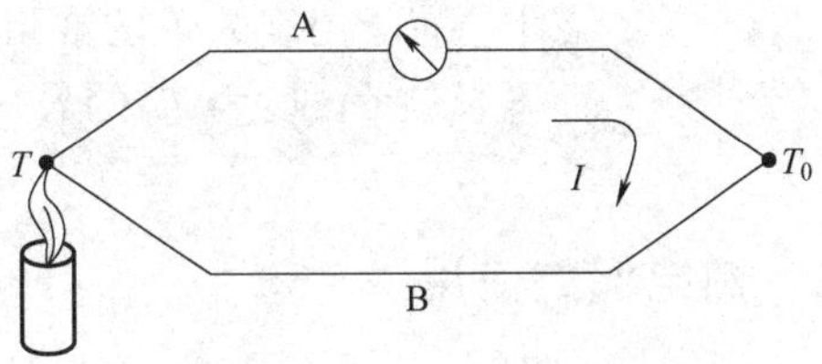

图 2-19　热电偶测温原理

实际使用时，经常将热电偶两个电极的一端焊接在一起作为检测端（也称工作端、热端）；另一端用导线与仪表连接，称为自由端（也称参考端、冷端），如图 2-20a 所示。图 2-20b 是热电偶的电气图形符号。

热电偶两端的热电动势为

$$E_{AB}(t,t_0)=e_{AB}(t)-e_{AB}(t_0)$$

式中　$E_{AB}(t,t_0)$——热电偶的热电动势，单位为 V；

$e_{AB}(t)$——温度为 t 时工作端的热电动势，单位为 V；

$e_{AB}(t_0)$——温度为 t_0 时自由端的热电动势，单位为 V。

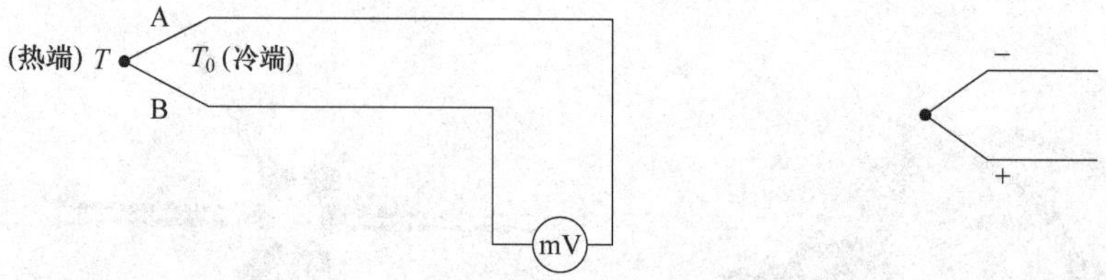

a) 热电偶与仪表的连接方式　　b) 热电偶的电气图形符号

图 2-20　热电偶与仪表的连接方式及电气图形符号

如果自由端温度恒定不变，则热电动势只与工作端的温度有关，即 $E_{AB}(t,t_0)=f(t)$。热电动势的大小只与热电极材料的成分及两端的温度有关，而与热电极的尺寸无关。根据以上特点，把 0℃作为冷端基准温度，将热电偶的热电动势与对应热端的温度精确测出，制成表格，称为热电偶的分度表，见附录 B。

小知识

热电效应的发现

1821 年，德国物理学家赛贝克（T · J · Seebeck）用两种不同金属组成闭合回路，并用酒精灯加热其中一个结点，发现放在回路中的指南针发生偏转。如果用两盏酒精灯对两个结点同时加热，指南针的偏转角反而减小。显然，指南针的偏转说明回路中有电动势产生并有电流在回路中流动，电流的强弱与两个结点的温差有关。

据此，赛贝克发现和证明了两种不同材料的导体 A 和 B 组成的闭合回路，当两个结点温度不相同时，回路中将产生电动势，这种物理现象称为热电效应。

这两种不同材料的导体所组成的电路称为“热电偶”，组成热电偶的导体称为“热电极”，热电偶所产生的电动势称为“热电动势”。热电偶的两个结点中，置于温度为 T 的被测对象中的结点称为测量端，又称为工作端或热端；而置于参考温度为 T_0 的另一结点称为参考端，又称为自由端或冷端。

二、热电偶的使用

1. 热电偶的冷端温度补偿

热电偶与显示或控制仪表连接时，为了提高准确度，要求其自由端温度稳定为 0℃，这样就可以利用分度表求出热端（即被测端）的温度。但是在工业现场，一般冷端不能保证为 0℃，并且冷端温度很可能是随时变化的。所以，必须采用补偿措施，将自由端温度补偿到 0℃才能使用分度表求出被测温度。

（1）补偿导线法　采用补偿导线法的目的是把热电偶的冷端从温度较高和不稳定的现场延伸到温度较低和比较稳定的操作室内。补偿导线的作用是延伸热电偶的冷端，与显示仪表连接构成测温系统。补偿导线的外形与双绞线没有区别，但它是由两种不同性质的廉价金属材料制成的，使用时应特别注意。在一定温度范围内（0~100℃），补偿导线与所配接的热电偶具有相同的热电特性，起到延长冷端的作用。使用补偿导线时必须注意型号匹配，且极性不能接错。

需说明的是，补偿导线是一个历史遗留的名称，与下面讨论的冷端温度补偿意义不同。请注意区别。

（2）冷端温度补偿法　使用国际标准热电偶的分度表求取被测温度，要求热电偶冷端必须是0℃，而实际热电偶冷端往往不是0℃。为解决这一矛盾，采用冷端温度补偿的方法，将冷端“等效”成0℃。工程中常见方法有冰浴法、计算法、仪表机械零点调整法和冷端补偿器法等。

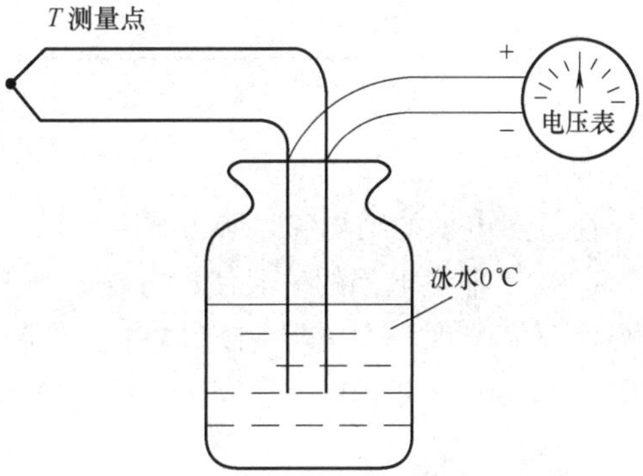

图 2-21　冰浴法示意图

1）冰浴法。如图 2-21 所示，将热电偶的冷端采取隔离措施后，浸入盛有冰水混合物的保温瓶中，保证了冷端恒为0℃。

2）计算法。根据热力学理论，热电偶回路两接点（温度为 t、t_0）间的热电动势等于热电偶在温度为 t、t_n 时的热电动势与在温度为 t_n、t_0 时的热电动势的代数和，称为热电偶的中间温度定律，即 $E(t,t_0)=E(t,t_n)+E(t_n,t_0)$，其中 t_n 称为中间温度（$t>t_n>t_0$）。

利用中间温度定律，可以通过计算来求得中间温度 t_n 与冷端 t_0 的热电动势 $E(t_n,t_0)$。

例　用镍铬-镍硅热电偶的检测系统进行测温时，其冷端温度为30℃，仪表显示热电动势为39.17mV，求取待测温度值。

解：本例中 $t_0=0℃$，$t_n=30℃$，

由中间温度定律：$E(t,t_0)=E(t,t_n)+E(t_n,t_0)$　即

$E(t,0)=E(t,30)+E(30,0)$

查表得 $E(30,0)=1.203\text{mV}$；且 $E(t,30)=39.17\text{mV}$

所以　$E(t,0)=(39.17+1.203)\text{mV}=40.373\text{mV}$

再反查分度表，可得被测温度约为980℃。

3）仪表机械零点调整法。与计算法原理相同，在安装仪表（一般为高精度毫伏表）前，将仪表机械零点调整到热电偶冷端处的温度所对应的电动势的值，即利用调整后所附加的电动势 $E(t_n,t_0)$ 来补偿热电偶当前的电动势 $E(t,t_n)$。

4）冷端补偿器法。冷端补偿器是一种自动补偿装置，其内部主要是一个含有铜热电阻 R_{Cu} 的电桥电路，电桥的输出端 a 和 b 与热电偶回路串联，如图 2-22 所示。补偿器利用电桥输出的不平衡电压 U_{ab} 来补偿冷端温度变化而产生的偏差，电桥中的铜热电阻 R_{Cu} 用于检测冷端温度的变化，以保证电桥的输出电压与冷端温度成特定关系。操作时，应先将仪表的零点调整到电桥平衡时的温度值。此方法的原理与2）和3）相同。

2. 热电偶的应用

（1）万用表中的热电偶　在一些带有测温功能的数字式万用表中，使用小型热电偶来实现温度测量功能。具有测温功能的数字式万用表如图 2-23 所示。

用带有测温功能的数字式万用表测量室内温度，与其他温度计的读数比较。观察测温附

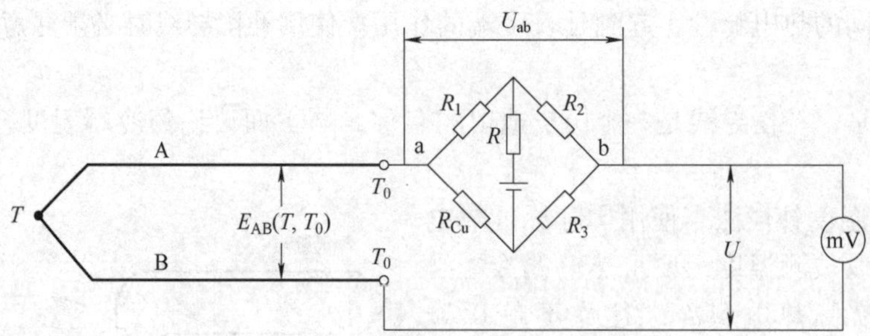

图 2-22　热电偶冷端补偿器原理图

件，注意热电偶的结构和封装方式。

（2）工业热电偶的一般使用方法　工程上规定了每一种标准热电偶配套的仪表，仪表的显示值为温度，不需要用户再自己改制，如常用的 K 型热电偶配套动圈仪表 XCZ-101（指示型）或 XCT-101（调节型）等。XMZ 系列数显仪表如图 2-24 所示。

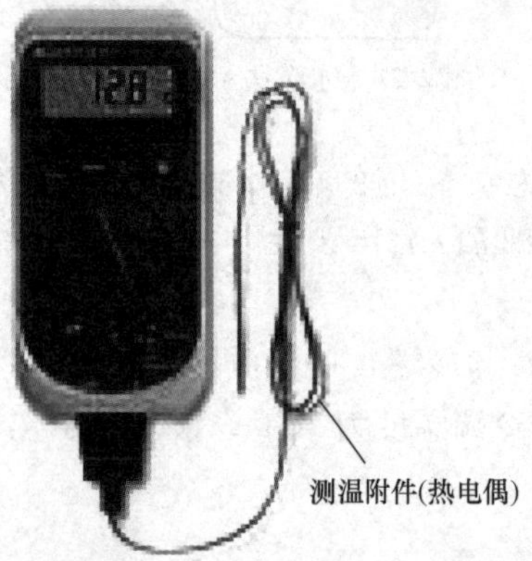

图 2-23　具有测温功能的数字式万用表

图 2-24　XMZ 系列数显仪表

工业用装配式热电偶作为测量温度的变送器通常和显示仪表、记录仪表和电子调节器配套使用。

热电偶温度变送器是一种现场安装式温度变送单元，既可以配接热电偶也可以配接热电阻。变送器一般采用二线制传送方式（电源输入与信号输出为两根公用导线），输出 4~20mA 电流信号。

图 2-25 是热电偶温度变送器及其典型接法。

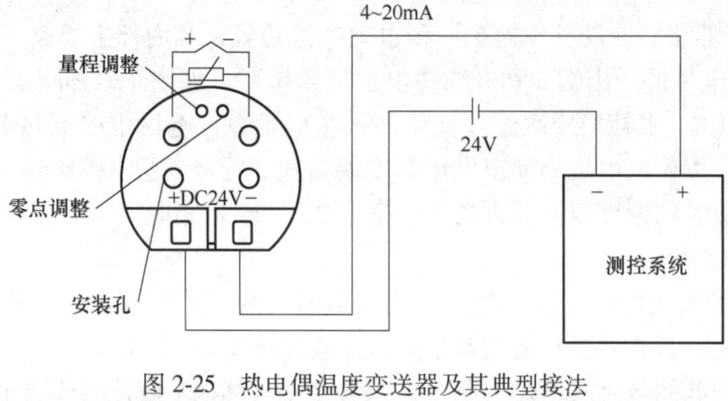

图 2-25　热电偶温度变送器及其典型接法

（3）热电偶使用中的常见问题　表 2-2 总结了热电偶常见故障的分析及处理方法。

表 2-2　热电偶常见故障的分析及处理方法

故障现象	可能原因	处理方法
热电动势比实际值小（显示仪表指示值偏低）	热电极短路	如潮湿所致，则进行干燥；如绝缘子损坏，则更换绝缘子
	热电偶的接线柱处积灰，造成短路	清扫积灰
	补偿导线线间短路	找出短路点，加强绝缘或更换补偿导线
	热电极变质	在长度允许的前提下，剪去变质段重新焊接，或更换新的热电偶
	补偿导线与热电偶极性接反	重新接线
	补偿导线与热电偶不配套	更换相配套的补偿导线
	安装位置错误或插入深度不符合要求	重新按规定安装热电偶
	冷端温度补偿不符合要求	调整冷端补偿器
	热电偶与显示仪表不配套	更换热电偶或显示仪表
热电动势比实际值大（显示仪表指示值偏高）	显示仪表与热电偶不配套	更换热电偶
	热电偶与补偿导线不配套	更换配套的补偿导线
	有直流干扰信号进入	排除直流干扰
热电动势输出不稳定	热电偶接线柱与热电极接触不良	将接线柱螺钉拧紧
	测量线路绝缘破损，引起断续短路或接地	找出故障点，修复绝缘
	热电偶安装不牢或外部震动	紧固热电偶，消除震动或采取减震措施
	热电极将断未断	修复或更换热电偶
	外界干扰（交流漏电、电磁场感应等）	查出干扰源，采用屏蔽措施
热电偶热电动势误差大	热电极变质	更换热电极
	热电偶安装位置不当	改变安装位置
	保护套管表面积灰	清除积灰

单元小结

热电偶是工业上最常用的温度传感器。热电偶由两种不同金属构成，基于热电效应原理工作，其输出热电动势与热端和冷端的温差成正比。常用热电偶有 K、S、E 型等。组建热电偶测温系统时，需注意冷端补偿问题和正确配套使用补偿导线。

单元四　集成温度传感器

单元引入

在一些要求多功能、集成化、智能化温度测控的系统中，广泛使用集成温度传感器。集成温度传感器输出线性好、精度高、响应快，驱动电路和信号处理电路都与温度敏感元件集成在一起，封装组件体积很小，使用方便。

学习目标

1）熟知集成温度传感器的类型和原理特性。

2）了解集成温度传感器的典型应用。

建议课时

2 学时

知识点

集成温度传感器也称为温度传感器集成电路，它是利用半导体 PN 结的正向压降随温度升高而降低的特性，将 PN 结作为感温元件，把感温元件、放大电路和补偿电路等部分集成封装在同一结构体内，构成一体化的温度传感器。集成温度传感器有电压型输出、电流型输出和数字量输出等类型。集成温度传感器工作电压低、功耗很小、精度高、抗干扰能力强，有些集成温度传感器还具有温度控制功能。

一、集成温度传感器的分类

按输出方式不同，集成温度传感器分为模拟输出式、数字输出式和逻辑输出式三类。

1. 模拟输出式集成温度传感器

模拟输出式集成温度传感器是一种单一功能传感器（仅能测量温度），特点是测温误差小、响应速度快、体积和功耗小、价格低、外围电路简单，是目前应用最普遍的一种集成传感器。模拟输出式集成温度传感器又分为电流型和电压型两种，如 AD590、LM135 等。

（1）电流型集成温度传感器　电流型集成温度传感器是把线性集成电路和薄膜元件集成在一块芯片上，用集成电路工艺制成的测温传感器，其输出电流正比于热力学温度，灵敏度为 1μA/K，电源电压范围为 4～30V。在其输出端 V_o 处串接一个 1kΩ 标准电阻，可得到 1mV/K 的电压信号。AD590 型温度传感器如图 2-26 所示，其中引脚 1 为电源正端 V+；引脚 2 为电流输出端；引脚 3 为管壳，可悬空。这种电流型集成温度传感器输出具有恒流特性，故有很高的输出阻抗，适合传感器信号的远距离传输。

（2）电压型集成温度传感器　电压型集成温度传感器是将传感器的基准电压、放大器集成于同一芯片上做成三端元件。电压型集成温度传感器的线性输出电压为 10mV/K。由于这种传感器输出阻抗较低，故只适合短距离信号传输，特别适用于工业现场测温。图 2-27 所示为 LM35 电压型温度传感器的封装和引脚功能。

2. 数字输出式集成温度传感器

数字输出式集成温度传感器将温度信号直接转换成并行或串行数字信号供计算机处理，可以省去模拟式传感器与微处理器连接时所需的信号调理电路和 A/D 转换器，被广泛应用于工业控制、电子测温、医疗设备的温控系统中。典型的数字输出式集成温度传感器有 DS1820、MAX6575 等。

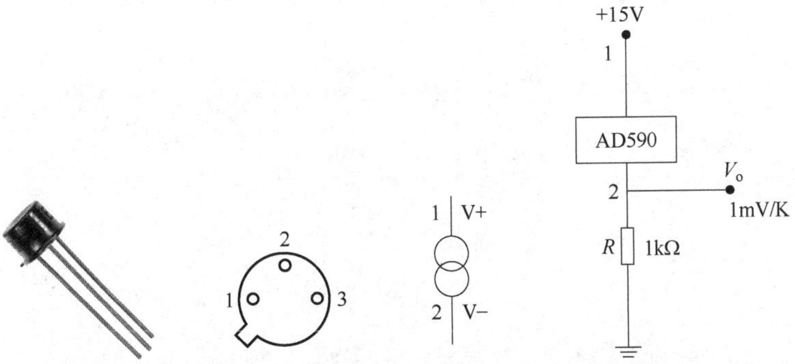

图 2-26　AD590 型温度传感器

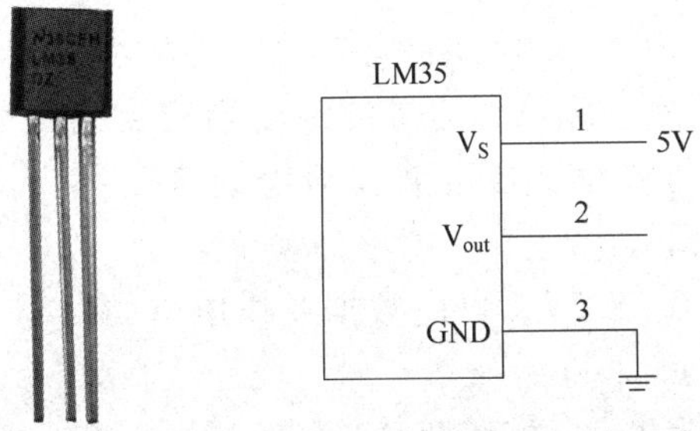

图 2-27　LM35 电压型温度传感器的封装和引脚功能

3. 逻辑输出式集成温度传感器

逻辑输出式集成温度传感器主要包括温控开关和可编程温度控制器，典型产品有 LM56、AD22105、MAX6501/02/03/04 等。逻辑输出式集成温度传感器用于无需精确测量具体温度、只需探测温度值是否超出设定范围的场合。当温度值超出设定范围时，传感器输出报警信号，同时控制起、停设备。

二、集成温度传感器的应用

1. 采用 LM335 的热电偶冷端补偿电路

图 2-28 是采用热电偶且测温范围很宽的冷端补偿测温电路。它采用了分度号为 K 的热电偶，测量上限温度可达 1000℃。为了消除热电偶冷端环境的影响，采用 LM335 对冷端温度进行测量，然后通过运算放大器 LM308 将温度电压信号与热电偶产生的热电动势叠加后放大输出，从而使输出电压信号反映热电偶工作端的真实温度。由于 LM335 输出电压与绝对温度成正比，故采用 LM329 与电阻分压产生一个电压信号抵消其在 0℃的输出电压。该电路输出电压与被测温度的对应关系被放大电路调整为 10mV/℃。

2. 数字温度传感器 DS18B20 简介

DS18B20 是美国 DALLAS 半导体公司推出的一种带有总线接口的智能温度传感器。与传统的热敏电阻相比，它能直接读出被测温度，并且具有体积小、精度高、抗干扰能力强、功耗极低等特点。图 2-29 所示为 DS18B20 的外观图。

（1）DS18B20 的主要特性　DS18B20 有多种封装形式以适应各种应用场合，有管道式、

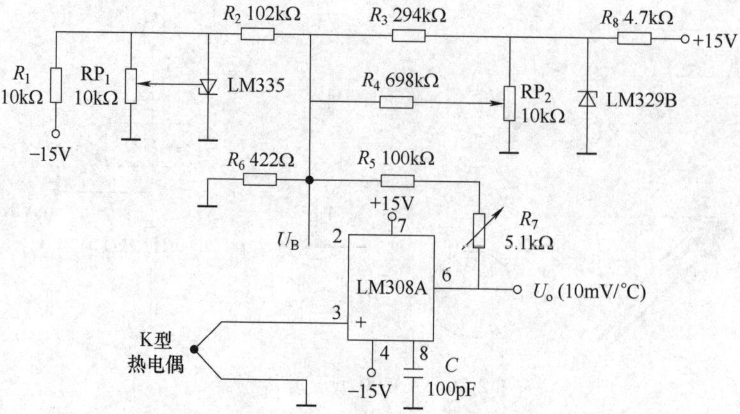

图 2-28　冷端补偿测温电路

螺纹式、磁吸式等。DS18B20 可以用于电缆线槽、高炉水循环、锅炉、农业大棚、弹药库、冷热管道等的温度测控领域，尤其适合在环境恶劣、空间狭小、强机械震动等场合使用。DS18B20 的技术性能指标如下。

图 2-29　DS18B20 的外观图

1）适应电压范围为 3.0～5.5V，可由数据线供电（寄生电源方式）。

2）与微处理器之间仅需要一条接线即可双向通信。

3）支持多点组网功能，多个 DS18B20 可以并联在唯一的三线上，实现组网多点测温。

4）使用时不需要任何外围元件。

5）测温范围为−55～125℃，在−10～85℃时精度为±0.5℃。

6）检测数据以 9～12 位数字量方式串行输出，可实现高精度测温。

7）允许电源极性接反，但此时芯片不能正常工作。

DS18B20 遵循单总线协议，每次测温时必须有初始化、传送 ROM 命令、传送 RAM 命令、数据交换等四个过程。

DS18B20 输出数字量与温度的对应关系见表 2-3。

表 2-3　DS18B20 输出数字量与温度的对应关系

温度/℃	数字输出（二进制）	数字输出（十六进制）
125	0000 0111 1101 0000	07D0
85	0000 0101 0101 0000	0550
25.0625	0000 0001 1001 0001	0191
10.125	0000 0000 1010 0010	00A2
0.5	0000 0000 0000 1000	0008
0	0000 0000 0000 0000	0000
−0.5	1111 1111 1111 1000	FFF8

（续）

温度/℃	数字输出（二进制）	数字输出（十六进制）
-10.125	1111 1111 0101 1110	FF5E
-25.0625	1111 1110 0110 1111	FE6F
-55	1111 1100 1001 0000	FC90

（2）DS18B20 的内部结构　DS18B20 内部主要由温度传感器，64 位 ROM，温度报警触发器 TL 和 TH，配置寄存器等组成，如图 2-30 所示。

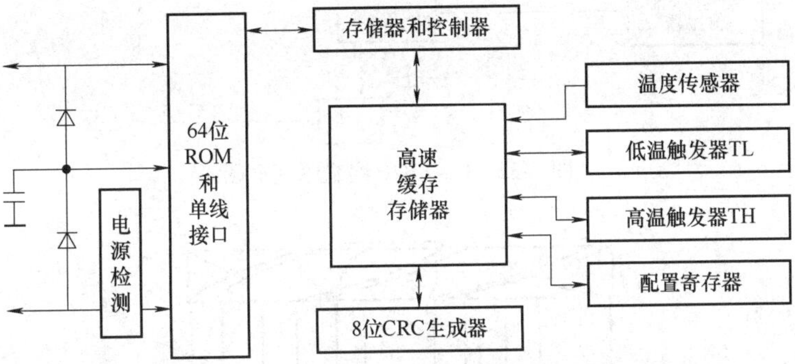

图 2-30　DS18B20 的内部结构示意图

DS18B20 的引脚排列图如图 2-31 所示，其中 DQ 为数字信号 I/O 端，GND 为电源接地端，V_{DD}为外界电源输入端（在寄生电源方式时接地）。

（3）DS18B20 的测温原理　DS18B20 测温原理框图如图 2-32 所示，其中低温度系数振荡器的振荡频率受温度影响很小，用于产生固定频率的脉冲信号送给计数器 1；高温度系数振荡器的振荡频率随温度变化明显改变，所产生的信号作为计数器 2 的脉冲输入。计数器 1 和温度寄存器被预置为-55℃所对应的基数值。计数器 1 对低温度系数振荡器产生的脉冲信号进行减法计数，当计数器 1 的预置值减到 0 时，温度寄存器的值将加 1，计数器 1 的预置值将重新被装入，计数器 1 重新开始对低温度系数振荡器产生的脉冲信号进行计数，如此循环直到计数器 2 计数到 0 时，停止温度寄存器值的累加，此时温度寄存器中的数值即为所测温度。斜坡累加器用于补偿和修正测温过程中的非线性，其输出用于修正计数器 1 的预置值。

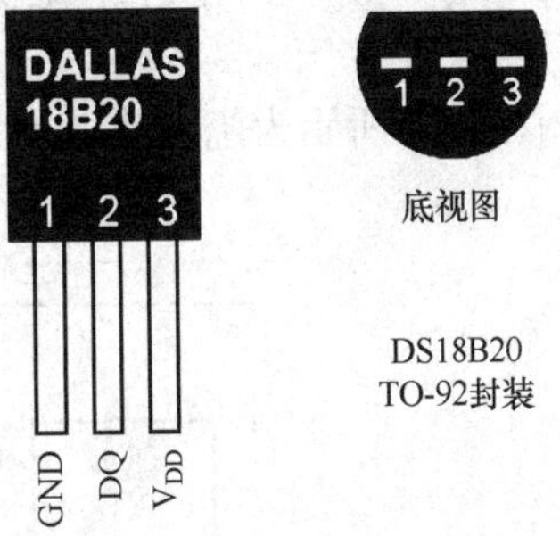

图 2-31　DS18B20 的引脚排列图

三、应用案例——计算机 CPU 和主板热保护控制

计算机运行中产生很多热量，其中 CPU 是整个计算机中最热的部分。为了使 CPU 或其他电路不至因过热而降低效率乃致损坏，计算机内置了温度传感器来检测温度。当 CPU 或其他电路表面温度升高到预设值时，CPU 改变散热风扇运行状态，或降低自身的运行速度来防止温度继续上升。CPU 温度传感器一般为体积很小的贴片式集成温度传感器，图 2-33 所示为计算机 CPU 温度检测的硬件结构示意图。

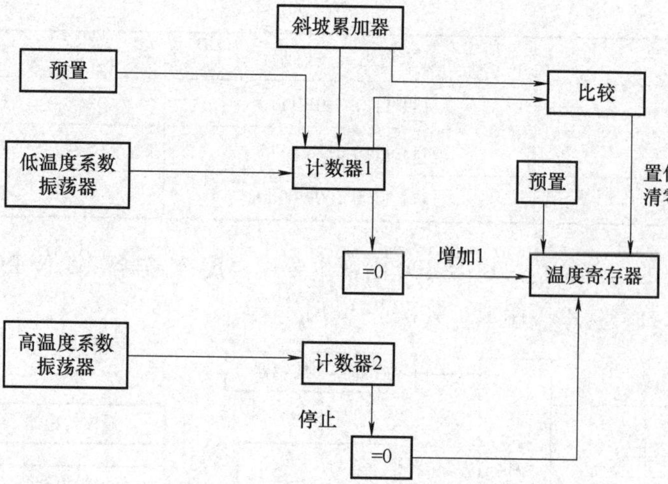

图 2-32 DS18B20 测温原理框图

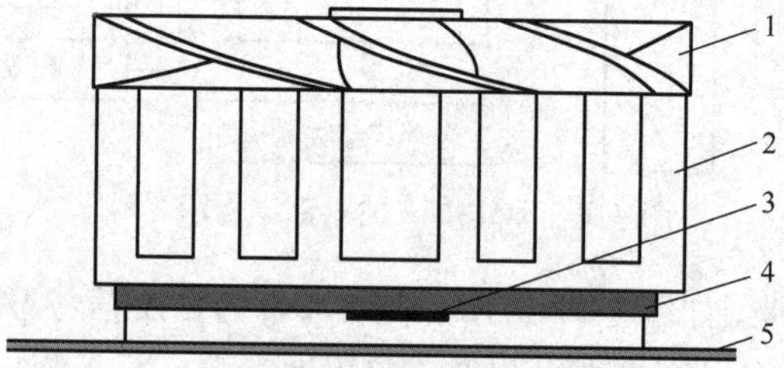

图 2-33 计算机 CPU 温度检测的硬件结构示意图

1—风扇 2—散热器 3—贴片式集成温度传感器 4—CPU 芯片 5—主板

图 2-34 所示为笔记本式计算机内部的温度检测系统原理框图。集成温度传感器通过

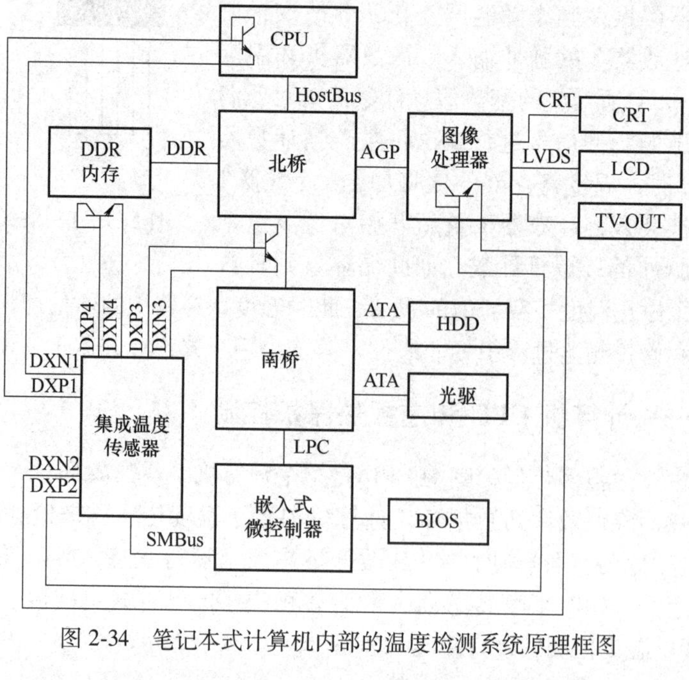

图 2-34 笔记本式计算机内部的温度检测系统原理框图

SMBus 接口连接到笔记本式计算机的嵌入式微控制器。集成温度传感器负责温度检测，风扇转速控制由嵌入式微控制器配合软件来实现。集成温度传感器芯片内还集成了保护功能电路，当温度达到第一个高温临界点时，芯片发出中断请求，要求嵌入式微控制器进行相应的处理，如让 CPU 降频；如果温度继续上升达到第二个高温临界点，则起动控制系统的第二个风扇或使系统强制关机。

小知识

总线与 SMBus

各种基本部件按一定方式连接起来，构成计算机硬件系统。微型计算机的各部件之间都是用总线连接起来的。总线就是一组公共信息传送线路，它能分时地发送与接收各部件的信息，是计算机系统各部件之间传输信息的公共通道，CPU 通过总线读取指令，并实现与内存、外设之间的数据交换。总线的性能对整个微型计算机系统性能有十分重要的影响，总线有很多种类型和形式，其结构也在不断发展变化着。

SMBus（System Management Bus，系统管理总线）是一种两线接口，它为系统和电源管理相关的任务提供一条控制总线。一个系统利用 SMBus 可以和多个设备互传信息，而不需使用独立的控制线路。SMBus 主要应用于移动 PC 和桌面 PC 系统中的低速率通信。

单元小结

集成温度传感器采用标准的生产硅基半导体集成电路的工艺制造。模拟输出式集成温度传感器的主要特点是功能单一、测温误差小、价格低、响应速度快、传输距离远、体积小、微功耗等，适合远距离测温、控温，不需要进行非线性校准，外围电路简单。虽然 PN 结受耐热性能和特性范围的限制，只能用来测量 150℃以下的温度，但在许多领域得到了广泛应用。目前许多工程设计人员都会选择集成温度传感器，或是定制集成传感器模块。集成传感器是传感器发展的必然趋势。

单元五　辐射式温度传感器

单元引入

自然界中任何温度高于绝对零度的物体都会向周围空间辐射能量，其辐射特性与物体表面温度有确定的对应关系，辐射式温度传感器就是基于这一原理测温的。辐射式温度检测属于非接触式测量，它不会破坏被测对象的温度场，特别适合测量运动物体和较小被测对象的温度，测温上限不受传感器材料熔点的限制。辐射式温度传感器的响应时间短、检测速度快、适于快速测温。

学习目标

1）理解辐射式温度检测的原理和测量特性。

2）能查询和解读红外测温仪、工业热像仪等设备技术文件（说明书）。

3）正确使用普通红外测温仪。

建议课时

2 学时

知识点

一、辐射式温度检测

1. 辐射式温度检测原理

辐射式温度传感器采用热辐射和光电检测的方式检测温度。热辐射是指物体内部微观粒子在运动状态改变时所激发出的能量，可分为红外辐射、可见光和紫外辐射等。热辐射是真空中唯一的热传递方式。日常生活中人体对红外线的热效应感受显著。

物体的温度越高，辐射功率就越大，其量值关系由斯特藩·玻尔兹曼定理给出，其表达式为：

$$E_0=\sigma T^4$$

式中 E_0——全波长辐射能力，单位为 W/m^2；

σ——比例系数，$\sigma=5.67\times10^{-8}W/m^2K^4$；

T——物体的绝对温度，单位为 K。

只要测出物体所发出的辐射功率，就可以确定物体的温度。图 2-35 所示为辐射式温度传感器的测温原理图。

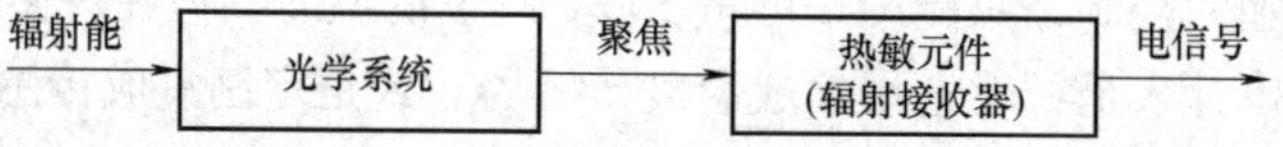

图 2-35 辐射式温度传感器的测温原理图

辐射式温度传感器一般包括光学系统和热敏元件两部分，前者用于瞄准被测物体，将物体的辐射能聚焦在热敏元件上，后者将汇聚的辐射能转换成电信号。

2. 红外测温仪的基本结构

红外测温仪由光学系统、光电探测器、信号放大器及信号处理电路、显示输出等部分组成。光学系统汇聚其视场内的目标红外辐射能量，红外辐射能量聚焦在光电探测器上并转换为相应的电信号，该信号再经换算转变为被测目标的温度值。图 2-36 为红外测温仪的外观及结构示意图。被测物体的红外线由物镜聚焦在受热板上。受热板是一种人造黑体，通常为涂黑的铂片，受热板吸收辐射能后温度升高，此温度由连接在受热板上的热敏元件测定。

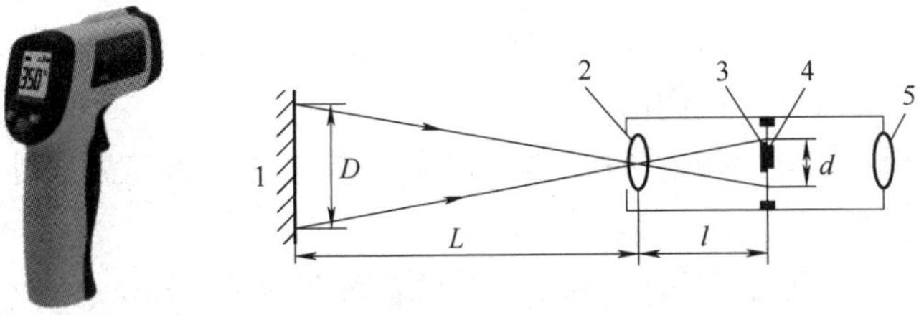

图 2-36　红外测温仪的外观及结构示意图

1—被测物　2—物镜　3—受热板　4—热敏元件　5—目镜

二、比色温度计

1. 比色测温基本原理

比色温度计通过测量两个波长的单色辐射亮度之比来确定物体温度，这种测温仪也称双色测温仪。实验表明，黑体单色辐射的峰值波长随温度的升高而减小。这一规律由维恩位移定律表述。

$$\lambda_m T = C$$

式中　λ_m——黑体单色辐射的峰值波长，单位为 m；

T——绝对温度，单位为 K；

C——常数，$C=2.898\times10^{-3}\mathrm{m}\cdot\mathrm{K}$。

上式表明，物体的表面温度越高，其单色辐射的峰值波长越短；反之则峰值波长越长。图 2-37 所示为不同温度下的黑体光谱辐射亮度图，它表明物体表面温度与黑体辐射波长分布的关系，曲线图的纵坐标也可理解为黑体辐射的强度。从图 2-37 的曲线可以看出黑体辐射具有如下特征：

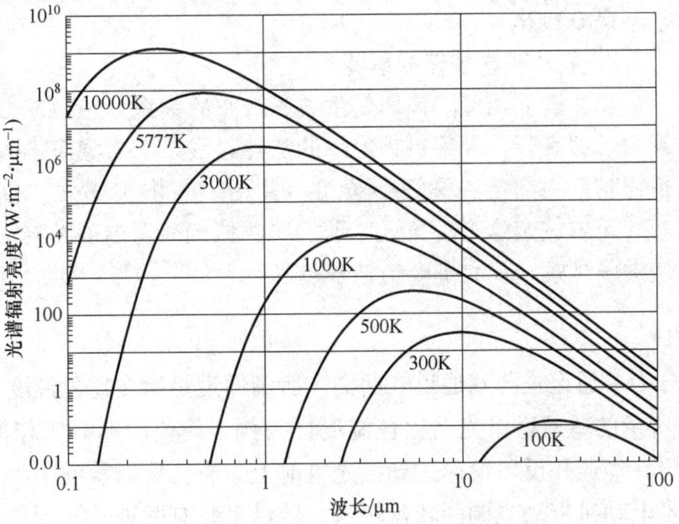

图 2-37　不同温度下的黑体光谱辐射亮度图

① 在任何温度下，黑体的光谱辐射亮度都随着波长连续变化，每条曲线只有一个极

大值。

② 随着温度的升高，与光谱辐射亮度极大值对应的波长减小。这表明随着温度的升高，黑体辐射中的短波长辐射所占比例增加。

③ 随着温度的升高，黑体辐射曲线全面提高，即在任一指定波长处，与较高温度相对应的光谱辐射亮度也较大，反之亦然。

地球对流层顶部的平均温度约为200K，其峰值波长为14.5μm；地球表面平均温度约为300K，其峰值波长为10μm；太阳表面温度约为6000K，则其峰值波长为0.475μm。

根据维恩位移定律，可以通过测量两个光谱能量比来确定物体温度，这种方法称为比色测温法。比色温度计测量非黑体时所得到的温度称为比色温度或颜色温度。根据比色温度的定义，应用维恩位移定律公式，可以求出物体的真实温度。

>> 小提示

黑体辐射

1. 黑体辐射规律

任何物体都具有辐射、吸收、反射电磁波的性质。辐射的电磁波在各个波段具有一定的光谱分布，这种光谱分布与物体本身的特性及其温度有关，因而被称为热辐射。为了研究热辐射规律，定义一种对任何波长的外来辐射都完全吸收而无任何反射的物体，这种标准物体称为黑体（black body）。

随着温度不同，光的颜色各不相同，黑体呈现红→橙红→黄→黄白→白→蓝白的渐变过程。当某个光源所发射的光的颜色与黑体在某一个温度下所发射的光的颜色相同时，黑体的这个温度称为该光源的色温。黑体的温度越高，光谱中蓝色的成份越多，反之，则光谱中红色成份越多。如，白炽灯的光色是暖白色，其色温表示为4700K，而日光色荧光灯的色温表示则是6000K。

2. 黑体辐射规律的解释

物体表面温度与黑体辐射波长分布的关系，可以从日常生活中的一种现象近似解释：观察钢铁冶炼的加热过程，随着温度的升高，铁水颜色会依照暗红→红色→橘红→黄色→黄白……依次变化，即波长从长逐渐变短。可以按照这个现象近似理解“物体的表面温度越高，其单色辐射的峰值波长越短；反之则峰值波长越长”。

2. 比色温度计

比色温度计分为单通道式与双通道式两类。所谓通道是指在比色温度计中使用传感器的个数。以图2-38所示的单通道单光路比色温度计为例，简要说明其工作原理。被测物体的辐射能经物镜聚焦，经通孔反射镜而达到硅光电池上。通孔反射镜的中心开孔大小可根据距离系数改变。同步电动机带动光调制转盘转动，转盘上装有两种不同颜色的滤光片，交替通过两种波长的光。硅光电池输出两个相应的电信号至变送器进行比值运算和线性化。反射镜、倒像镜和目镜组成瞄准系统用于调节温度计，使其瞄准被测物体。

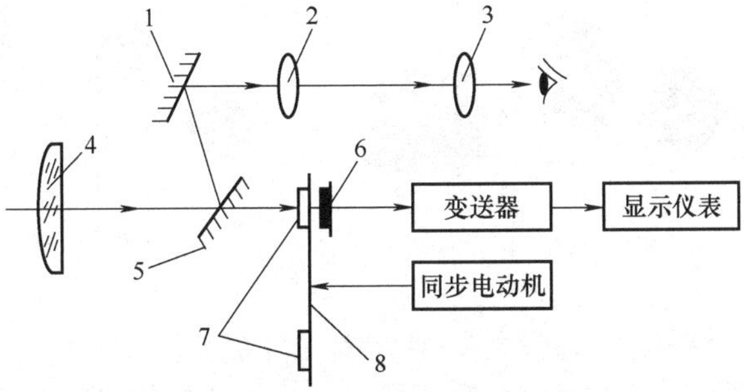

图 2-38 单通道单光路比色温度计

1—反射镜 2—倒像镜 3—目镜 4—物镜 5—通孔反射镜 6—硅光电池 7—滤光片 8—光调制转盘

单元小结

利用物体的辐射特性与温度之间的关系进行温度检测的器件称为辐射式温度传感器。辐射式温度检测是一种非接触式测温方法，与接触式温度检测相比，辐射式温度传感器具有很多优点，如测量速度快、不干扰被测对象的温度环境等。

单元六 气敏和湿度传感器

单元引入

气敏传感器是一种能将气体中的特定成分（浓度）检测出来，并将它转换成电信号的器件。气敏传感器一般用于环境监测和工业过程检测，如有毒有害气体检测、汽车发动机燃油燃烧监控等。湿度传感器在工业、农业、气象、医疗以及日常生活各方面都有应用。如，芯片生产环境、棉纺车间、粉尘污染车间等的湿度监控，仓库湿度测控，农业育苗，食用菌生产，果蔬保鲜等各个领域。

学习目标

1）理解主要气敏和湿度传感器的测量原理。

2）识别和测试常见的气敏和湿敏元件，并制订检测方案和选配基本电路单元。

建议课时

2 学时

知 识 点

一、气敏传感器

最常用的气敏传感器主要有半导体式和接触燃烧式两种。图 2-39 是常见气敏传感器的外形。

图 2-39　常见气敏传感器的外形

半导体式气敏传感器多由金属氧化物半导体材料制成，如 SnO_2 系列、ZnO 系列等。传感器制作时添加物不同，所检测的气体也不同。半导体式气敏传感器适用于检测低浓度的可燃和有毒气体，如 CO、H_2S、CH_4、C_4H_{10} 等。接触燃烧式气敏传感器主要用于可燃气体的检测。

气敏传感器主要用于报警器，当被测气体超过规定浓度时，装置发出声光报警。

1. MQ-3 型气敏传感器

通过图 2-40 所示的电路就可以了解气敏传感器的特性。

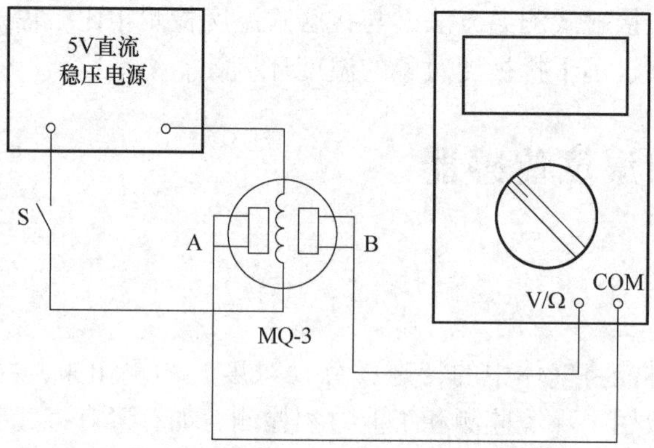

图 2-40　用数字式万用表检测气敏传感器电路

电路使用 MQ-3 型气敏传感器，用数字式万用表显示测量数据，可以检查器件的好坏。当电源开关 S 断开时，传感器没有驱动电流（也叫加热电流），A、B 之间电阻值大于 20MΩ。接通开关 S，传感器内的微加热丝得到电流而加热，经过数秒后观察 A、B 间电阻值，可以看到 A、B 间的电阻值在几秒内迅速下降至 1MΩ 以下，然后又逐渐上升到 20MΩ 以上并保持不变。此时若将内盛酒精的小瓶瓶口靠近传感器，可以看到电阻显示值立即由 20MΩ 以上降到 0.5~1MΩ。移开小瓶后 20~40s，A、B 间电阻值又恢复至大于 20MΩ 的状态。以上反应可以重复试验，但需注意要使空气恢复到洁净状态再进行试验。

MQ-3 型气敏传感器的敏感部分由二氧化锡（SnO_2）的 N 型半导体微晶烧结层构成。当其表面附有气体酒精分子（即乙醇 C_2H_5OH）时，表面导电电子比例会发生变化，从而使其表面电阻值随着被测气体浓度的变化而变化。由于这种反应是可逆的，所以元件能重复使用。

MQ-3 型气敏传感器的外形如图 2-41a 所示，由微型 Al_2O_3 陶瓷管、SnO_2 敏感层、测量电极和加热器构成的敏感元件固定在塑料或不锈钢制成的腔体内，加热器为气敏传感器提供了必要的工作条件。封装好的气敏传感器有六个针状引脚，其中 A、A、B、B 引脚用于信号输出，f、f 引脚用于提供加热电流。引脚接线如图 2-41b 所示。

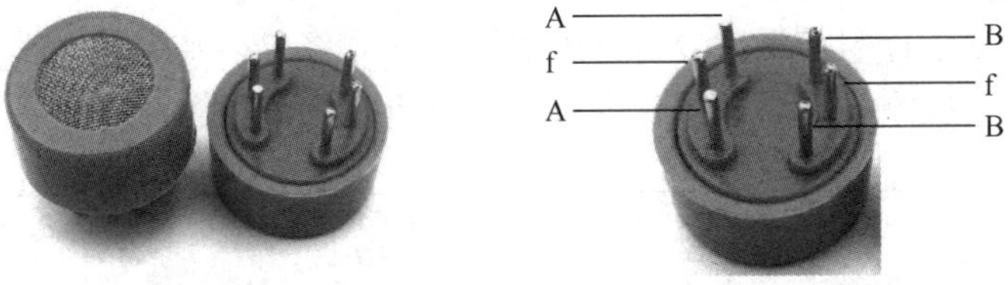

a) 外形　　b) 引脚接线

图 2-41　MQ-3 型气敏传感器

2. 天然气报警器原理

图 2-42 是 TGS 系列气敏传感器的外形结构。其核心是一个 SnO_2 气敏电阻。电阻值随着气体浓度的变化而变化，这就把非电量（气体浓度）的测量和控制转化成了对电量（电阻）的测量和控制，实现了传感器的功能。

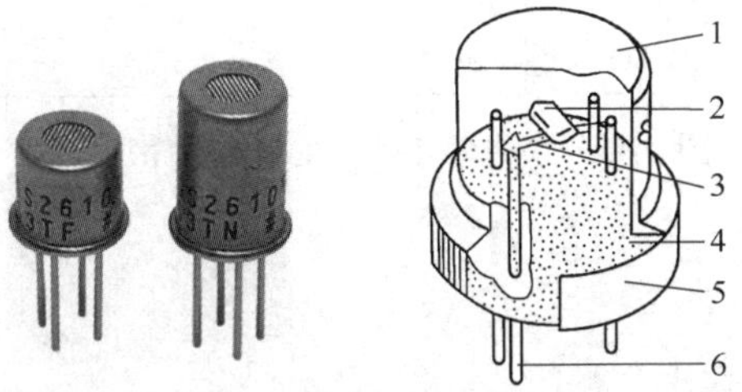

图 2-42　TGS 系列气敏传感器的外形结构

1—金属纱网　2—SnO_2 半导体　3—电极引线　4—复合材料基体　5—镀镍黄铜　6—Ni 引脚

天然气的主要成分是甲烷（CH_4），若天然气灶或天然气热水器等漏气，会对人身安全和财产造成损害（甲烷浓度达到 4%~16%时会产生爆炸）。TGS 系列气敏传感器的制作工艺简单、成本低、功耗小、灵敏度高，特别适用于制作燃气报警器。图 2-43 是天然气报警器的电路原理图。

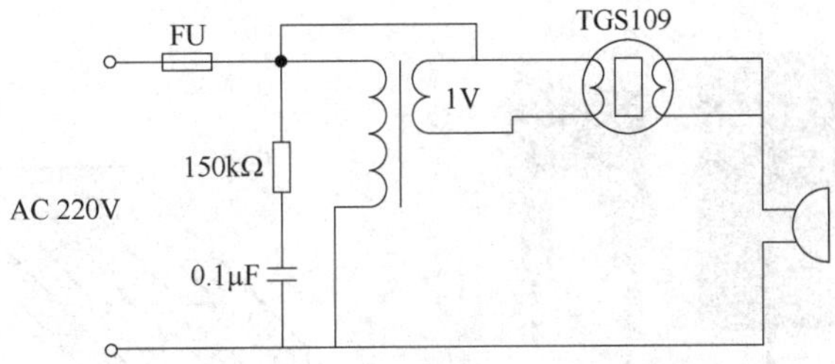

图 2-43　天然气报警器的电路原理图

TGS109 型气敏传感器在空气中的电阻值较大、电流较小、蜂鸣器不发声；当室内天然气浓度达到 1%时，它的电阻值较低，流经电路的电流较大，可直接驱动蜂鸣器报警。

制作前，要准备好电源、蜂鸣器、电阻等制作报警器的必备材料。制作完毕后，可以用点燃的蚊香靠近气敏传感器，这时蜂鸣器应发出报警信号。

3. 家用煤气报警控制器电路原理

图 2-44 是一种家用煤气报警控制器电路原理图，其中 QM-N10 为气敏传感器，HTD 为压电蜂鸣器。请根据学过的知识，分析其工作原理，并将分析结果与同学交流。

收集类似的气敏检测电路原理图，进行功能分析。

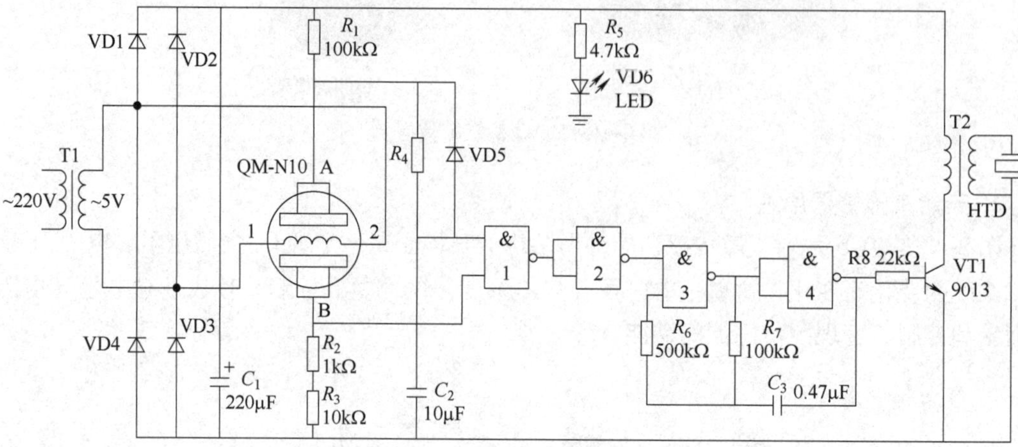

图 2-44　家用煤气报警控制器电路原理图

二、湿度传感器

1. 湿敏元件

湿敏元件种类较多，主要有电阻式和电容式两大类。湿敏电阻的特点是在基片上覆盖一层用感湿材料制成的膜，当空气中的水蒸气吸附在感湿膜上时，元件的电阻率和电阻值都发生变化，利用这一特性即可测量湿度。

湿敏电容一般是用高分子薄膜电容制成的，常用的高分子材料有聚苯乙烯、聚酰亚胺、酪酸醋酸纤维等。当环境湿度发生改变时，湿敏电容的介电常数发生变化，使其电容量也发生变化，电容变化量与相对湿度成正比。

图 2-45 所示为湿敏元件的外形和结构。对比观察到的元件，找出其共同特征。

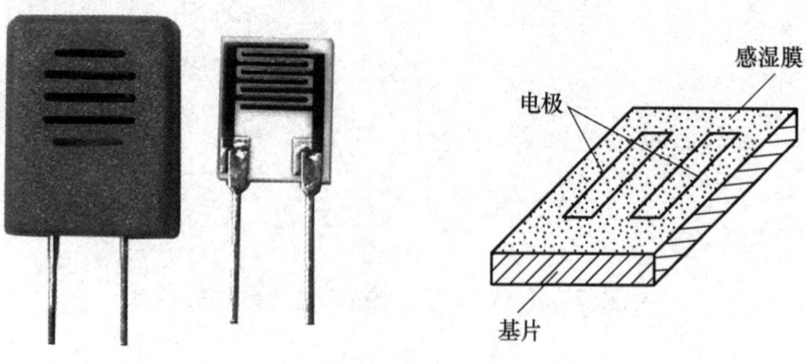

图 2-45　湿敏元件的外形和结构

湿敏元件的特点是线性度及抗污染性差。在检测环境湿度时，湿敏元件要长期暴露在待测环境中，很容易被污染而影响其测量精度及长期稳定性。

2. 湿度传感器的应用

一种应用于园艺温室的温湿度报警器电路如图 2-46 所示。当温室内的温度和湿度偏离设定值时，该电路会发出声光报警信号或进行温湿度控制。

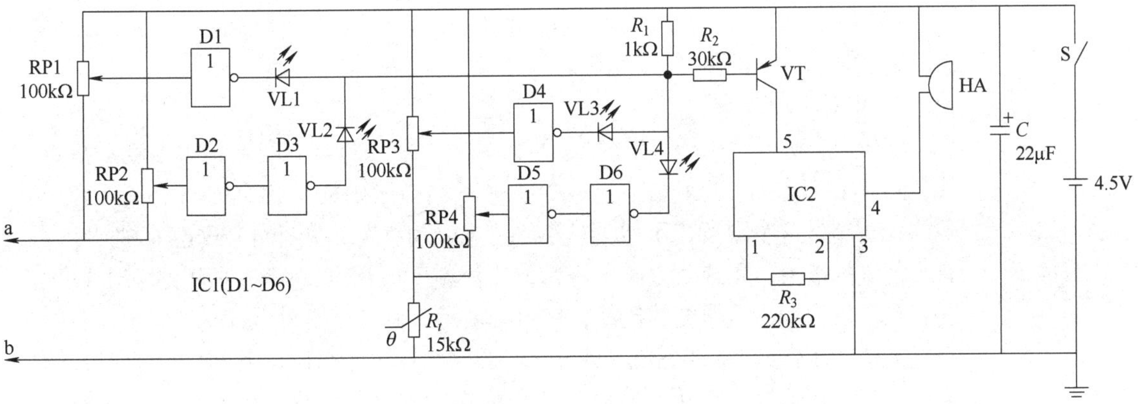

图 2-46　温湿度报警器电路

温度检测电路由电位器 RP3、RP4、热敏电阻 R_t 和非门集成电路 IC1（D1～D6）内部的 D4～D6 组成。

湿度检测电路由电位器 RP1、RP2 和 IC1 内部的 D1～D3 组成，湿度检测电极 a、b 作为湿度传感器。

报警电路由发光二极管 VL1～VL4、电阻 R_1～R_3、三级管 VT、音乐集成电路 IC2 和蜂鸣器 HA 组成。

RP1 和 RP2 用于设定湿度的下限值和上限值，RP3 和 RP4 用于设定温度下限值和上限值。

当温室内土壤湿度在设定范围内时，D1 和 D3 均输出高电平，VL1 和 VL2 均处于截止状态，VT 不导通，IC2 不工作，HA 不发声。

当温室土壤湿度超过设定的上限值时，电极 a、b 之间阻值变小，使 RP2 的中点电位低于 2. 7V，D2 输出高电平，D3 输出低电平，VL2 发光，指示温室土壤湿度过大；同时 VT 导通，IC2 通电工作，HA 发出报警声。

当温室土壤湿度低于设定的下限值时，电极 a、b 之间的阻值变大，使 RP1 中点电位高于 2. 7V，D1 输出低电平，VL1 点亮，指示温室土壤湿度偏小；同时 VT 导通，IC2 通电工作，HA 发出报警声。

当温室内温度在设定的温度范围内时，D4 和 D6 均输出高电平，VL3 和 VL4 均截止，VT 不导通，IC2 不工作，HA 不发声。

当温室内温度超过设定上限值时，R_t 的阻值减小，使 RP4 中点电位低于 2. 7V，D5 输出高电平，D6 输出低电平，VL4 点亮，指示棚内温度偏高；同时 VT 导通，IC2 通电工作，HA 发出报警声。

当温室内温度低于设定下限值时，R_t 的阻值增大，使 RP3 中点电位高于 2. 7V，D4 输出低电平，VL3 点亮，指示棚内温度偏高；同时 VT 导通，IC2 通电工作，HA 发出报警声。

小知识

相对湿度的测量

你知道“相对湿度”的含义吗？它是怎样测量的？“体感温度”是怎么回事？通过阅读下面文字，可以帮助你了解相关的知识。

1. 相对湿度

湿度是表示空气中水蒸气含量的物理量，常用绝对湿度、相对湿度、露点等表示。在一定的气压和温度下，单位体积的空气中能够含有的水蒸气是有极限的，若超过这个限度，则水蒸气会凝结而产生降水。单位体积空气中实际含有水蒸气的数值，用绝对湿度来表示；相对湿度表示空气中绝对湿度与同温度、同气压下的饱和绝对湿度的比值，用 RH 表示，其计算方法是 RH（%）=（实际空气水蒸气压强/同温度下饱和水蒸气压强）×100%。当温度和压力变化时，因饱和水蒸气压强发生变化，所以气体中的实际水蒸气压强即使相同，其相对湿度也会发生变化。日常生活中一般用相对湿度表示空气的湿度。温度高的气体，含水蒸气多。若将气体冷却，即使其中所含水蒸气量不变，相对湿度也将增加，当气体降到某个温度时，相对湿度达到 100%，呈饱和状态，若继续冷却，水蒸气的一部分开始凝聚生成露，这个温度称为露点温度，简称露点。即空气在大气压不变的情况下，为了使其所含水蒸气达到饱和状态时所必须冷却到的温度称为露点温度。气温和露点的差越小，表示空气中的水蒸气越接近饱和。

2. 湿度测量

湿度的测量工具有伸缩式湿度计、干湿球湿度计、露点计和阻抗式湿度计等。伸缩式湿度计是利用毛发、纤维素等随湿度变化而伸缩的性质工作的，这种湿度计只能直接读数，不能输出电信号。干湿球温度计根据湿球的通风情况测量湿度，精度较高，其缺点是要给湿球供水。伸缩式湿度计和干湿球湿度计外形如图 2-47 所示。

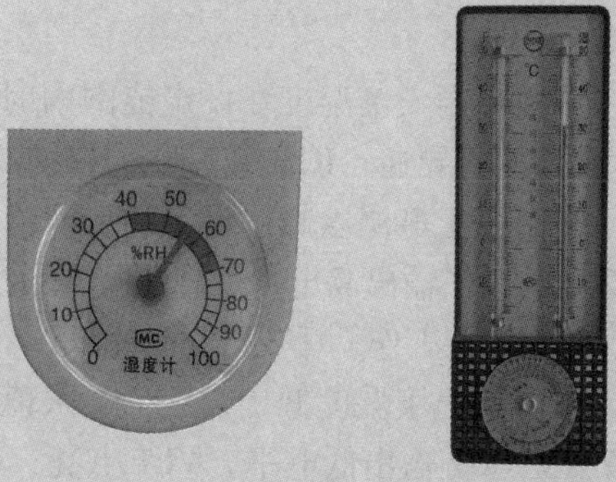

图 2-47　伸缩式湿度计和干湿球湿度计外形

阻抗式湿度计是根据湿度传感器的阻抗值变化而求得湿度的一种湿度计，由于能简单地将湿度转变为电信号，所以它是湿度检测时广泛采用的一种方法，本单元主要介绍这类湿度传感器。

3. 体感温度

体感温度是指人体主观感受到的温度指数。体感温度受到气温、风速与相对湿度的综合影响，影响的程度一般用“THW 指数”来描述，其中相对湿度对“THW 指数”的影响尤为突出。

比人的体温高的水分子会阻碍人体散热，而比人的体温低的水分子会促进人体散热，湿度越高，空气中的水分子浓度越高，水分子所造成的效应也越明显。

20 世纪 80 年代，科学家给出了体感温度的经验公式，气象部门可以在综合气温、相对湿度、风速以及日照等因素后，估算和预报出体感温度。由于个体感受的差异，体感温度还只是一个相对值。总体上说，相对湿度越小、风速越大，体感温度越低；反之则体感温度越高。

单元小结

气敏传感器将检测到的气体的成分或浓度转换为电信号，主要有半导体式、接触燃烧式等，其中使用最多的是半导体式气敏传感器。气敏传感器主要应用在有毒和可燃气体检测、燃烧控制、食品和饮料加工、医疗诊断等方面。湿度传感器在环境监测和其他工业领域都有很多应用。气敏传感器的应用实例见表 2-4。

表 2-4　气敏传感器的应用实例

分类	检测对象	应用场合
易燃、易爆气体	液化气、煤气、天然气 甲烷 氢气	家用设备 矿山、车间等 冶金、实验室
有毒气体	一氧化碳、二氧化碳等 硫化物 氯化物、氨气等	车辆及燃料 石油化工 化工和金属冶炼
环境气体	氧气 水蒸气 大气成分	家庭、医疗 电子设备维护、食品加工 环境监测

湿度传感器由湿敏元件和转换电路组成，可以将环境湿度转换成电信号。湿度传感器按照原理结构分为电阻式和电容式。采用金属氧化物或高分子材料，特点是测量响应速度快，易受环境温度影响。

单元七　应用案例——红外测温仪的特点和应用

单元引入

除体温测量外，红外测温技术更多地在工业生产、产品质量监控、设备在线故障诊断、安全保护以及节能等方面广泛应用。红外测温仪有便携式、在线式和扫描式三大类，每一类型又有多种型号规格。正确选择和使用红外测温仪十分重要。

学习目标

1）熟知红外测温仪的原理特性。

2）能解读红外测温仪主要参数。

3）正确使用红外测温仪。

建议课时

2 学时

知 识 点

手持式红外额温枪可以非接触、近距离测量人体的体温，避免了测温仪直接接触人体。

一、红外测温仪基本结构

物体红外辐射能量的大小和波长与其表面温度关系密切，因此，通过对物体自身红外辐射的测量，能准确地确定其表面温度。

红外测温仪由光学透镜、红外传感器、信号放大器、信号处理电路和微处理器等部分组成，如图 2-48 所示。光学透镜汇聚其视场内目标的红外辐射能量，红外辐射能量聚焦在红外传感器上并转换为相应的电信号，该信号经过信号放大器和信号处理电路，并经微处理器和温度补偿校正后转变为被测目标的温度值。

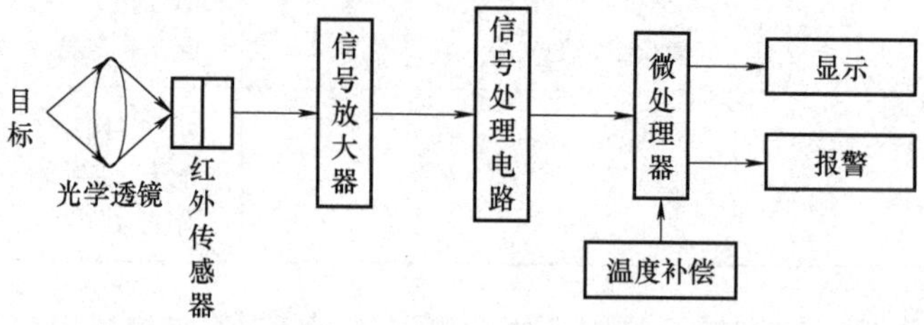

图 2-48　红外测温仪原理框图

二、红外测温仪的应用

1. 红外测温仪的选择

根据红外辐射的特征，在选择红外测温仪时应注意以下三个方面。

（1）性能指标

1）测温范围。测温范围是红外测温仪最重要的一个性能指标。每种型号的测温仪都有自己特定的测温范围，使用中既不要过窄，也不要过宽。一般测温范围越窄，测量分辨率越高。

2）目标尺寸与距离系数。使用单色测温仪时，被测目标面积应充满测温仪视场。距离系数 $L:D$ 即测温仪探头到目标之间的距离 L 与被测目标直径 D 之比。当测量距离为 L 时，为了能准确测温，被测目标尺寸应大于焦点处光斑尺寸 D，若目标尺寸小于视场，会造成测量误差。图 2-49 所示为红外测温仪的外观和距离系数示意图，距离系数对使用性能影响很大。

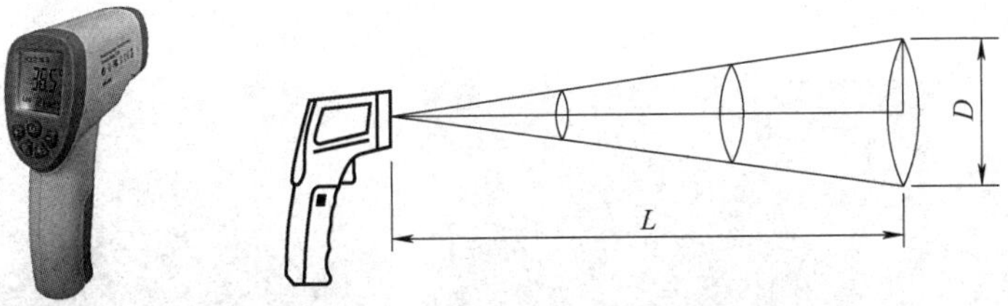

图 2-49　红外测温仪的外观和距离系数示意图

3）波长范围。温度较高时，测量的最佳波长是近红外线，可选用 0.8~1.0μm，其他温区可选用 1.6μm、2.2μm 和 3.9μm，测低温区时，选用 8~14μm 为宜。

4）响应时间。对要求快速测量的对象或运动的被测目标进行测温时，要选用快速响应红外测温仪，否则达不到足够的信号响应，会降低测量精度。目前红外测温仪响应时间可达 1ms，比接触式测温方法快很多。

（2）环境条件　环境条件包括环境温度、窗口、显示和输出、保护附件等。环境条件对测量结果影响很大。在高温、粉尘、烟雾和蒸汽等条件下，可选用防护附件，环境恶劣、复杂时还可将测温头和显示器分开。

（3）其他条件　其他条件包括使用的方便性、校准性能及价格等。

2. 红外测温仪的正确使用

使用红外测温仪时需注意以下问题。

1）将测温仪对准被测物体后再按测量键，根据仪器的距离系数（$L:D$），保证测量视场不小于 D。

2）测温读数为目标物的表面温度，不能测量物体的内部温度。

3）不能透过玻璃进行测温，因为玻璃的反射和透射特性会造成较大的测量误差。

4）一般不用于有光泽的金属表面（如不锈钢、铝材）的测温。

5）寻找和测量面热源的热点时，可在被测目标附近小范围扫描。

6）若测温仪使用的环境温差陡变 20℃或以上时，允许测温仪在 20min 内调节到新的环境温度。

三、广域无感人体测温设备的应用

在对密集人员卡口式快速测量体温时，手持式红外测温仪有很大的局限性，一是自然环境温度对测温的影响，有时可能达±2℃以上，往往不能满足测温需求；二是人员头面部服饰（如戴帽子、口罩）影响测量的准确性；三是当人员快速移动时，无法进行人脸识别和后期的追踪甄别。利用红外热成像技术实现的红外热像仪，可以很好地解决这些问题。

红外热像仪能将人体温度分布情况在显示器中显示出来，并对测量到的温度进行精确化分析，对异常发热的个体进行快速甄别。结合人工智能等算法模型，还可以使热成像设备具有认知学习和记忆功能。新型的红外热像仪可以在 5m 距离下应用于密集人员环境的快速测温，非常适合楼门口、小区大门口、出入闸口等多位行人的批量无感测温筛查，测温精度为 ±0.3℃，测量速度达到 200 人/s。红外热像仪在工业各领域也有广泛应用。图 2-50 所示为红外热像仪的应用场景。

图 2-50 红外热像仪的应用场景

>>> **小提示**

红外辐射的作用

红外线是自然光线中的一种不可见光线，又称为红外热辐射。红外线由英国科学家赫歇尔于 1800 年发现。当用三棱镜分解太阳光时，发现位于红光外侧的区域存在升温效应，说明红光的外侧存在看不见的光辐射，这就是红外线。太阳光谱上红外线的波长为 0.75～1000μm，长于可见光线波长。

红外线照射会对有机体产生放射、穿透、吸收、共振等效果，红外线波长较长，会对机体产生热效应。波长短、频率高、能量大的光波，穿透机体的范围大；反之穿透机体的范围小。

医用治疗红外线包括近红外线（波长 0.76～1.5μm）和远红外线（波长 1.5~400μm），其中 4～14μm 波段对生命的生长有着促进的作用，这段红外线对活化细胞组织和促进血液循环有很好的作用，能够提高人体的免疫力，加强人体的新陈代谢。当足够强度的红外线照射皮肤时，可出现红外线红斑，停止照射不久红斑即消失。大剂量红外线多次照射皮肤时，可产生褐色大理石样的色素沉着。

单元小结

红外测温属于非接触式测温，是测温技术中的主要门类。红外测温具有测温范围广、响应速度快和不明显破坏被测对象温度场的特点，因而被广泛应用于工业、农业和交通运输等行业。

模块总结

在所有传感器中，温度传感器种类最多、应用最广、发展最快。膨胀式温度检测方法简单实用，双金属片在很多测量和控制系统中被使用。工程中应用的温度传感器有半导体热敏电阻、集成温度传感器、金属热电阻、热电偶以及光学式传感器等。

半导体热敏电阻多数具有负的温度系数，灵敏度最高、体积小、热惯性小、适合快速测量；它的电阻值较高，接入测量仪表后，导线电阻值变化对测量结果影响较小；但是互换性差、测量范围窄。金属热电阻以铂热电阻精度最高，且稳定性和线性度都好，高温下也比较稳定，在工业现场较为常用。以上两种传感器都属于电阻式温度传感器。

温度传感器

热电偶灵敏度低于热电阻，感温部分的热容量小，相对滞后较小，短时间内即可达到平衡，可以对变化较快的温度进行连续测量，测量范围可达3000℃以上。集成温度传感器是利用集成电路工艺制造的新型传感器，集成温度传感器线性度好、精度较高、使用方便，但是灵敏度较低。光学式传感器利用光学方式检测温度，其优点是非接触、不影响被测温度环境、测量响应快等，缺点是测量精度低。

利用物体的辐射特性与温度之间的关系进行温度检测的器件称为辐射式温度传感器，辐射式温度测量是一种非接触式测温方法，与接触式温度测量相比，辐射式温度传感器具有很多优点。

气敏传感器的作用是将检测到的气体的成分或浓度转换为电信号。市场上的气敏传感器主要有半导体式、接触燃烧式等，其中使用最多的是半导体式气敏传感器。气敏传感器主要应用在有毒和可燃气体检测、燃烧控制、食品和饮料加工、医疗诊断等方面。

湿度传感器由湿敏元件和转换电路组成，可以将环境湿度转换成电信号。湿度传感器按照原理结构分为电阻式和电容式。电阻式和电容式湿度传感器的材料为金属氧化物或高分子材料，特点是测量响应速度快，易受环境温度影响。

表2-5和表2-6分别汇总了常用的温度和气敏传感器。

表2-5　常用的温度传感器

测温方式	传感器种类		测温范围/℃	优点	缺点
接触式测温	膨胀式	玻璃液体	−50~600	结构简单、使用方便、测量准确、价格低廉	测量上限和精度受玻璃质量限制，不能记录和远距离传输
		双金属片	−80~600	结构简单紧凑、牢固可靠	精度低，量程和使用范围有限
	压力式	液体 气体 蒸汽	−30~600 −20~350 0~250	耐震、坚固、防爆，价格低廉	精度低，测温距离短，滞后大
	热电偶	铂铑-铂 镍铬-镍铝 镍铬-考铜	0~1600 0~900 0~600	测温范围广，精度高，便于远距离、多点、集中测量和自动控制	需冷端温度补偿，低温段测量精度较低
	热电阻	铂热电阻 铜热电阻 热敏电阻	−200~500 −50~150 −50~300	测量精度高，便于远距离、多点、集中测量和自动控制	不能测量高温，需注意环境温度的影响

（续）

测温方式	传感器种类		测温范围/℃	优点	缺点
非接触式测温	辐射式	辐射式 光学式 比色式	400~2000 700~3200 900~1700	测温时不破坏被测对象的温度场	低温段测量不准确，环境条件会影响测量准确度
	红外线	热敏探测 光电探测 热电探测	-50~3200 0~3500 200~2000	测温时不破坏被测对象的温度场，响应快、测温范围大，适用于测量温度分布	容易受外界干扰，标定困难

表 2-6　常用的气敏传感器

传感器种类	可检测的气体	特点
半导体式	甲烷、酒精、一氧化碳、硫化氢、氨气等	成本低、灵敏度高、响应快、寿命长、电路简单，需在高温下工作、对气体的选择性差，元件参数分散、稳定性不理想
接触燃烧式	氢气、一氧化碳、甲烷等	结构简单、稳定性好、测量准确，响应快速、寿命较长，对可燃气体无选择性
电化学式	氧气、二氧化硫、氯气、一氧化碳、硫化氢等	响应快、测量准确、稳定性好、可定量检测、寿命较短，适用于毒性气体检测
红外线式	二氧化碳、甲烷等	可靠性高、选择性好、精度高、受环境干扰小、寿命长、造价高
磁式氧传感器	氧气	仅用于测量氧气成分量、响应快速、寿命较长、其他气体对器件影响较大

模块测试

2-1　与金属热电阻相比，热敏电阻有什么特点？

2-2　热敏电阻按温度特性分为哪几种？各有什么特点？

2-3　热敏电阻测温电路中，如果电路的电流过大，会有什么后果？为什么？

2-4　为什么热电阻测温电路采用三线制接法？

2-5　热敏电阻测温是否需要采用三线制接法？为什么？

2-6　什么是热电效应？热电偶与热电阻相比较，各有什么特点？

2-7　使用热电偶测温时，为什么需要冷端温度补偿？常用的补偿方法有哪些？

2-8　分别说明常用的铂热电阻和铜热电阻的测温范围及特点？

2-9　热电偶补偿导线的作用是什么？使用补偿导线应注意哪些问题？

2-10　K 型热电偶的测温范围是多少？若参考端温度为 0℃，工作端为 40℃，求 K 型热电偶所产生的热电动势。

2-11　已知 K 型热电偶热端温度为 800℃，冷端温度为 30℃，求热电偶的热电动势。

2-12　用一只铜-康铜热电偶测量温度，其冷端温度为30℃，未调机械零位的动圈仪表指示320℃，是否可以认为热端温度为350℃？为什么？如果不对，请说明正确温度应是多少？

2-13　用S型热电偶测量温度，已知冷端温度为20℃，测得热电动势为11.71mV，求被测温度。

2-14　用K型热电偶测量某炉温，已知冷端温度为30℃，测得热电动势为37.724mV，求被测炉温。

2-15　集成温度传感器有哪些类型？各有什么特点和典型应用？

2-16　简述红外测温原理及红外测温仪主要结构。

2-17　辐射式测温方法有哪些优缺点？

2-18　说明图2-43所示电路的工作原理。

2-19　观察日常生活环境，找到一个利用热释电的设施（照明或其他控制、测温、安防等），根据产品资料详述其工作原理和特点。

2-20　根据热电偶特性，简述图2-51所示家用煤气灶熄火自动保护功能的原理。图2-51a为灶火正常燃烧状态，图2-51b为灶火意外熄灭状态，铁片所连的倒T字形结构是燃气道电磁阀。

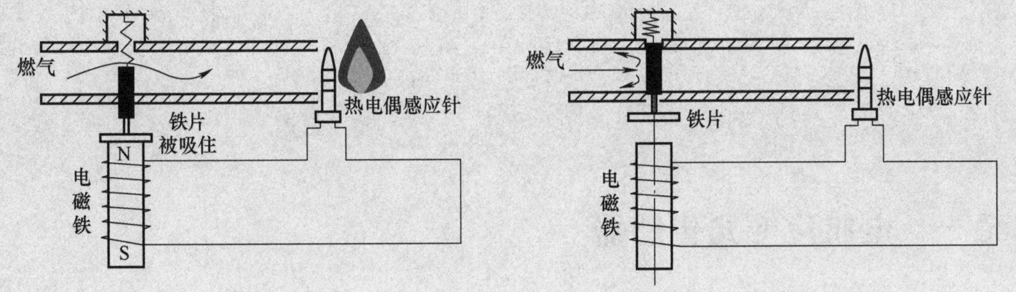

a) 灶火正常燃烧状态　　b) 灶火意外熄灭状态

图2-51　题2-20图

模块三　力和压力传感器

模块引入

在生产过程中，压力的检测与调节应用非常广泛，例如，锅炉蒸汽和水的压力监控；炼油厂减压蒸馏的真空压力检测；在航空发动机试验中，为了获取发动机性能、起动过程中的效率和加速过程信息，以及发动机匹配等的特性，必须测量过渡态的压力变化。压力监控是保证工艺要求，保障生产设备和人身安全，实现经济运行的必要措施。力和压力传感器主要有电阻应变式传感器、压电式传感器、电容式传感器、压阻式传感器和电感式传感器等。

本模块将依次介绍电阻应变式传感器、压电式传感器、电容式传感器、差动变压器式传感器、压阻式传感器的基本结构和应用，学习直流电桥的平衡条件及电压灵敏度。通过本模块的学习和训练，使学生熟悉电阻应变片的温度补偿方法，熟悉电阻应变式和压电式测力传感器的特性，并能熟练运用这些传感器。

单元一　电阻应变式传感器

单元引入

多数人都使用过体重秤来称量体重，电子体重秤可以帮助人们了解自己的体重变化。现在更多新产品还增加了人性化的附属功能，如通过智能手机的蓝牙连接专属APP，进行一系列自我管理而成为电子健康秤。在工程系统中应用的称重传感器有很多种，其中最常用的是电阻应变式传感器。这种称重传感器的特点是测量精度高、响应快、无明显滞后、测量范围广、结构简单，适于多种设备的现场安装。

电阻应变式传感器

学习目标

1）能描述电阻应变式传感器的原理，识别电阻应变片的结构和种类。

2）能解释应变片测量力的工作原理和直流电桥的工作原理及特性。

3）能够进行电阻应变式传感器测量电路的工作调零和灵敏度的调节操作。

建议课时

4 学时

知识点

一、电阻应变片及弹性敏感元件

小技巧

观察金属材料的应变效应

取一根细电阻丝，两端接上一台三位半数字式欧姆表（分辨率为 1/2000），记下其初始阻值（　　Ω）。当用力将该电阻丝拉长时，会发现其阻值略有增加，为（　　Ω）。测量应力、应变、力的传感器就是利用类似的原理制作的。

观察实验室所有的应变片，找出其外部特征。也可以用上述的方法来测量应变片受力变形以后电阻值的变化，用同样方式将实验结果记录下来。

1. 电阻应变片的分类

按电阻应变片敏感栅材料不同，可分为金属应变片和半导体应变片两大类，金属应变片又分为丝式应变片和箔式应变片。图 3-1 所示为电阻应变片的结构形式。

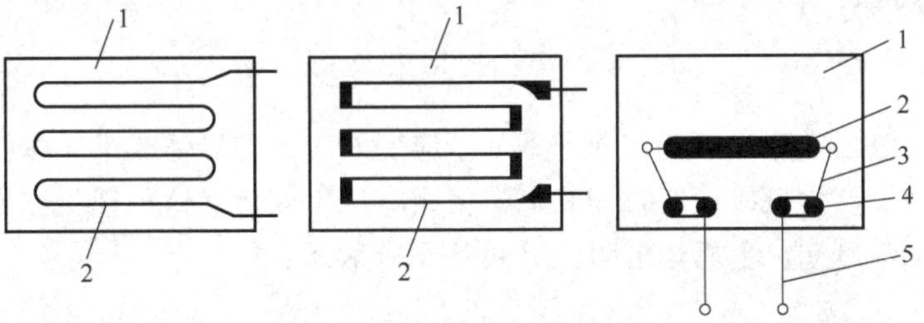

a) 丝式应变片　b) 箔式应变片　c) 半导体应变片

图 3-1　电阻应变片的结构形式

1—基底　2—应变丝或半导体　3—引出线　4—焊接电极　5—外引线

金属应变片敏感栅有丝式、箔式、薄膜式等。丝式应变片是最早应用的品种，后来逐渐被性能更好的箔式应变片所代替。

箔式应变片厚度在 0.003~0.01mm，其主要优点是工艺上确保了箔栅尺寸精确，因而阻值一致性好，便于批量生产；箔栅形状可根据需要而设计，从而扩大了使用范围；箔栅表面积大，可以在较大电流下工作，输出信号大，有利于提高测量精度；其缺点是不适于高温环境下工作。

薄膜式应变片优点是允许在大电流下工作，工作温度范围宽，为-197~317℃，可在核辐射等环境下工作。

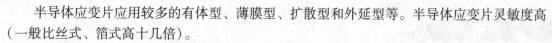

半导体应变片应用较多的有体型、薄膜型、扩散型和外延型等。半导体应变片灵敏度高（一般比丝式、箔式高十几倍）。

2. 电阻应变片的结构与材料

电阻应变片的结构简图如图 3-2 所示，由敏感栅、基底、覆盖层和引线等部分组成。

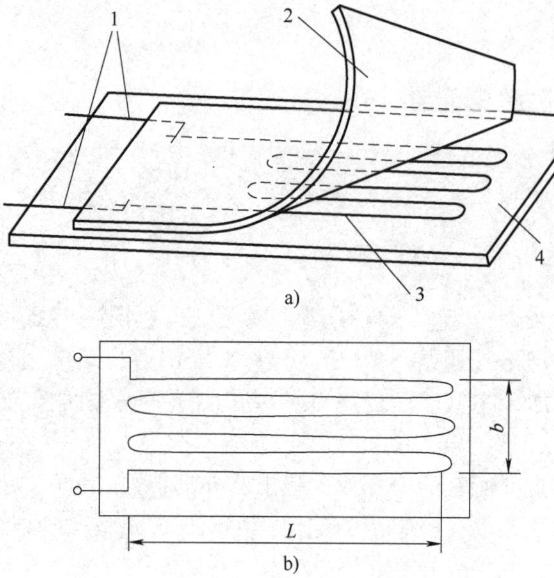

图 3-2　电阻应变片的结构简图

1—引线　2—覆盖层　3—敏感栅　4—基底

小知识

电阻应变原理

电阻应变片的工作原理是基于应变效应，即导体或半导体材料在外界力的作用下产生机械形变时，其电阻值相应发生变化，这种现象称为应变效应。由电工学可知，金属丝电阻值 R 可用下式表示：

$$R=\rho\frac{l}{A}=\rho\frac{l}{\pi r^2} \tag{3-1}$$

式中　ρ——电阻率，单位为 $\Omega\cdot m$；

l——电阻丝长度，单位为 m；

A——电阻丝截面面积，单位为 m^2；

r——电阻丝截面半径，单位为 m。

当沿金属丝的长度方向施加均匀力时，式（3-1）中 ρ、r、l 都将发生变化，导致电阻值发生变化。由此得到以下结论：当金属丝受外力作用而伸长时，长度增加，而截面面积减少，电阻值会增大；当金属丝受外力作用而压缩时，长度减小，而截面面积增加，电阻值会减小。阻值变化通常较小。

实验证明，电阻应变片的电阻应变 $\varepsilon_R = \Delta R/R$ 与电阻应变片的纵向应变 ε_X 的关系在很大范围内是线性的，即

$$\varepsilon_R = \frac{\Delta R}{R} = K\varepsilon_X \tag{3-2}$$

式中　$\Delta R/R$——电阻应变片的电阻应变；

K——电阻丝的灵敏度系数。

式（3-2）中的 ε_R 代表了被测件在应变片上产生的应变。

对应变片中敏感栅的金属材料有以下基本要求：

1）灵敏系数 K 要大，且在所测应变范围内保持不变。

2）ρ 要大而稳定，以便于缩短敏感栅长度，电阻温度系数要小。

3）抗氧化、耐腐蚀性好，具有良好的焊接性能。

4）机械强度高，具有优良的机械加工性能。

康铜是目前应用最广泛的应变丝材料，这是由于它有很多优点：灵敏系数稳定性好，不但在弹性变形范围内能保持为常数，进入塑性变形范围内也基本上能保持为常数；康铜的电阻温度系数较小且稳定，当采用合适的热处理工艺时，可使电阻温度系数在 $\pm 50\times 10^{-6}/℃$ 的范围；康铜的加工性能好，易于焊接，因而国内外多以康铜作为应变片材料。

二、电阻应变片的测量电路

为了把应变片电阻值的微小变化测量出来，需要用转换电路将电阻值的变化转换为电压或电流，由仪表显示数据。工程中通常用桥式电路，按照电路的电源性质不同，桥式电路可分为直流电桥和交流电桥。一般多采用直流电桥。

直流电桥电路如图 3-3 所示，图中 E 为电源电压，R_1、R_2、R_3 及 R_4 为桥臂电阻，R_L 为负载电阻。当 $R_L \to \infty$ 时，电桥输出电压为

$$U_o = E\left(\frac{R_1}{R_1+R_2} - \frac{R_3}{R_3+R_4}\right) \tag{3-3}$$

当电桥平衡时，$U_o = 0$，则有

$$R_1R_4 = R_2R_3$$

或

$$\frac{R_1}{R_2} = \frac{R_3}{R_4} \tag{3-4}$$

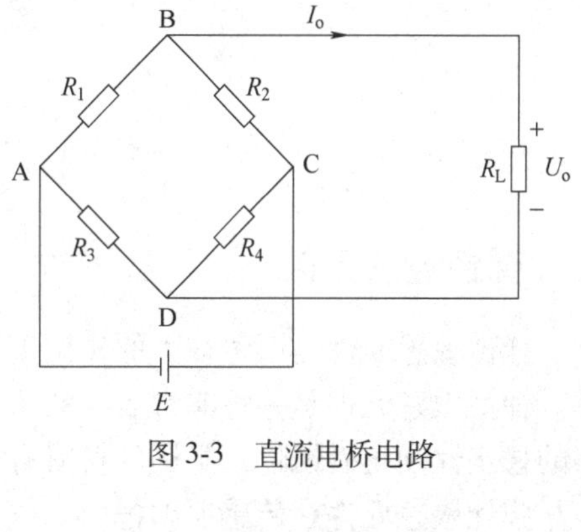

图 3-3　直流电桥电路

式（3-4）为电桥的平衡条件。这说明欲使电桥平衡，其相邻两臂电阻的比值应相等，或相对两臂电阻的乘积应相等。

通过理论推算可以知道，当初始 $R_1 = R_2 = R_3 = R_4$ 时，电桥输出电压最高，则

$$U_o = \frac{E}{4}\frac{\Delta R_1}{R_1} \tag{3-5}$$

这就是说，当某一桥臂电阻值相对变化量为 $\Delta R_1/R_1$ 时，电桥的输出电压与 $\Delta R_1/R_1$ 成正比，

与各桥臂电阻阻值大小无关。这种只有一个桥臂为应变片的电路称为单臂半桥电路。

当相邻桥臂（R_1、R_2）都是应变片，且批号相同、应变大小相等、极性相反时（称为双臂半桥电路），电桥输出电压为单臂半桥电路的两倍。而当四个桥臂均为应变片，且满足任意相邻桥臂应变大小相等、极性相反时（称为四臂全桥电路），电桥输出电压为单臂半桥电路的四倍，这种电路可以消除非线性误差，并具有温度补偿的作用，工程上经常采用。直流电桥及其三种工作电路如图 3-4 所示。

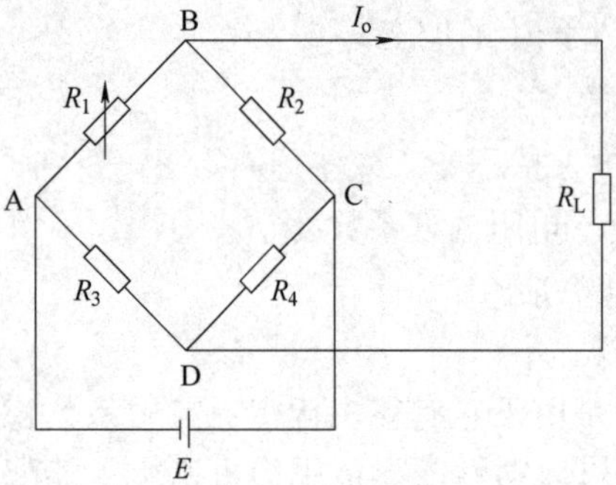

a) 单臂半桥电路

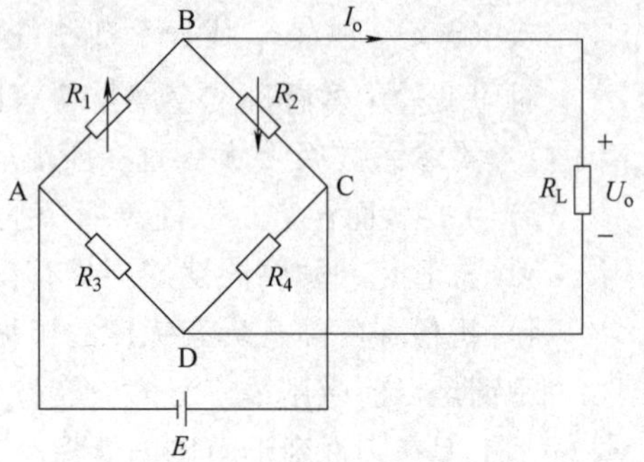

b) 双臂半桥电路

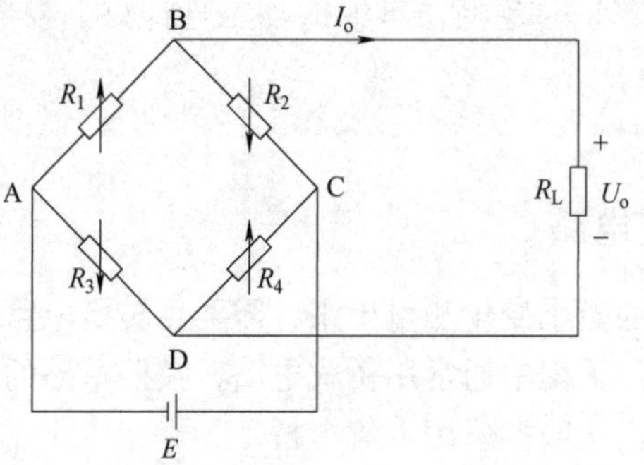

c) 四臂全桥电路

图 3-4　直流电桥及其三种工作电路

三、弹性敏感元件

弹性敏感元件是一种在力的作用下产生变形，当外力去掉后能完全恢复其原来状态的元件。弹性敏感元件是一种非常重要的传感器部件，要求具有良好的弹性、足够的精度以及良好的稳定性和抗腐蚀性。常用的材料有特种钢、合金等。

弹性敏感元件在传感器中把力、压力、力矩、振动等被测参量转换成应变量或位移量，然后再通过各种转换元件把应变量或位移量转换成电量。弹性敏感元件的形式可以是实心或空心的圆柱体、等截面圆环、等截面或等强度悬臂梁、扭管等，也可以是弹簧管、膜片、膜盒、波纹管、薄壁圆筒、薄壁半球等。常见的弹性敏感元件的类型有弹簧管、膜片及膜盒、波纹管。在很多情况下，弹性敏感元件是传感器的核心部分。

弹性敏感元件的基本特性包括刚度和灵敏度等，刚度是弹性敏感元件在外力作用下变形大小的度量，而灵敏度是刚度的倒数。

图 3-5 为金属波纹管，主要用于实现测控、隔离、密封、补偿、感压和连接等。

图 3-5　金属波纹管

图 3-6 为弹簧管，有多种结构形式，它的管体呈圆弧形或螺旋形，且截面为特定形状，用来测量流体压力的中空管，主要用途为缓冲吸振、储存能量、测量载荷，具有灵敏度高、刚度大、过载能力强的特点，广泛用于测量较高的压力，可以制造成直接指示性质的各种压力仪表。

图 3-6　弹簧管

图 3-7 所示为膜片和膜盒，其结构形式有平面形、斜面形、圆弧形、梯形，是一种可以在垂直于它的挠性面方向移动的力敏元件。它在仪表中的作用是将压力或压差转换成膜片、膜盒的中心位移或中心集中力输出，传给指示器或执行机构。具有重量轻、体积小、结构简单、性能可靠、输出位移范围大且价格低廉的优点。

图 3-7　膜片和膜盒

小技巧

识别电阻应变式传感器

图 3-8 所示是电阻应变式传感器，通过实验室实物的观察，可以找到它们外观形式上的共同特性。

a) 压力传感器　b) 位移传感器　c) 张力传感器
d) 箱式称重传感器　e) 荷重传感器　f) 扩散硅压力变送器
g) 方S拉压传感器　h) 称重变送器　i) 柱式拉压力传感器
j) 拉力传感器　k) 定滑轮式传感器　l) 扭矩传感器

图 3-8　电阻应变式传感器

四、压力传感器

1. 筒式压力传感器

筒式压力传感器如图 3-9 所示，应变管的一端为盲孔（孔不穿越到应变管的对面），另一端为法兰盘，与被测系统连接。当被测压力与应变管的内腔相通时，应变管部分产生应变，在薄壁筒上的应变片发生形变，使测量电路全桥失去平衡。这种压力传感器可以测量 $10^6 \sim 10^7$Pa 或更高的压力。其结构简单，制作方便，使用面宽，在测量火炮、炮弹、火箭的动态压力方面得到了广泛应用。

2. 膜片式压力传感器

用于测量气体或液体压力的膜片式压力传感器如图 3-10 所示。

当气体或液体压力作用在弹性元件膜片的承压面上时，膜片变形，使粘贴在膜片另一面的电阻应变片随之形变，并改变阻值，这时测量电路中的电桥失去平衡，产生输出电压。图 3-10 所示贴在圆筒内壁上的应变片为温度补偿应变片。

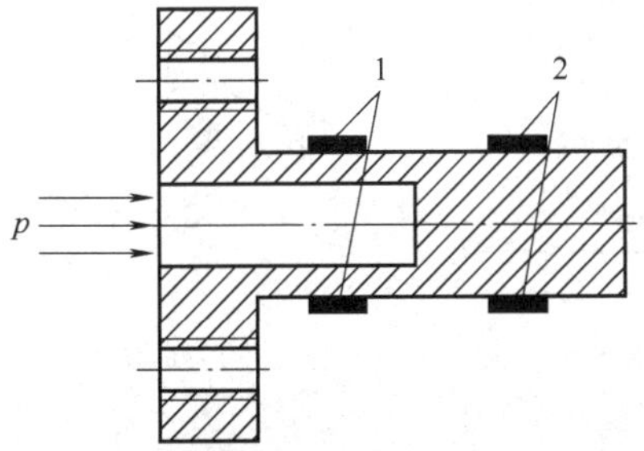

图 3-9　筒式压力传感器

1—工作应变片　2—温度补偿应变片

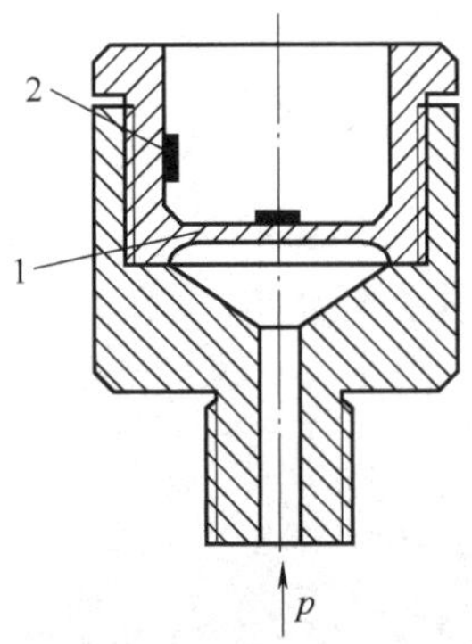

图 3-10　膜片式压力传感器

1—工作应变片　2—温度补偿应变片

3. 组合式压力传感器

组合式压力传感器用于测量小压力，其结构图如图 3-11 所示，弹性敏感元件为波纹膜片，电阻应变片粘贴在梁的根部以感受应变。当元件受到压力时，推动推杆使梁变形，电阻应变片随之变形，并改变阻值。悬臂梁的刚性较大，用于组合式压力传感器时，可以提高测量的稳定性，减小机械滞后。

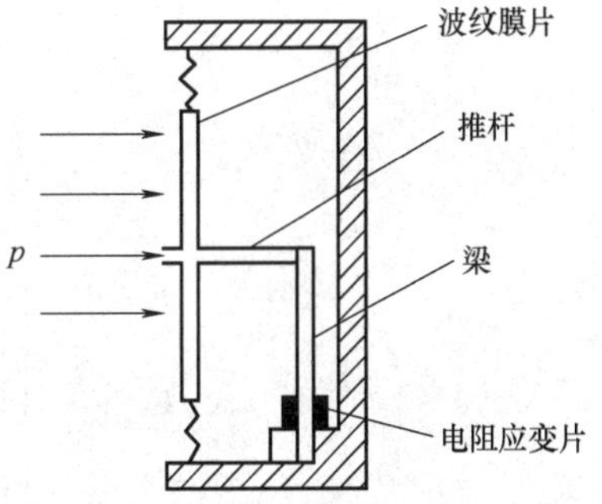

图 3-11　组合式压力传感器结构图

4. 力和扭矩传感器

图 3-12 所示为粘贴式应变片力和扭矩传感器简图。拉伸应力作用下的细长杆和压缩应力作用下的短粗圆柱体如图 3-12a、b 所示，测量时都可以在轴向布置一个或几个应变片，在圆周方向上布置同样数目的应变片，后者拾取符号相反的横向应变，从而构成差动式。另一种弯曲梁和扭转轴上的应变片也可构成差动式，如图 3-12c、d 所示。另外用环状弹性敏感元件测拉（压）力也是较普遍的，如图 3-12e 所示。

5. 应变式加速度传感器

应变式加速度传感器如图 3-13 所示。它由端部固定并带有惯性质量块 m 的悬臂梁及贴在梁根部的应变片、基座及外壳等组成。应变式加速度传感器是一种惯性式传感器。测量时，根据所测振动体的方向，将传感器粘贴在被测部位。当被测点的加速度为图 3-13 所示箭头方向时，悬臂梁自由端受惯性力 $F=ma$ 的作用，质量块 m 向加速度 a 相反的方向相对于基座运动，使梁发生弯曲变形，应变片电阻发生变化，产生与加速度成正比的输出信号。

五、模拟电子秤实验电路

电子秤的核心是一个将质量转换成电信号的称重传感器。电子秤不仅能快速、准确地称出商品的重量，用数码显示出来，而且具有计算器的功能，使用起来更加方便。下面进行模拟电子秤实验。

1. 实验器材

铁架台，1 个；烧瓶夹，1 副；刮胡刀片，若干；透明塑料杯，若干；502 胶水，1 支；

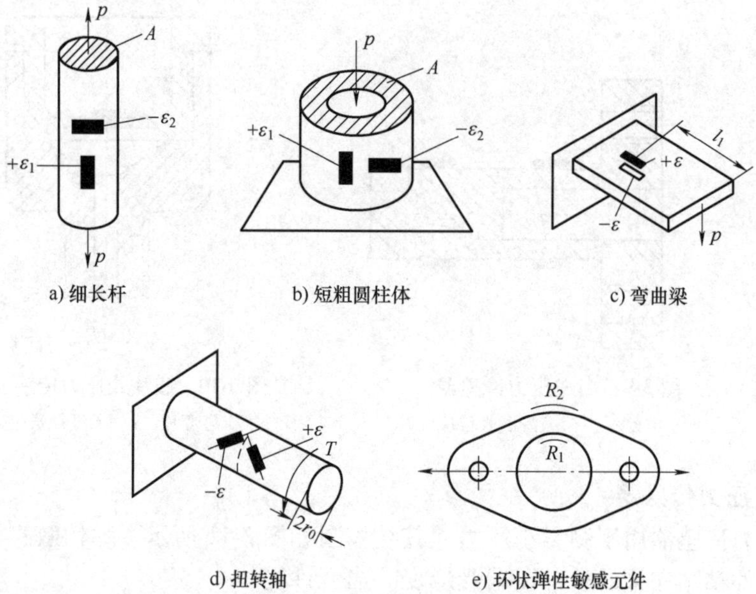

图 3-12 粘贴式应变片力和扭矩传感器简图

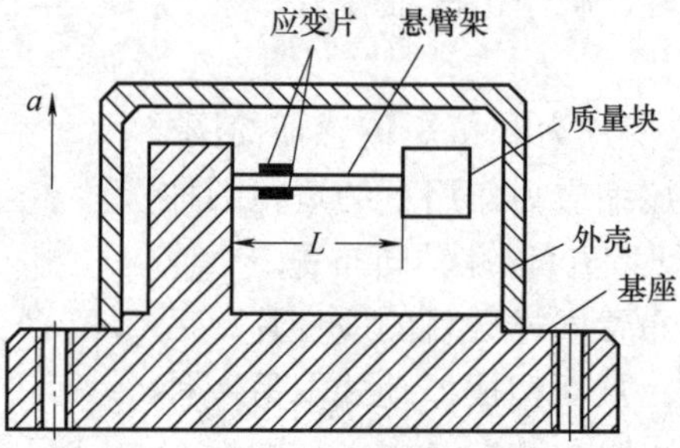

图 3-13 应变式加速度传感器

标称电阻值为 120Ω 的金属箔式应变片，2 只；细塑料套管，若干；棉纱线，若干；检测面板表 PA（量程 199.9μA），1 个；砝码，若干；3V 和 6V 直流电源，各 1 个；150 电阻 1 只，100Ω 电阻 2 只，47Ω 电阻 1 只；电位器 1.5kΩ，1 只；电位器 100Ω，1 只，导线若干。

2. 实验原理及电路

金属应变片传感器如图 3-14 所示。金属应变片传感器实验电路如图 3-15 所示。

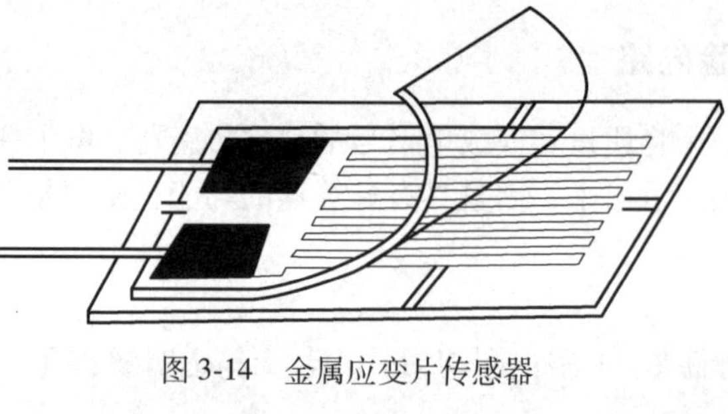

图 3-14 金属应变片传感器

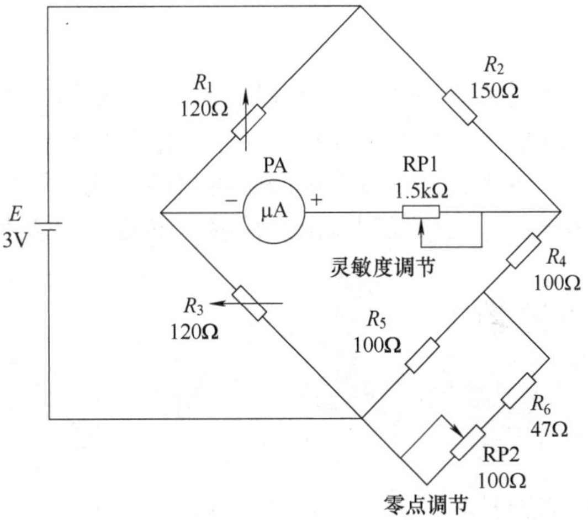

图 3-15　金属应变片传感器实验电路

3. 实验步骤

1）金属箔式应变片的两条金属引出线分别套上细塑料套管后，用 502 胶水把两片应变片分别粘贴在刮胡刀片（1/2 片）正反中心位置上，敏感栅的纵轴与刀片纵向一致。

2）用铁架台上的烧瓶夹固定住刮胡刀片传感头根部及上面的引线，另一端悬空，吊挂好棉纱线的“吊斗”。

3）按图 3-15 连接好电路。

4）接通电源 E 稳定一段时间后，先将灵敏度调节电位器 RP1 的电阻值调至最小，此时电桥检测灵敏度最高。

5）再仔细调节零点电位器 RP2，使检测面板表 PA 的读数恰好为零，电桥平衡。

6）在“吊斗”中轻轻放入 20g 砝码，调节灵敏度电位器 RP1，使检测面板表读数为一个整数值，例如 2. 0μA，灵敏度标定为 0. 1μA/g。

7）最后，检测电子秤称量的线性，在“吊斗”内继续放入多个 20g 砝码，检测面板表分别显示 4. 0μA、6. 0μA、8. 0μA，说明传感器测力线性好。

8）如果电子秤实验电路灵敏度达不到 0. 1μA/g，可将电桥供电电压提升到 6V，灵敏度倍增。

4. 实验数据分析

砝码重/g				
电流/μA				

5. 实验心得体会

单元小结

电阻应变片（也称应变计或应变片）是电阻应变式传感器的核心元件。电阻应变式传感器是一种电阻传感器，主要由弹性敏感元件或试件、电阻应变片和测量转换电路组成。它是把应变转换为电阻变化，再用相应的测量电路将电阻转换成电压输出的传感器。利用电阻应变式传感器可以直接测量力，也可以间接测量位移、形变、加速度等参数。

单元二 压电式传感器

单元引入

压电式传感器的工作原理是基于某些电介质材料的压电效应，是典型的无源传感器。当电介质材料受力的作用而变形时，其表面会产生电荷，由此而实现非电量测量。压电式传感器体积小，重量轻，工作频带宽，是一种力敏器件，它可测量各种动态力，也可测量最终能转换为力的那些非电物理量，如压力、加速度、机械冲击与振动等。

压电式传感器

学习目标

1）能描述压电元件的基本工作原理，知道压电元件的材料特性。

2）能根据现场任务选择合适的压电元件进行测量。

3）善于运用科技常识探索和解释未知现象。

建议课时

4 学时

知识点

一、认识压电式传感器的类型和基本原理

图 3-16 所示为压电式传感器，其中图 3-16a 是柱状压电陶瓷，主要用于气体打火机、煤气灶、燃气热水器、各种武器引信、压电发电机等领域；图 3-16b 是管状压电陶瓷，主要用于水声领域或液体传导介质，用来发射轴向无指向性超声信号或接收轴向信号，也可用于气体介质领域；图 3-16c 是矩形压电陶瓷片，主要用于微位移器、超声马达、超声探头、拾振器、拾音器、制动器等领域；图 3-16d 是压电陶瓷驱动器，主要用于编织机用选针器、压电继电器及其他需要应变驱动的装置；图 3-16e 是压电陶瓷超声传感器，主要用于家用电器及其他电子产品的遥控装置、液面控制、超声波测距、超声波测速、接近开关、汽车防撞装置、防盗及其他装置的超声波发射和接收；图 3-16f 是压电陶瓷超声雾化片，主要用于工业及家庭环境加湿、车用加湿、医用药物雾化和盆景等工艺品的喷泉及喷雾。图 3-16g 是压电陶瓷蜂鸣片，主要应用于家用电器、报警器、通信终端、计算机、玩具及其他需要声响报警的装置；图 3-16h 是压电陶瓷大功率超声换能元器件，主要用于工业清洗、超声波洗碗机、

超声波洗衣机、超声波加工、塑料超声焊接、超声乳化、超声美容仪及其他应用大功率超声波的系统及设备。图 3-16i 是电荷型加速度计，常用于高频振动和冲击测量系统，其输出为电荷量，应用时需配接电荷放大器。图 3-16j 是压电式测力传感器，广泛应用于机械加工、液压系统、注塑模具、设备压力监测等领域。图 3-16k 是电压输出型加速度计，其输出为电压量，工程中需使用恒流源进行供电。

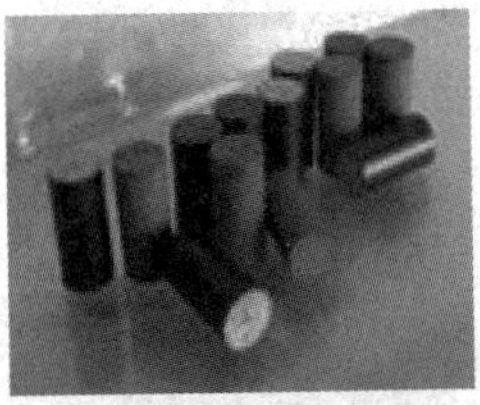
a) 柱状压电陶瓷

b) 管状压电陶瓷

c) 矩形压电陶瓷片

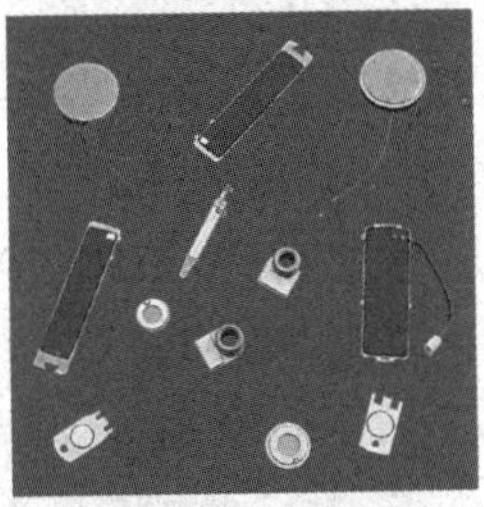
d) 压电陶瓷驱动器

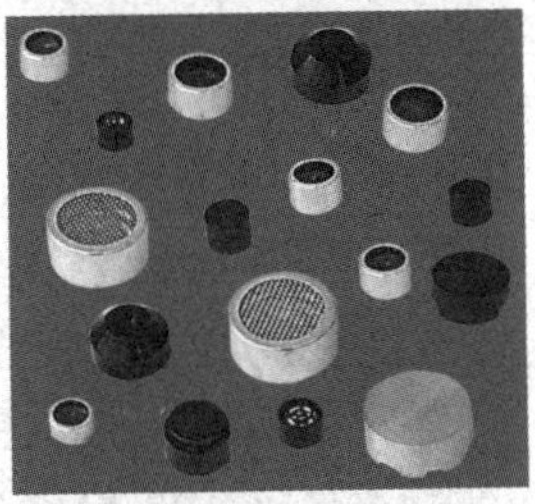
e) 压电陶瓷超声传感器

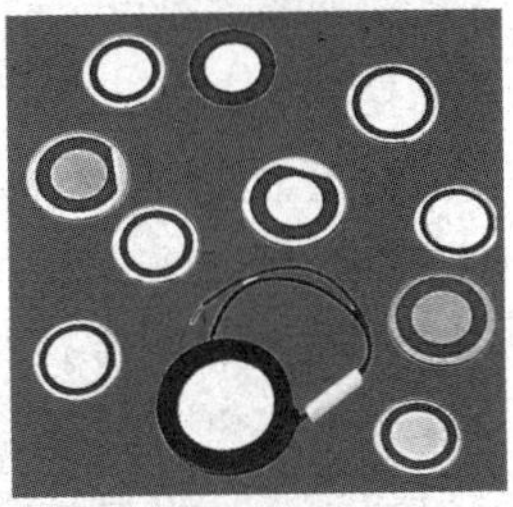
f) 压电陶瓷超声雾化片

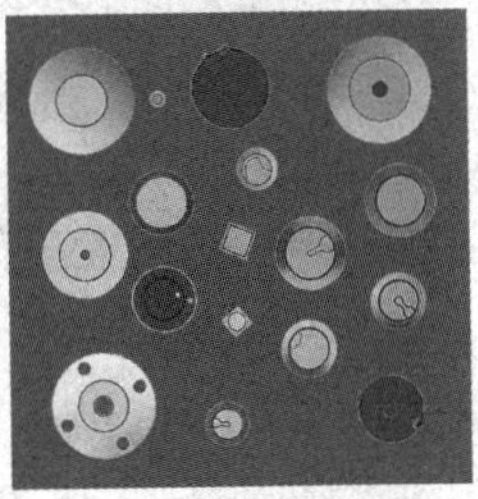
g) 压电陶瓷蜂鸣片

h) 压电陶瓷大功率超声换能元器件

i) 电荷型加速度计

j) 压电式测力传感器

k) 电压输出型加速度计

图 3-16　压电式传感器

小知识

压电效应与压电材料

1880 年著名物理学家皮埃尔·居里发现了晶体的压电效应，但压电效应定量数据是严济慈（1901—1996，浙江东阳人，著名物理学家、教育家，是中国现代物理学研究创始人之一、中国研究压电效应第一人）深入研究并精确测量给出的。严济慈的导师是物理学家夏尔·法布里，他是居里夫妇的好朋友。玛丽·居里夫人对严先生的研究非常支持，并把四十年前皮埃尔·居里用过的石英晶体样品借给了严济慈。著名的物理学家朗之万对严济慈也非常赏识，给予了许多指导和帮助。严先生在大量实验基础上，总结出了石英晶体的压电效应及其反效应具有各向异性、饱和现象以及瞬时性等特性，扩充并发展了皮埃尔·居里的理论。1927 年夏尔·法布里当选为法国科学院院士，在就职仪式上他宣读了他的得意弟子——严济慈的博士论文。1931 年严先生回国。1935 年与著名物理学家 F·约里奥-居里及卡皮察同时当选为法国物理学会理事。严济慈先生也是中国科技大学的创建者之一。

当沿着一定方向对某些电介质施加力而使其变形时，电介质内部就产生极化现象，同时在它的两个表面上会产生符号相反的电荷，当外力消失后，电介质又重新恢复到不带电状态，这种现象称为压电效应，当作用力的方向改变时，电荷极性也随之改变。有时把这种机械能转化为电能的现象称为正压电效应。相反，当在电介质极化方向施加电场，这些电介质也会发生变形，这种现象称为逆压电效应或电致伸缩效应。与正压电效应过程相反，逆压电效应是把电能转化为机械能的过程。压电式传感器都是利用压电材料的正压电效应。在水声和超声波技术中，则利用逆压电效应制作声波和超声波的发射换能器，当把高频电信号加在压电元件上时，压电元件产生高频声信号（机械震动），这就是我们平常所说的超声波信号。

自然界中的大多数晶体都具有压电效应，但压电效应十分明显的并不多。天然形成的石英晶体、人工制造的压电陶瓷、锆钛酸铅、钛酸钡等材料是压电效应性能优良的压电材料。

压电材料基本上可分为三大类：压电晶体、压电陶瓷和有机压电材料。压电晶体是一种单晶体，例如石英晶体、酒石酸钾钠等；压电陶瓷是一种人工制造的多晶体，例如锆钛酸铅、钛酸钡、铌酸锶等；有机压电材料是新一代的压电材料，又称压电聚合物，如聚偏氟乙烯（PVDF）及以它为代表的其他有机压电（薄膜）材料。

下面以石英晶体与压电陶瓷为例说明压电效应。

1. 石英（SiO_2）晶体

天然晶体如图 3-17a 所示，它是一个正六面体，上面有三个坐标轴。石英晶体中间棱柱断面的下半部分断面为正六面形。z 轴是晶体的对称轴，称为光轴，该轴方向上没有压电效应；x 轴称为电轴，垂直于 x 轴晶面上的压电效应最显著；y 轴称为机械轴，在电场的作用下，沿此轴方向的机械变形最显著。如果从石英晶体上切割出一个平行六面体切片，如图 3-17b 所示，称为压电晶片。在垂直于光轴的力（F_y 或 F_x）的作用下，晶体会发生极化现象，并且其极化矢量是沿着电轴方向，即电荷出现在垂直于电轴的平面上。

在沿着电轴 x 方向力的作用下，产生电荷的现象称为纵向压电效应；而把沿机

械轴 y 方向力的作用下，产生电荷的现象称为横向压电效应；当沿光轴 z 方向受力时，晶体不会产生压电效应。在压电晶片上，产生电荷的极性与受力的方向有关系。图 3-18 给出了晶片电荷极性与受力方向的关系。若沿晶片的 x 轴施加压力 F_x，则在加压的两表面上分别出现正负电荷，如图 3-18a 所示。若沿晶片的 y 轴施加压力 F_y 时，则在加压的表面上不出现电荷，电荷仍出现在垂直于 x 轴的表面上，只是电荷的极性相反，如图 3-18c 所示。若将 x、y 轴方向施加的压力改为拉力，则产生电荷的位置不变，只是电荷的极性相反，如图 3-18b、d 所示。

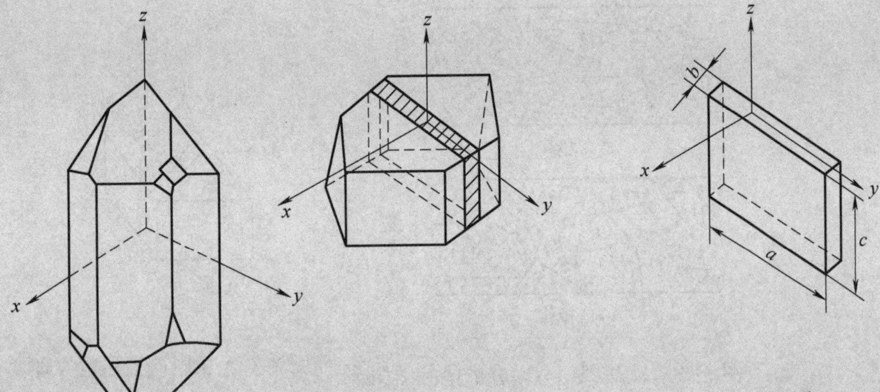

a) 天然晶体　　b) 晶体切片

图 3-17　石英晶体

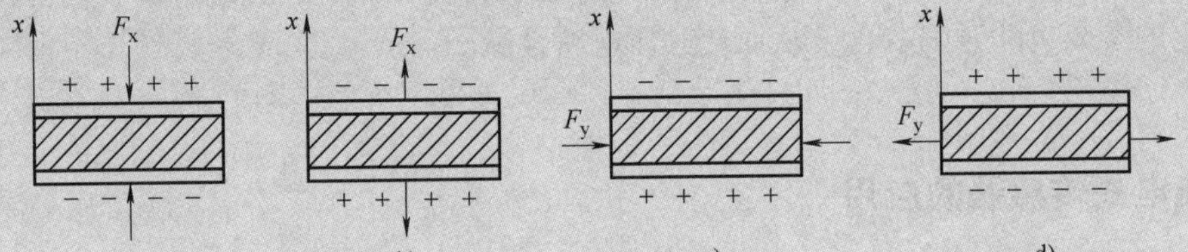

a)　b)　c)　d)

图 3-18　晶片电荷极性与受力方向的关系

2. 压电陶瓷

压电陶瓷也是一种常用的压电材料，它与石英晶体不同，石英晶体是单晶体，压电陶瓷是人工制造的多晶体压电材料，属于铁电体一类的物质，具有类似铁磁材料磁畴结构的电畴结构。压电陶瓷内部的晶体有许多自发极化的电畴，它有一定的极化方向，从而存在一定电场。当无外电场作用时，各个电畴在晶体内杂乱分布，它们的极化效应被相互抵消，因此，原始的压电陶瓷内极化强度为零，呈电中性，不具有压电特性，如图 3-19a 所示。

当压电陶瓷上施加外电场时，电畴的极化方向发生转动，趋向于按外电场方向排列，从而使材料得到极化。外电场越强，就有更多的电畴更完全地转向外电场方向。当外电场强度大到使材料的极化达到饱和的程度，即所有电畴极化方向都整齐地与外电场方向一致时，去掉外电场，电畴的极化方向基本不变化，即剩余极化强度很大，这时的材料才具有压电特性，如图 3-19b 所示。

极化处理后陶瓷材料内部存在有很强的剩余极化，当陶瓷材料受到外力作用时。电畴的界限发生移动，电畴发生偏转，从而引起剩余极化强度的变化，因而在垂直于极化方向的平面上将出现极化电荷的变化。如图 3-20 所示，即极化面上将出现极化电荷的变化。这种因受力而产生的由机械效应转变为电效应，将机械能转变为电能的现象，就是压电陶瓷的正压电效应。电荷量的大小与外力成正比关系。

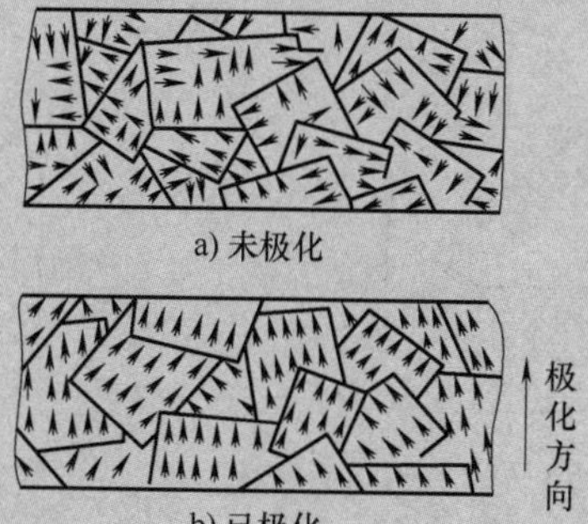

图 3-19 钛酸钡压电陶瓷的电畴结构

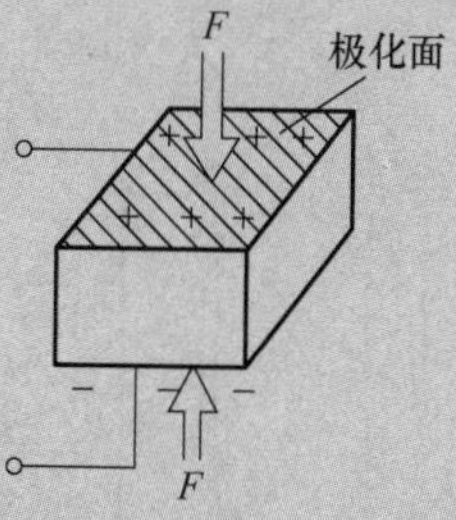

图 3-20 压电陶瓷压电原理

压电陶瓷的压电系数比石英晶体的大得多，所以采用压电陶瓷制作的压电式传感器的灵敏度较高。极化处理后的压电陶瓷材料的剩余极化强度和特性与温度有关，它的参数也随时间变化，从而使其压电特性减弱。

二、压电式传感器的应用

1. 元件结构及组合形式

在压电式传感器中，为了提高灵敏度，压电材料通常采用两片或两片以上黏合在一起。因为电荷的极性关系，压电元件有串联和并联两种接法，如图 3-21 所示，图 3-21a 为并联，适用于测量缓慢变化的信号，并以电荷为输出量；图 3-21b 为串联，适用于测量电路有高输入阻抗，并以电压为输出量。

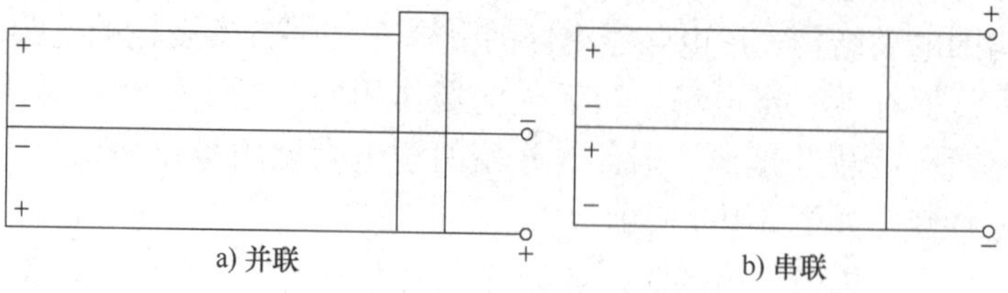

图 3-21 压电元件的两种接法

图 3-22 所示为压电元件的结构与组合形式。按压电元件的形状分类，有圆形、长方形、片状形、柱形和球壳形；按元件数分类，有单晶片、双晶片和多晶片；按极性连接方式分

类，有串联和并联。

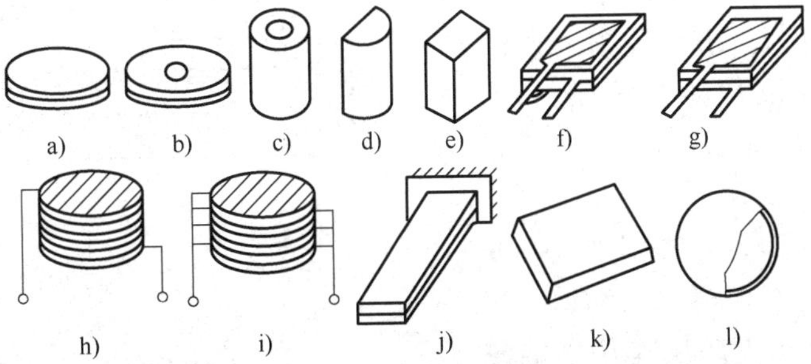

图 3-22　压电元件的结构与组合形式

2. 压电式传感器主要应用类型

凡是利用压电材料的各种物理效应构成的传感器，都可以称为压电式传感器。使用最多的是力敏传感器，压电式传感器的主要应用类型见表 3-1。

表 3-1　压电式传感器的主要应用类型

传感器类型	转换方式	压电材料	用途
力敏	力→电	石英、罗思盐、ZnO、$BaTiO_3$、PZT、PMS、电致伸缩材料	微拾音器、声纳、应变仪、气体点火器、血压计、压电陀螺、压力和加速度传感器
声敏	声→电 声→压	石英、压电陶瓷	振动器、微音器、超声波探测器、助听器
	声→光	$PbMoO_4$、$PbYiO_3$、$LiNbO_3$	声光效应器件
光敏	光→电	$LiTaO_3$、$PbTiO_3$	热电红外线探测器
热敏	热→电	$BaTiO_3$、$LiTaO_3$、$PbTiO_3$、TGS、PZO	温度计

3. 压电式传感器的应用举例

压电效应是某些介质在力的作用下产生形变时，在介质表面出现异种电荷的现象。实验表明，这种束缚电荷的电量与作用力成正比，电量越多，相对应的两表面电势差（电压）也越大，这种神奇的效应已被应用到与人们生产、生活、军事、科技密切相关的许多领域，以实现力→电转换等功能。例如，利用压电陶瓷将外力转换成电能的特性，可以生产出不用火石的压电打火机、煤气灶打火开关、炮弹触发引信等。此外，压电陶瓷还可以作为敏感材料，应用于扩音器、电唱头等电声器件；用于压电地震仪，可以对人类不能感知的细微振动进行监测，并精确测出震源方位和强度，从而预测地震，减少损失。利用压电效应制作的压电驱动器具有精确控制的功能，是精密机械、微电子和生物工程等领域的重要器件。

（1）压电式力传感器　压电式力传感器是以压电元件为转换元件，输出电荷与作用力成正比的力-电转换装置。常用的形式为荷重垫圈式，它由基座、盖板、石英晶片、电极以及引出插座等组成。图 3-23 所示为 YDS-78 型压电式单向力传感器的结构，它主要用于频率变化不太高的动态力的测量。

压电式单向动态传感器的测力范围达几十千牛以上，非线性误差小于 1%，固有频率可达到数十千赫。

被测力通过传力上盖使压电元件受压力作用而产生电荷。由于传力上盖的弹性形变部分的厚度很薄，只有 0.1～0.5mm，因此灵敏度很高。这种力传感器的体积小，重量轻，分辨率可达 10^{-3}g，固有频率为 50～60kHz，主要用于频率变化小于 20 kHz 的动态切削力的测试、表面粗糙度测量或轴承支座反作用力的测试。压电元件装配时必须施加较大的预紧力，以消除各部件与压电元件之间、压电元件与压电元件之间因接触不良而引起的非线性误差，从而使传感器工作在线性范围内。

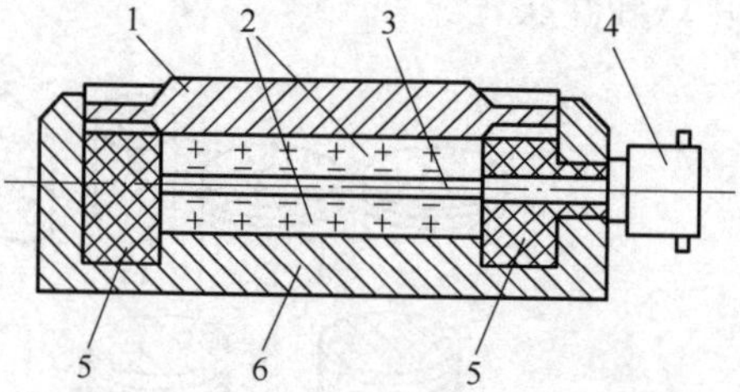

图 3-23　YDS-78 型压电式单向力传感器的结构

1—传力上盖　2—压电片　3—电极　4—电极引出插头　5—绝缘材料　6—底座

（2）压电式加速度传感器　图 3-24 所示为压电式加速度传感器，主要由压电元件、质量块、预压弹簧、基座及外壳等组成。整个部件装在外壳内，并由螺栓加以固定。

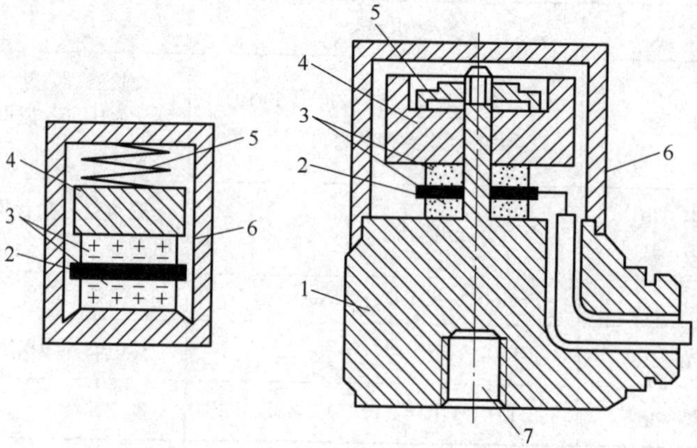

a) 原理图　　b) 传感器结构图

图 3-24　压电式加速度传感器

1—基座　2—引出电极　3—压电元件　4—质量块　5—预压弹簧　6—外壳　7—固定螺孔

当加速度传感器和被测物一起受到冲击振动时，压电元件受质量块惯性力的作用，根据牛顿第二定律，此惯性力是加速度的函数，即

$$F = ma \tag{3-6}$$

式中　F——质量块产生的惯性力，单位为 N；

　　m——质量块的质量，单位为 g；

　　a——加速度，单位为 m/s^2。

此惯性力 F 作用于压电元件上，因而产生电荷 q，当传感器选定后，m 为常数，则传感器输出电荷为

$$q = d_{11}F = d_{11}ma \tag{3-7}$$

式中　d_{11}——常数（压电系数），典型值为 2.31。

电荷与加速度 a 成正比，因此，测得加速度传感器输出的电荷便可知加速度的大小。

(3) 压电式金属加工切削力测量传感器　图 3-25 是压电式传感器测量刀具切削力的示意图。由于压电陶瓷元件的自振动频率高，特别适合测量变化剧烈的载荷。图 3-25 中压电式传感器位于车刀前部的下方，当进行切削加工时，切削力通过刀具传给压电式传感器，压电式传感器将切削力转换为电信号输出，记录下电信号的变化可测得切削力的变化。

(4) 压电式玻璃破碎报警器　BS-D2 压电式传感器是专门用于检测玻璃破碎的一种传感器，它利用压电元件对振动敏感的特性来感知玻璃受撞击和破碎时产生的振动波。传感器把震动波转换成电压输出，输出电压经过放大、滤波、比较等处理后提供给报警系统。

BS-D2 压电式玻璃破碎传感器如图 3-26 所示。传感器的最小输出电压为 100mV，最大输出电压为 100V，内阻抗为 15~20kΩ。

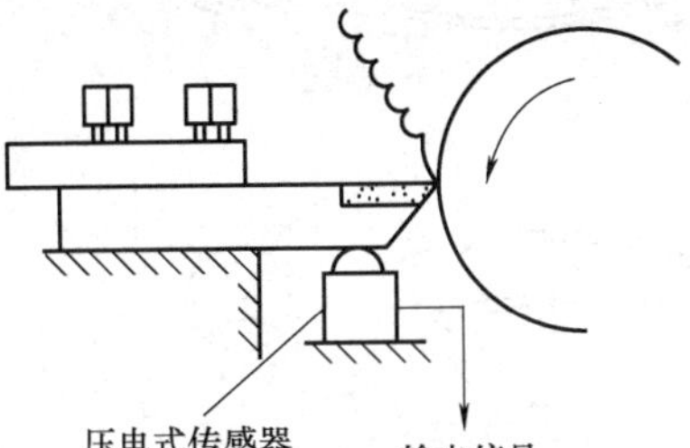

图 3-25　压电式传感器测量刀具切削力的示意图

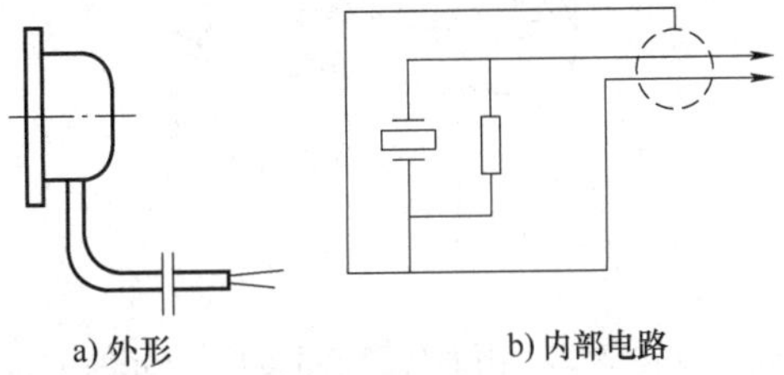

图 3-26　BS-D2 压电式玻璃破碎传感器

报警器的电路使用时，把传感器用胶粘贴在玻璃上，然后通过电缆和报警电路相连。为了提高报警器的灵敏度，信号经过放大后，需要经带通滤波器进行滤波，要求它对选定的频谱通带的衰减要尽量小，而频带外衰减要尽量大。由于玻璃振动的波长在声波和超声波的范围内，这就使滤波器成为电路中的关键。只有当传感器检测到的信号高于设定的阈值时，才会输出报警信号，驱动报警执行机构工作。

玻璃破碎报警器可广泛用于文物保管、贵重商品保管及其他商品柜台保管等场合。

(5) 压电式雨滴传感器　压电式雨滴传感器由振动板、压电元件、集成放大电路等组成，如图 3-27 所示。

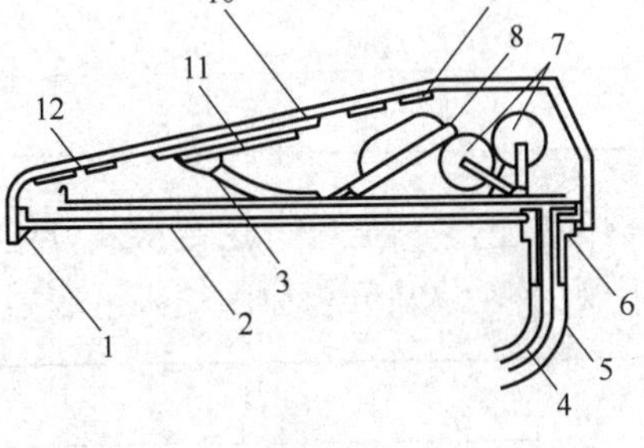

图 3-27　压电式雨滴传感器

1—密封圈　2—下壳　3—电路基板　4—配线　5—护管　6—金属封口　7—电容器　8—集成放大电路　9—上盖　10—振动板　11—压电元件　12—橡胶垫

振动板的功用是接收雨滴冲击的能量，按自身固有振动频率进行弯曲振动，并将振动传递给内侧压电元件上，压电元件把从振动板传递来的变形转换成电压。雨滴传感器上的压电元件如图 3-28 所示，它是在烧结的钛酸钡陶瓷片两侧加真空镀膜电极制成的，当压电元件上出现机械变形时，两侧的电极上就会产生电压，如图 3-29 所示。所以，当雨滴落到振动板上时，压电元件就会产生电压，电压大小与加到振动板上的雨滴能量成正比，一般为 5~300mV。放大电路将压电元件上产生的电压信号放大后再输入到刮水器放大器中。放大器由晶体管、IC 块、电阻、电容器等部件组成。

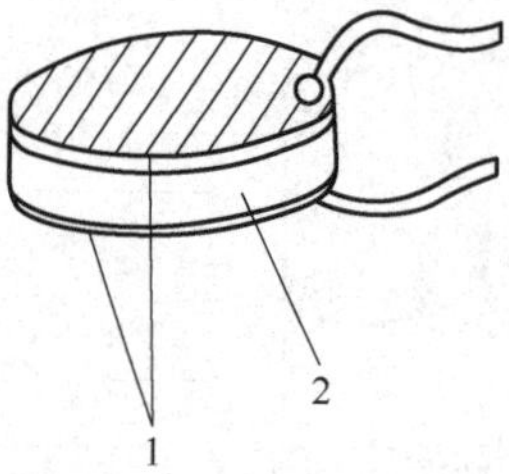

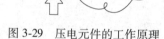

图 3-28　雨滴传感器上的压电元件

1—真空镀膜电极　2—钛酸钡

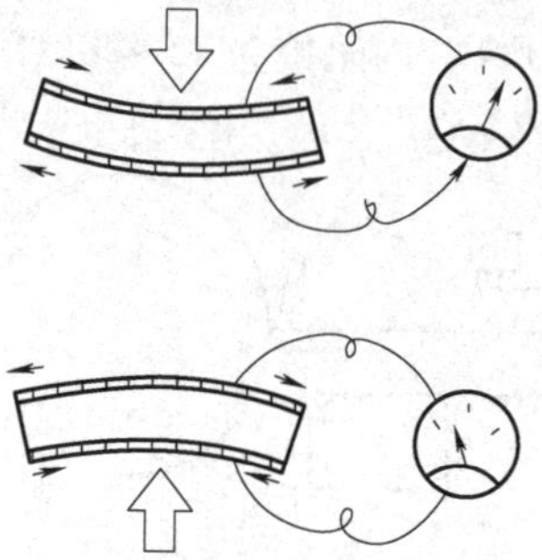

图 3-29　压电元件的工作原理

小技巧

用打火机试验压电效应

1. 试验器材

一次性塑料打火机 1 个；指针式万用表 1 个；数字显示万用表 1 个；示波器 1 台；导线若干；鳄鱼夹若干。

2. 试验步骤

按动点火元件的黑色塑料压杆，用普通指针式万用表直流高压档测量压电元件两个电极的电压，观察现象并分析原因填入下表中。

现象	
原因	

按动点火元件的黑色塑料压杆，用数字式万用表直流高压档测量压电元件两个电极的电压，观察现象并分析原因填入下表中。

现象	
原因	

3. 电压幅值估测

用示波器观察压电效应。把示波器交直流选择开关置于“DC”档，扫描时间置于“0.1ms”档。示波器输入线分别接在压电打火机压电元件的两个电极上，迅速按下打火机压杆，可以看到示波器扫描线跳动后又恢复原位。利用荧光屏的余辉作用，观察和测量电压幅值大约为多少伏？并画出波形，描述观察到的波形特点。

4. 脉冲持续时间估测

用示波器估测脉冲持续时间并绘出图形。

三、简易压电式力传感器的制作

1. 电路功能和原理

在图 3-30 压电式力传感器实验电路中，VT 采用场效应晶体管 3DJ6H，SP 采用压电陶瓷片，VD1 和 VD2 选用硅开关二极管 1N4148。接通电源时，电容 C 极板两端电压为零，与之相连的场效应晶体管控制栅板极 G 的偏压为零，这时 VT（　　），其漏源电流把红色发光二极管（　　）。当用小的物体，例如火柴杆从 10cm 高度自由下落砸到压电陶瓷片上时，SP 产生负向脉冲电压，通过二极管 VD1 向电容 C 充电，VT 的控制栅极加上负偏压，并超过 3DJ6H 所需要的夹断电压-9V，这时 VT（　　），红色发光二极管（　　）。二极管 VD2 旁路 SP 在碰撞结束后，随着电容 C 上的电压由于元器件漏电而逐渐降低，小于夹断电压（绝对值），VT 处于（　　）状态，产生漏源电流，红色发光二极管逐渐（　　），最终电路恢复到初始状态。

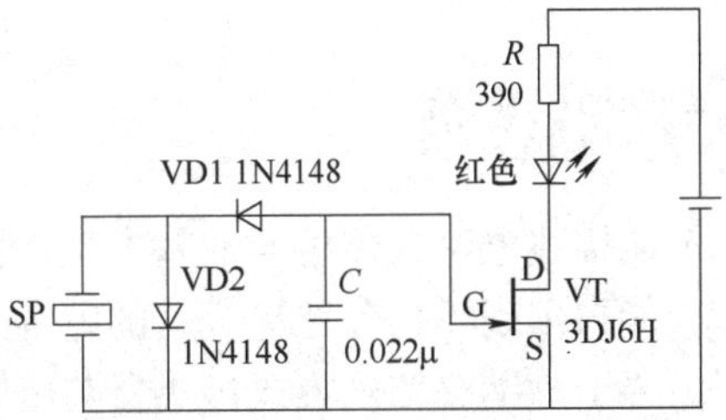

图 3-30　压电式力传感器实验电路

2. 电路制作和试验

根据以上分析，按照原理图搭接电路。并按上述实验方法进行操作，观察实验结果。写出实验报告。

单元小结

压电式传感器应用最多的是力敏传感器，在工业、民用和军事方面得到广泛应用。

单元三　电容式传感器

单元引入

根据电学知识，两个面对面放置的金属极板构成电容器，它具有存储电荷的作用。电工电子技术中常用的电容器外形如图 3-31 所示。电容量的单位最常用的是 μF（微法），1F 是非常大的值，一般电容器是无法实现的。电容量单位的关系是 $1\mu F=10^{-6}F$，$1pF=10^{-12}F$。

图 3-31 电容器外形

电容器的典型结构是平行板电容器的形式，如图 3-32 所示。

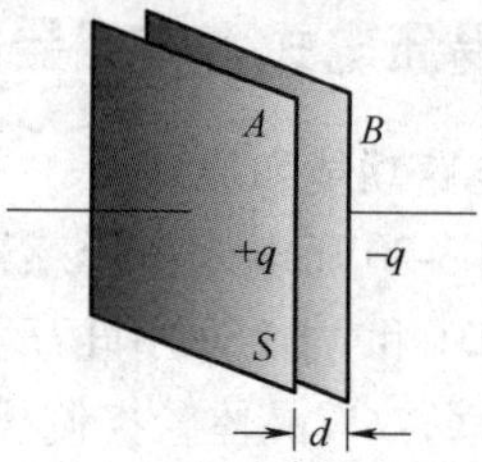

图 3-32 平行板电容器

根据平行板电容器的原理，当极板距离 d 发生变化时，电容量 C 随之改变，称为变极距式电容传感器。根据变极距式电容器原理，可以将被测压力转换成电容量输出，这种器件称为电容式压力传感器。

学习目标

1）能描述电容式传感器的基本工作原理，知道其类型及特性。
2）能根据现场任务选择合适的电容式传感器进行测量。
3）善于归纳总结电容式传感器与电阻式、压电式传感器的不同。

建议课时

4 学时

知识点

一、电容式传感器的工作原理

电容式传感器将被测非电量的变化转化为电容量的变化，它的工作原理可以用平行板电容器来说明，如图 3-33 所示。

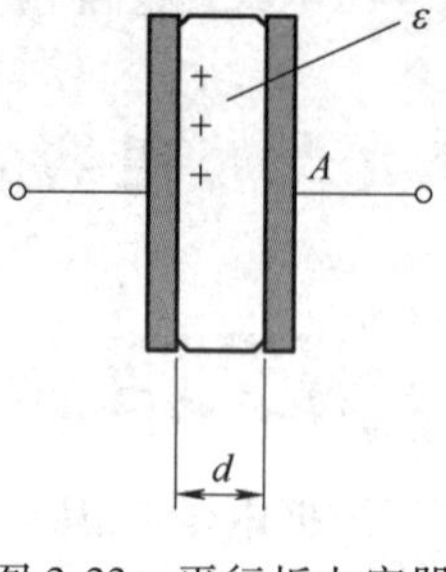

图 3-33 平行板电容器

当忽略边缘效应时，其电容为

$$C=\frac{\varepsilon A}{d}=\frac{\varepsilon_0\varepsilon_r A}{d} \tag{3-8}$$

式中 A——两极板相互遮盖的有效面积，单位为 m^2；
d——两极板间的距离，也称为极距，单位为 m；
ε——两极板间介质的介电常数，单位为 F/m；
ε_r——两极板间介质的相对介电常数，单位为 F/m；

ε_0——真空介电常数，$\varepsilon_0=8.85\times10^{-12}\mathrm{F/m}$ 。

当δ、A或d发生变化时，都会引起电容的变化。

在A、d、ε三个参量中，改变其中任意一个量，均可使电容C改变。也就是说，电容C是A、d、ε的函数，这就是电容式传感器的基本工作原理。固定三个参量中的两个，可以制作成以下三种类型的电容式传感器：变面积式电容传感器、变极距式电容传感器和变介电常数式电容传感器。

理想电容器的电场线是直线，而实际电容器只有中间区域是直线，越往外电场线弯曲的越厉害，到电容器边缘时电场线弯曲最厉害，这种电场线弯曲现象就是边缘效应。在基板面积较小时，将引起测量误差。

下面以常见的电容式压力传感器为例，说明电容式传感器典型测量原理。

电容式压力传感器一般采用圆形金属薄膜或镀金属薄膜作为电容器的一个电极，当薄膜感受压力而变形时，薄膜与固定电极之间形成的电容量发生变化，通过测量电路即可输出与电压成一定关系的电信号。电容式压力传感器可分为单电容式压力传感器和差动电容式压力传感器，其结构和外观如图 3-34 所示。

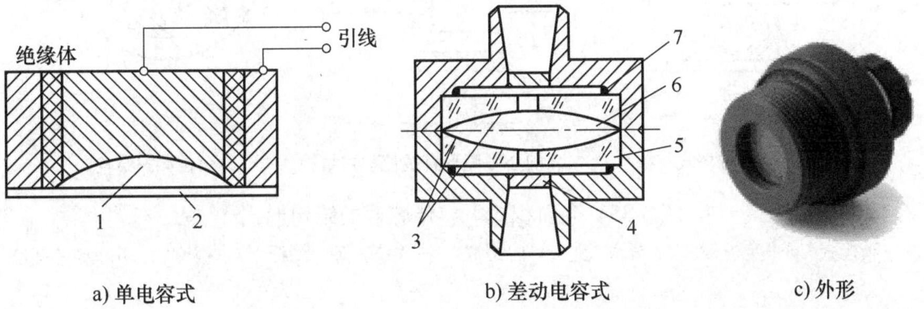

图 3-34　电容式压力传感器的结构和外观

1—球面电极　2—张紧平膜片　3—电镀金属表面　4—多孔金属过滤器
5—玻璃　6—金属膜片　7—O 形垫圈

单电容式压力传感器由圆形薄膜与固定电极构成。薄膜在压力的作用下变形，从而改变电容器的容量，其灵敏度大致与薄膜的面积和压力成正比，而与薄膜的张力和薄膜到固定电极的距离成反比；另一种形式的固定电极取凹形球面状，膜片为周边固定的张紧平面，膜片可用塑料镀金属层的方法制成（见图 3-34a），这种传感器适用于测量低压，并有较高的过载能力；还可以采用带活塞动极膜片制成测量高压的单电容式压力传感器，这种传感器可减小膜片的直接受压面积，以便采用较薄的膜片，提高灵敏度。单电容式压力传感器还与各种补偿、保护以及放大电路整体封装在一起，以便提高抗干扰能力。这种传感器适于测量动态高压和对飞行器进行遥测。单电容式压力传感器还有传声器式（即话筒式）和听诊器式等。

差动电容式压力传感器的金属膜片电极位于两个固定电极之间，构成两个电容器（见图 3-34b）。在压力的作用下一个电容器的容量增大而另一个则相应减小，测量结果由差动式电路输出。它的固定电极是在凹曲的玻璃表面上镀金属层而制成，过载时膜片受到凹面的保护而不致破裂。差动电容式压力传感器比单电容式的灵敏度高、线性度好，但加工较困难（特别是难以保证对称性），而且不能实现对被测气体或液体的隔离，因此不适用于工作在有腐蚀性或杂质的流体中。

电容式传感器的优点是结构简单，价格便宜，灵敏度高，过载能力强，动态响应特性好，对高温、辐射、强振等恶劣条件的适应性强等；缺点是输出有非线性，寄生电容和分布电容对灵敏度和测量精度的影响较大，连接电路较复杂等。近年来随着集成电路技术的发展，出现了与微型测量仪表封装在一起的电容式传感器，这种新型的传感器能使分布电容的影响大为减小，使其固有的缺点得到克服。电容式传感器是一种用途极广、很有发展潜力的传感器。

二、电容式传感器的类型及特性

1. 变面积式电容传感器

变面积式电容传感器的结构形式如图 3-35 所示。

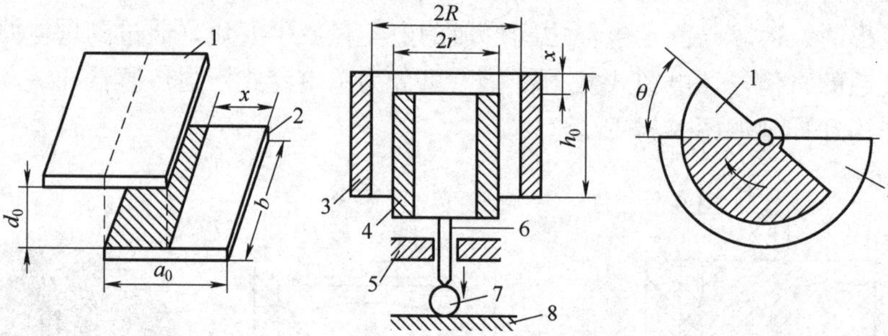

a) 平板形直线位移式结构　b) 同心圆筒形直线位移式结构　c) 角位移式结构

图 3-35　变面积式电容传感器的结构形式

1—动极板　2—定极板　3—外圆筒　4—内圆筒　5—导轨　6—测杆　7—被测物　8—水平基准

图 3-35a 是平板形直线位移式结构，其中极板 1 可以左右移动，称为动极板。极板 2 固定不动，称为定极板。设两极板原来的遮盖长度为 a_0，极板宽度为 b，极距固定为 d_0，当动极板随被测物体向左移动 x 后，两极板的遮盖面积 A 将减小，电容也随之减小，电容 C_x 为

$$C_0=\frac{\varepsilon b a_0}{d_0} \tag{3-9}$$

$$C_x=\frac{\varepsilon b(a_0-x)}{d_0}=C_0\left(1-\frac{x}{a_0}\right) \tag{3-10}$$

式中　C_0——初始电容值，单位为 F。

在变面积式电容传感器中，电容 C_x 与直线位移 x 成正比。图 3-35b 是同心圆筒形直线位移式结构，外圆筒不动，内圆筒在外圆筒内做上、下直线运动。图 3-35c 是角位移式结构，当极板 2 的轴由被测物体带动而旋转一个角度 θ 时，两极板的遮盖面积 A 就减小，因而电容量也随之减小。变面积式电容传感器的输出特性如图 3-36 所示，其输出在一小段范围内是线性的，灵敏度是常数。变面积式电容传感器多用于检测直线位移、角位移、

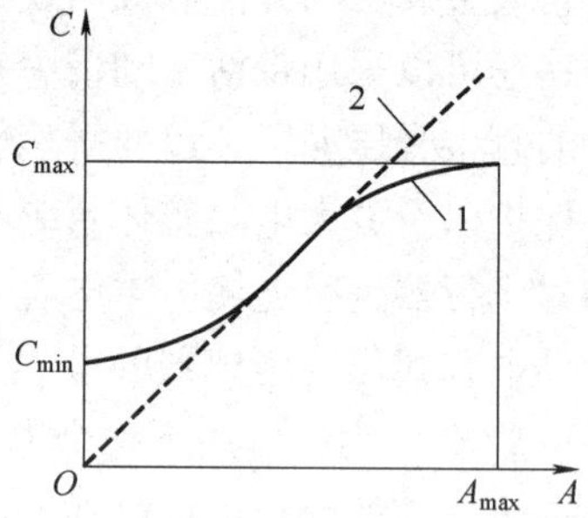

图 3-36　变面积式电容传感器的输出特性

1—实际输出特性　2—理想输出特性

尺寸等参量。

2. 变极距式电容传感器

变极距式电容传感器如图 3-37 所示。当动极板受被测物体作用而引起位移时，改变了两极板之间的距离 d，从而使电容量发生变化。实际使用时，使初始极距 d_0 尽量小些，以提高灵敏度，但这也带来了变极距式电容器行程较小的缺点。

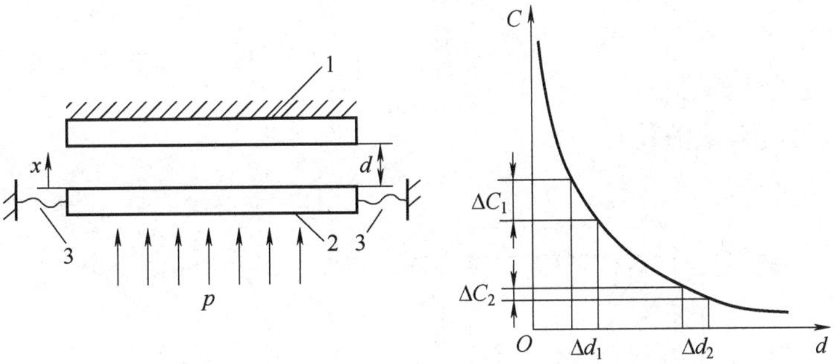

a) 结构示意图　　b) 电容量与极板距离的关系

图 3-37　变极距式电容传感器

1—定极板　2—动极板　3—弹性膜片

3. 变介电常数式电容传感器

因为各种介质的相对介电常数不同，所以当在电容器两极板间插入不同介质时，电容器的电容量也就不同。几种介质的相对介电常数见表 3-2。当某种被测介质处于两极板间时，介质的厚度 δ 越大，电容 C_δ 也就越大。C_δ 等效于空气所引起的电容 C_1 和被测介质所引起的电容 C_2 的并联。变介电常数式电容传感器原理如图 3-38 所示，其电容值为

$$C_\delta=\frac{1}{\dfrac{1}{C_1}+\dfrac{1}{C_2}}=\frac{1}{\dfrac{1}{\dfrac{\varepsilon_0 A}{d-\delta}}+\dfrac{1}{\dfrac{\varepsilon_0\varepsilon_r A}{\delta}}}=\frac{\varepsilon_0 A}{d-\delta+\delta/\varepsilon_r} \tag{3-11}$$

式中　C_1——空气介质引起的等效电容，单位为 F；

C_2——被测介质引起的等效电容，单位为 F；

δ——介质的厚度，单位为 mm；

d——极距，单位为 mm。

表 3-2　几种介质的相对介电常数

介质名称	相对介电常数 ε_r	介质名称	相对介电常数 ε_r
真空	1	玻璃釉	3~5
空气	略大于 1	SiO_2	38
其他气体	1~1.2①	云母	5~8
变压器油	2~4	干的纸	2~4
硅油	2~3.5	干的谷物	3~5
聚丙烯	2~2.2	环氧树脂	3~10
聚苯乙烯	2.4~2.6	高频陶瓷	10~160
聚四氟乙烯	2.0	低频陶瓷、压电陶瓷	1000~10000
聚偏二氟乙烯	3~5	纯净的水	80

① 相对介电常数的数值视该介质的成分和化学结构不同而有较大的区别，以下同。

变介电常数式电容传感器有许多应用。当介质厚度δ保持不变而相对介电常数ε_r改变时，该电容器可作为相对介电常数ε_r的测试仪器；当空气湿度变化，介质吸入潮气（$\varepsilon_{r水}=80$）时，电容将发生较大的变化，因此该电容式传感器又可作为空气相对湿度传感器。若ε_r不变，则可作为检测介质厚度的传感器。

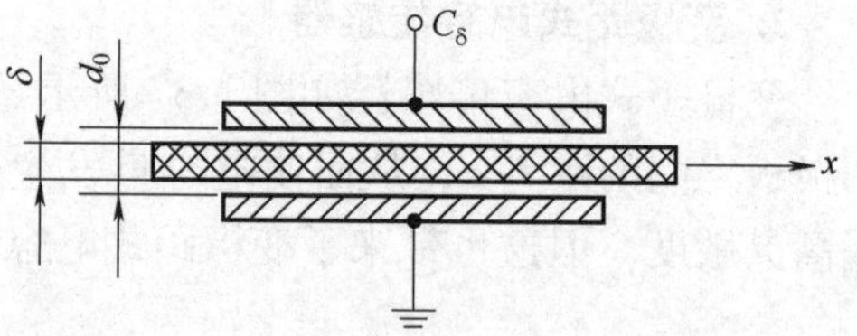

图 3-38　变介电常数式电容传感器原理

图 3-39 所示为电容式液位计。

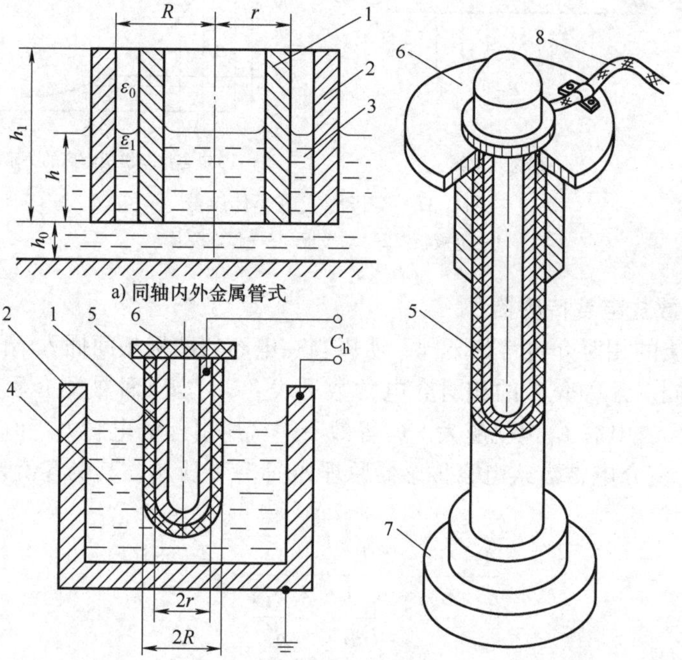

图 3-39　电容式液位计

1—内圆筒　2—外圆筒　3—被测绝缘液体　4—被测导电液体　5—聚四氟乙烯套管

6—顶盖　7—绝缘底座　8—信号传输屏蔽电缆

电容C_h与液面高度h（从管状电极底部算起）的关系式为

$$\begin{aligned}C_h &= C_{空}+C_{液}=\frac{2\pi(h_1-h)\varepsilon_0}{\ln(R/r)}+\frac{2\pi h\varepsilon_1}{\ln(R/r)}\\ &=\frac{2\pi h_1\varepsilon_0}{\ln(R/r)}+\frac{2\pi(\varepsilon_1-\varepsilon_0)}{\ln(R/r)}h=\frac{2\pi\varepsilon_0}{\ln(R/r)}[h_1+(\varepsilon_{r1}-1)h]\end{aligned} \tag{3-12}$$

式中　h_1——电容器极板高度，单位为 mm；

r——内圆管状电极的外半径，单位为 mm；

R——外圆管状电极的内半径，单位为 mm；

h——不考虑安装高度时的液位高度，单位为 mm；

ε_0——真空介电常数（空气的介电常数与之相近）；

ε_{r1}——被测液体的相对介电常数；

ε_1——被测液体的介电常数，$\varepsilon_1=\varepsilon_{r1}\varepsilon_0$。

三、电容式传感器的测量转换电路

电容式传感器将被测非电量的变化转换为电容变化后，必须采用测量电路将其转换为电压、电流或频率的电信号。电容式传感器、测量电路和显示仪表构成了电容式传感器检测系统。电容式传感器的测量电路一般有桥式电路、调频电路、脉冲宽度调制电路和运算式电路等。

1. 桥式电路

（1）单臂桥式电路　图3-40是交流单臂桥式电路。电容 C_1、C_2、C_3、C_x 构成电桥的四臂，其中 C_1、C_2、C_3 为固定电容，C_x 为电容传感元件，由高频电源经变压器接到电桥的一个对角线上，另一个对角线上接有交流电压表。当电桥电路平衡时，$C_1/C_2=C_x/C_3$，$U_o=0$，电压表电压值为零。

当 C_x 改变时，$U_o\neq0$，电压表有反应电容 C_x 变化的输出电压值。由于电容式传感器的 C_x 值随着被测物理量变化而变化，所以输出电压也就反应了被测物理量的变化值。

（2）差动桥式电路　图3-41是交流差动桥式电路。其中 C_{x1} 和 C_{x2} 为差动式电容传感元件。其输出电压为

$$\dot{U}_o=\pm\frac{\dot{U}_i\Delta C}{2C_0} \tag{3-13}$$

式中　C_0——传感元件的初始电容值；

ΔC——传感元件的电容变化值。

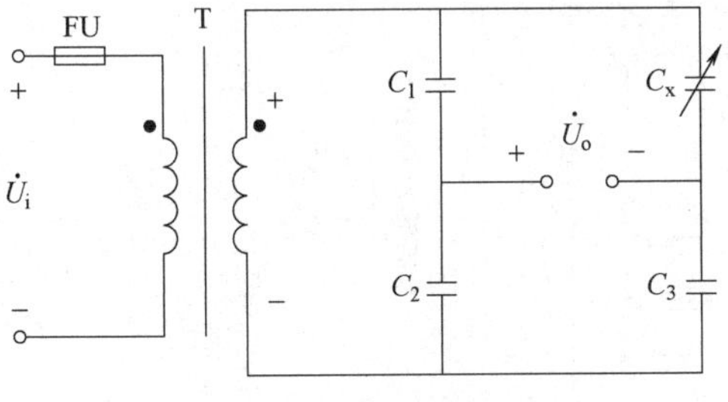

图3-40　交流单臂桥式电路

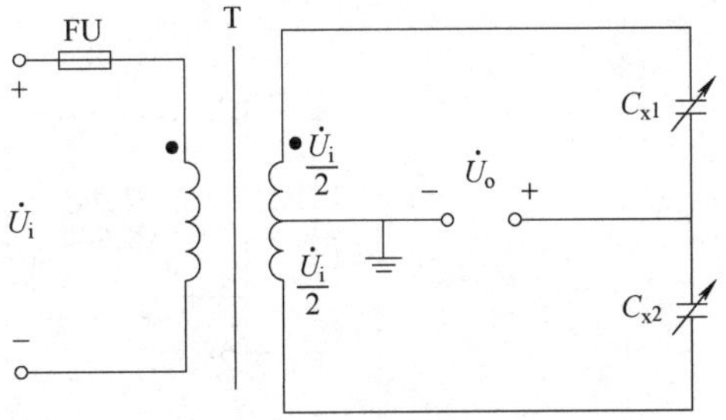

图3-41　交流差动桥式电路

若要判定 U_o 的相位，还需经过相敏检波电路进行处理，才能得到位移 x 的方向。

2. 调频电路

图3-42是LC振荡器调频电路方框图，它由调谐振荡、限幅、鉴频、放大等电路组成。电容传感元件作为LC振荡器谐振回路的一部分，当电容式传感器工作时，电容 C_x 发生变化，使振荡器的频率 f 发生相应的变化。由于振荡器的频率受电容式传感器的电容调制，实现了电容 C_x 的变化转换成相应频率 f 的变化，故称为调频电路。调频振荡器的频率为

$$f=\frac{1}{2\pi\sqrt{LC}} \tag{3-14}$$

式中 L——振荡回路电感；

C——振荡回路总电容。

C 包括传感元件电容 C_x、谐振回路中的微调电容 C_1 和传感器电缆分布电容 C_c，即 $C=C_x+C_1+C_c$。振荡器输出的高频电压是一个由电容 C_x 控制的调频波，其频率的变化在鉴频电路中转换成电压幅度变化的输出。经过放大电路放大后，可用电压表指示电容 C_x 的变化数值。

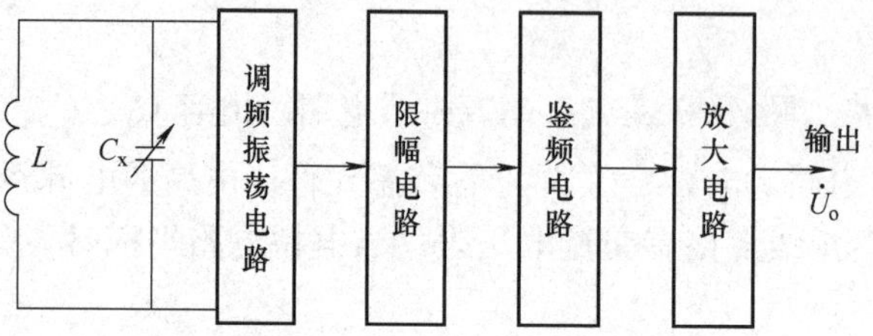

图 3-42 LC 振荡器调频电路方框图

LC 振荡器调频电路抗干扰能力强，能取得高电平的直流信号（伏特数量级）。缺点是振荡频率受电容的影响大。

3. 脉冲宽度调制电路

图 3-43 是脉冲宽度调制电路，它主要由比较器 A1、A2 和双稳态触发器及电容充放电回路组成。$\dot{U}_R$ 是参考电压，利用电容传感元件 C_1、C_2 的慢充电和快放电的过程，使输出脉冲的宽度随电容传感元件电容量的变化而改变，通过低通滤波器得到对应于被测量变化的直流信号。

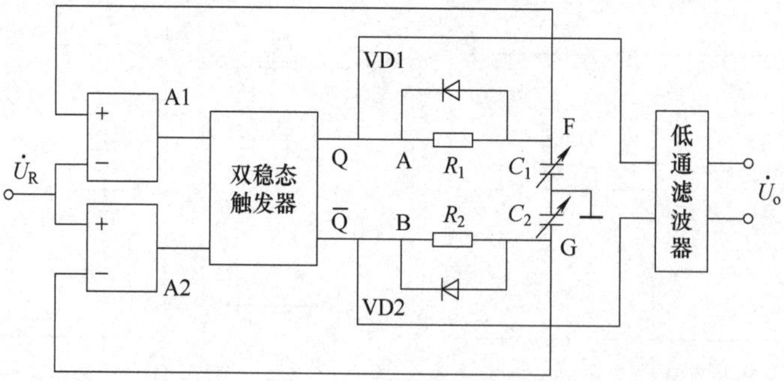

图 3-43 脉冲宽度调制电路

脉冲宽度调制电路具有 100Hz～1MHz 的矩形波，可以数字式输出或接计算机进行处理后显示，也可以经过低通滤波器处理后，获得比较好的线性直流电压输出。

4. 运算式电路

图 3-44 是运算式电路。根据集成运算比例放大器原理，当放大器的开环增益和输入阻抗足够大时，输出电压与传感元件的电容变化成线性关系，即

$$\dot{U}_o=-\frac{C_x}{C_0}\dot{U}_i \tag{3-15}$$

式中　C_0——标准电容值；

C_x——传感元件电容值。

运算式电路的输出电压与两个电容的比值有关，故该电路非线性误差小，测量精度高。由于可以采用驱动电缆技术消除电缆的分布电容，所以传感器的电容可以做得很小。

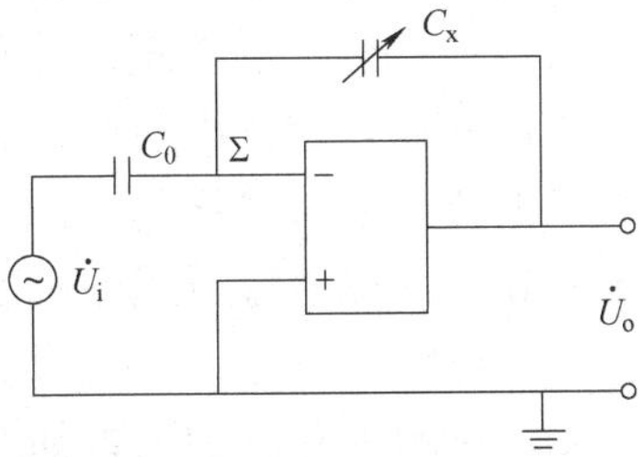

图 3-44　运算式电路

四、电容式传感器的应用

1. 电容式液位限位传感器

棒状电极（金属管）外面包裹聚四氟乙烯套管，当被测液体的液面上升时，棒状电极与导电液体之间的电容变大。液位限位传感器与液位变送器的区别在于液位限位传感器不给出模拟量，而是给出开关量。当液位到达设定值时，它输出低电平，也可以选择输出为高电平的系列。电容式液位限位传感器的设定方法是用手指压住设定按钮，当液位达到设定值时，放开按钮，智能仪器就记住该设定。正常使用时，当水位高于该点时，即可发出报警信号和控制信号。电容式液位限位传感器如图 3-45 所示。

2. 电容式压差变送器

电容式压差变送器如图 3-46 所示。当高压侧和低压侧的压强不相等时，位于结构中心的弹性平膜片偏离中心位置，传感器就会输出不同的电容值 C_1 和 C_2，这种差动电容经过处理电路转换最终输出电压信号。

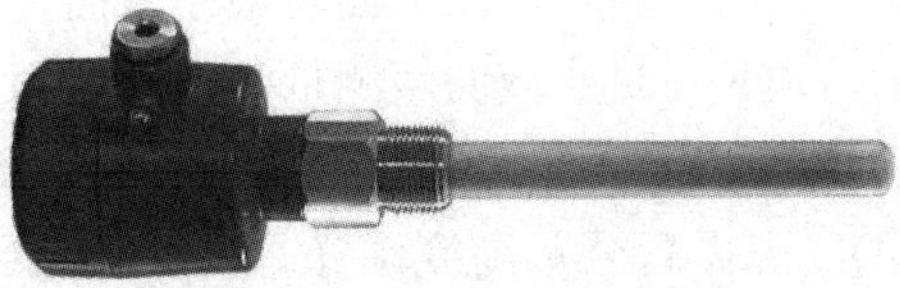

图 3-45　电容式液位限位传感器

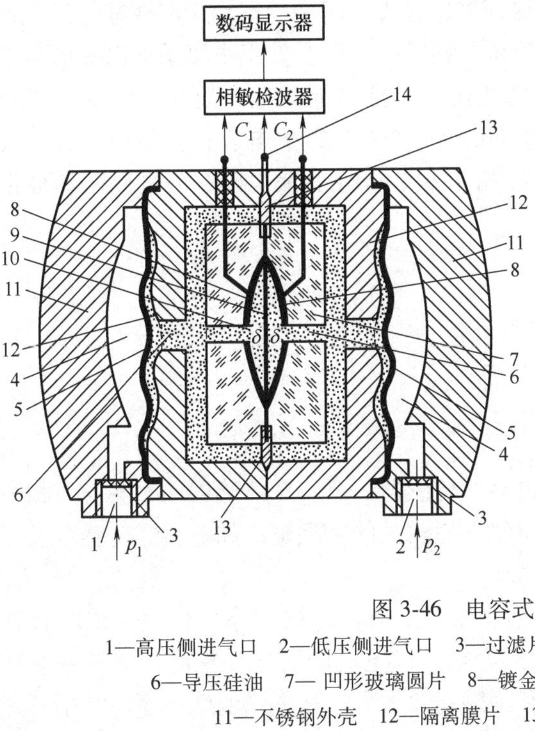

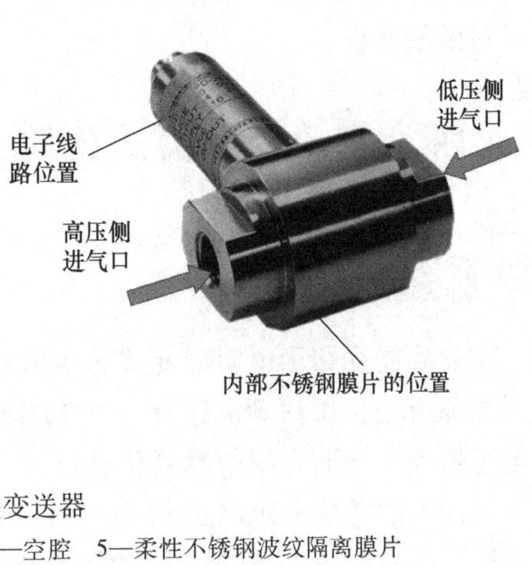

图 3-46　电容式压差变送器

1—高压侧进气口　2—低压侧进气口　3—过滤片　4—空腔　5—柔性不锈钢波纹隔离膜片

6—导压硅油　7— 凹形玻璃圆片　8—镀金凹形电极　9—弹性平膜片　10—δ 腔

11—不锈钢外壳　12—隔离膜片　13—浮动膜片　14—导线引出端

压差式液位传感器是根据液面的高度与压强成正比的原理制成的。如果液体的密度恒定，则液体加在测量基准面上的压强与液面到基准面的高度成正比，因此通过压强的测定便可知液面的高度。

当储液罐为开放型时，如图 3-47 所示。

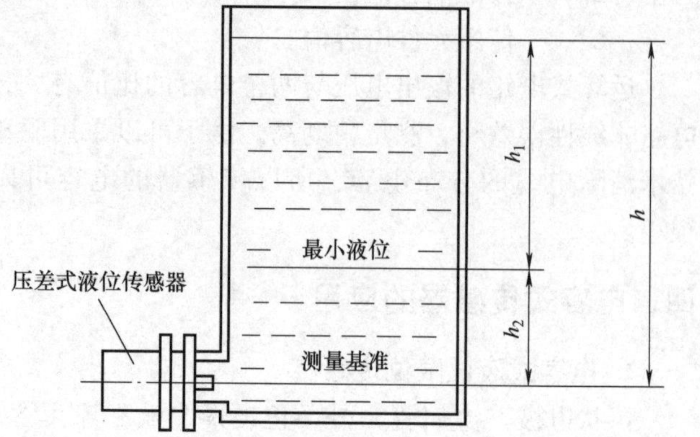

图 3-47　开放型储液罐液位的测量

基准面上的压强为

$$P=\rho gh=\rho g(h_1+h_2) \quad (3\text{-}16)$$

式中　P——测量基准面的压强，单位为 Pa；

ρ——液体的质量密度，单位为 kg/m^3；

g——重力加速度，单位为 m/s^2；

h——液面距测量基准面的高度，单位为 m；

h_1——所控最高液面与最小液面之间的高度，单位为 m；

h_2——最小液面距测量基准面的高度，单位为 m。

由于需要测定的是 h_1的高度，因此调整压差式液位传感器的零点，把压差式液位传感器的零点提高至 h_2高度位置，就可以得到压强与液面高度成比例的输出。

单元小结

电容式传感器具有结构简单、耐高温、耐辐射、分辨率高、动态响应特性好等优点，广泛用于压力、位移、加速度、厚度、振动、液位等测量中。但在使用中要采取以下措施以减少对测量结果的影响：①减小环境温度、湿度变化（可能引起某些介质的介电常数或极板的几何尺寸、相对位置发生变化）；②减小边缘效应；③减少寄生电容；④使用屏蔽电极并接地（对敏感电极的电场起保护作用，与外电场隔离）；⑤注意漏电阻、激励频率和极板支架材料的绝缘性。

单元四　差动变压器式传感器

单元引入

前面单元介绍了电阻应变式、压电式和电容式传感器，这三个传感器还可测与力相关的量，如加速度、振动等，还有一些传感器也可测与力相关的物理量，如电感式传感器、压阻式传感器等。下面介绍电感式传感器。

利用电磁感应原理将被测非电量（如位移、压力、流量、振动等）转换成线圈自感系数 L 或互感系数 M 的变化，再由测量电路转换为电压或电流的变化量输出，这种装置称为电感式传感器。电感式传感器可分为自感式和互感式两大类。互感式电感传感器利用了变压器原理，又往往做成差动形式，故常称为差动变压器式传感器。

学习目标

1）能描述差动变压器式传感器的基本工作原理，理解测量转换电路。

2）能根据现场任务选择合适的差动变压器式传感器进行测量。

3）能够解释什么是零点残余电压。

建议课时

4 学时

知识点

一、差动变压器式传感器的工作原理

差动变压器的结构原理如图 3-48 所示，它主要由一个线框和一个衔铁组成。线框上绕有一组一次线圈，在同一线框上另一端绕两组完全对称的二次线圈作为输出线圈，它们反向串联组成差动输出形式。理想差动变压器的原理图如图 3-49 所示。

当一次线圈加入励磁电源后，其二次线圈 N_{21}、N_{22} 产生感应电动势 $\dot{E}_{21}$、$\dot{E}_{22}$，输出电压分别为 $\dot{U}_{21}$、$\dot{U}_{22}$，经推导得输出电压 $\dot{U}_o$ 为

$$\dot{U}_o = \pm 2j\omega\Delta M\dot{I}_1 \tag{3-17}$$

式中 ω——励磁电源角频率，单位为 rad/s；

ΔM——线圈互感的增量，单位为 H；

$\dot{I}_1$——励磁电流，单位为 A。

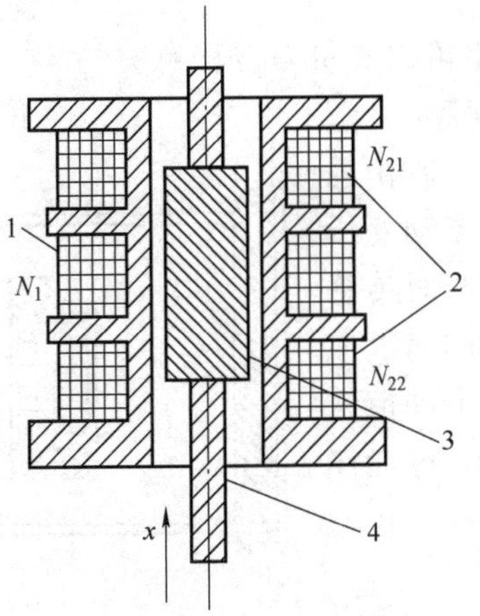

图 3-48 差动变压器的结构原理

1— 一次线圈 2—二次线圈 3—衔铁 4—测杆

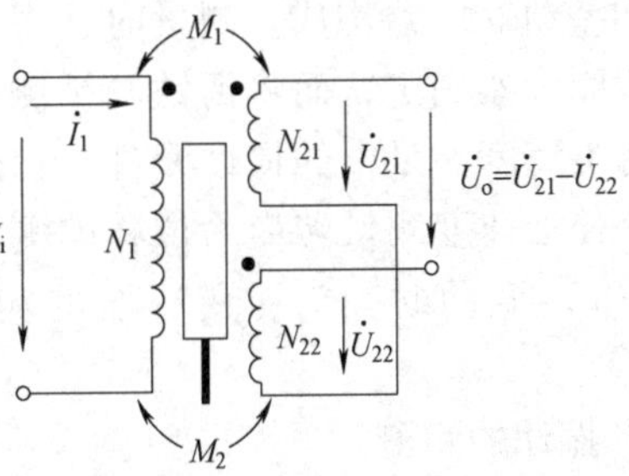

图 3-49 理想差动变压器的原理图

理论和实践证明，线圈互感的增量 ΔM 与衔铁位移量 x 基本成正比关系，所以输出电压

的有效值为

$$U_o = K|x| \tag{3-18}$$

式中 K 是差动变压器的灵敏度，与差动变压器的结构及材料有关，在线性范围内可近似看作常量。

二、测量电路

差动变压器的电压是交流电压，与衔铁位移量成正比，其输出电压如用交流电压表来测量存在下列问题。

1）总有零位电压输出，因而零位附近的小位移量的测量比较困难。

2）交流电压表无法判断衔铁方向，所以在差动变压器测量转换电路中常采用差动相敏检波电路。但最常用的测量转换电路是比较简单的差动整流电路，差动整流电路如图 3-50 所示。

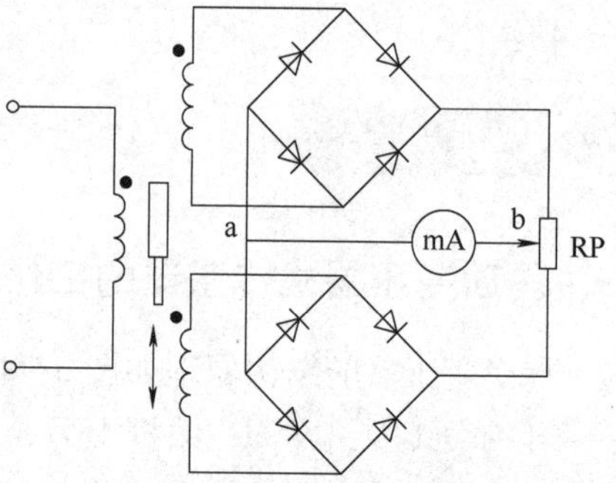

图 3-50　差动整流电路

差动变压器两个二次线圈电压分别整流后，以它们的差值作为输出，这样，二次线圈电压的相位和零点残余电压都不必考虑。图 3-50 中可调电阻 RP 是用于调整输出电压零点。由于整流部分在差动变压器输出一侧，所以只需两根直流输送线即可，而且可以远距离输送，因而得到广泛应用。

一般经相敏检波和差动整流输出的信号还必须通过低通滤波器，从而把调制的高频信号衰减掉，只让衔铁运动所产生的有效信号通过。

三、差动变压器式传感器的应用

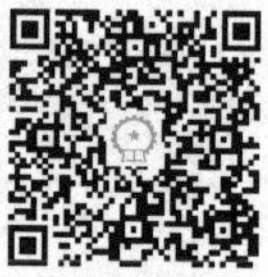

差动变压器式传感器应用

1. 差动变压器加速度传感器

差动变压器式传感器可以直接用于位移测量，也可以测量与位移有关的机械量，如振动、加速度、应变、比重、张力和厚度等。

图 3-51 为差动变压器式加速度传感器的原理图，它由悬臂梁和差动变压器构成。测量时，将悬臂梁底座及差动变压器的线圈骨架固定，而将衔铁与被测振动体相连，此时传感器作为加速度测量中的惯性元件，它的位移与被测加速度成正比，使加速度测量转变为位移的测量。当被测体带动衔铁以 $\Delta x(t)$ 振动时，差动变压器的输出电压也按相同规律变化。

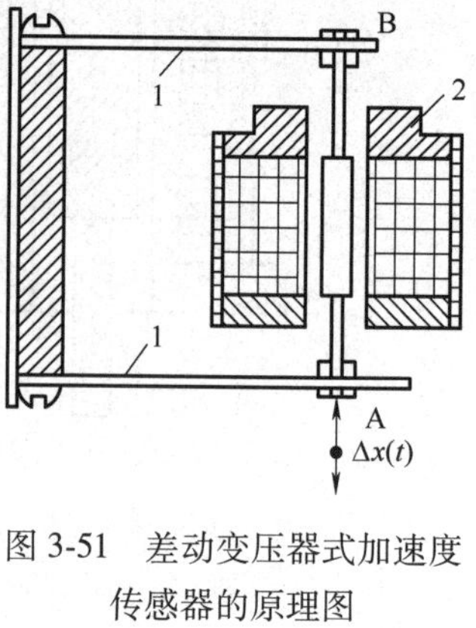

图 3-51　差动变压器式加速度传感器的原理图

1—悬臂梁　2—差动变压器

2. 振动的测量

图 3-52 为测振动传感器结构示意图及其测量电路。衔铁受振动和加速度的作用，使弹簧受力变形，与弹簧连接的衔铁的位移大小反映了振动的幅度和频率的大小。

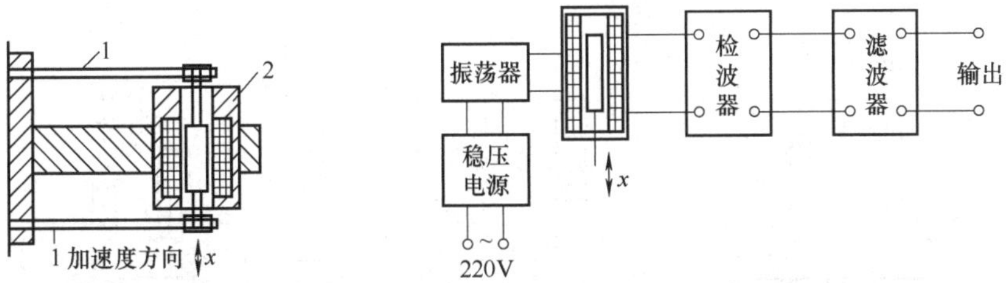

a) 振动传感器结构示意图　　b) 测量电路框图

图 3-52　振动传感器结构示意图及其测量电路

1—悬臂梁　2—差动变压器

小知识

电感式传感器

利用电磁感应原理将被测非电量（如位移、压力、流量、振动等）转换成线圈自感系数 L 或互感系数 M 的变化，再由测量电路转换为电压或电流的变化量输出，这种装置称为电感式传感器。电感式传感器可分为自感式和互感式两大类。

在线圈中插入铁心，线圈的自感系数会增大；在两个相互耦合的线圈中插入铁心，线圈间的互感系数也会增大。将可移动的铁心（衔铁）通过测杆与被测物接触，就可以把位移量转换成自感或互感系数的变化。通过一定的机械结构，可以将力与位移联系起来，这样就构成了电感式传感器测量力的基本原理。实际上，电感式传感器可以直接测量位移，通过特别设计的测量机构还可以测量振动、应变、密度等可以转化为位移量的参数。

电感式传感器具有以下特点：

1）结构简单。传感器无活动电触点，因此工作可靠、寿命长。

2）灵敏度和分辨率高。电感式传感器能测出 0.01μm 的位移变化。传感器的输出信号强，电压灵敏度一般为每毫米的位移可达数百毫伏的输出。

3）线性度和重复性都比较好。在一定位移范围（几十微米至几毫米）内，电感式传感器非线性误差可低至 0.05%~0.1%。同时，这种传感器能实现信息的远距离传输、记录、显示和控制，它在工业自动控制系统中被广泛采用。但不足的是，频率响应较低，不宜快速动态测量。

根据转换原理不同，电感式传感器可分为自感式和互感式两类。

1. 自感式传感器

自感式传感器的线圈匝数和材料导磁系数都是一定的，其电感量的变化是由于位移输入量导致线圈磁路的几何尺寸变化而引起的。当把线圈接入测量电路并接通激励电源时，就可获得正比于位移输入量的电压或电流输出。自感式电感传感器如图 3-53 所示。

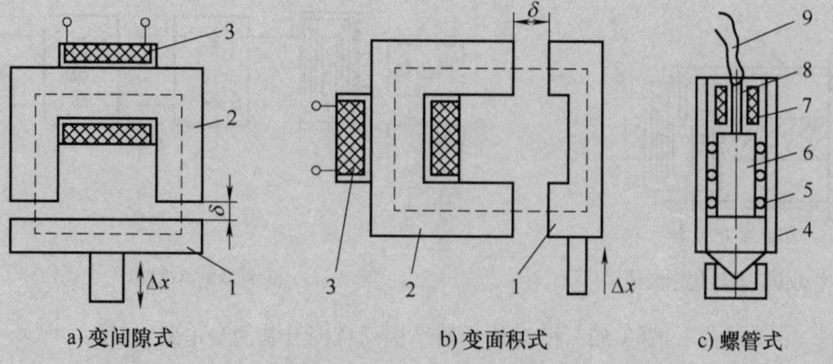

图 3-53 自感式电感传感器

1—衔铁 2—铁心 3—线圈 4—套筒 5—钢球 6—测杆 7—螺管线圈 8—磁芯 9—电缆线

自感式传感器有变间隙式、变面积式和螺管式三种类型。

（1）变间隙式电感传感器 变间隙式电感传感器的气隙 δ 随被测量的变化而改变，从而改变磁阻（见图 3-53a）。它的灵敏度和非线性都随气隙的增大而减小，因此常常要考虑两者兼顾。δ 一般取在 0.1~0.5mm 之间。

（2）变面积式电感传感器 这种传感器的铁心和衔铁之间的相对覆盖面积（即磁通截面）随被测量的变化而改变，从而改变磁阻（见图 3-53b）。它的灵敏度为常数，线性度也很好。

（3）螺管式电感传感器 它由螺管线圈和与测杆相连的磁芯构成（见图 3-53c）。其工作原理是基于线圈磁力线泄漏路径上磁阻的变化，衔铁随被测物体移动时改变了线圈的电感量。这种传感器的量程大、灵敏度低、结构简单、便于制作。

2. 互感式传感器

也称差动变压器式传感器。

单元小结

差动变压器式传感器采用两个按同名端反向串接的二次绕组，即以差动方式输出信号。当使用高频电压激励一次线圈时，随着衔铁的移动，差动变压器一次、二次线圈间互感发生变化。二次线圈即可输出变化的电压，从而将被测位移转换为电压输出。差动变压器属于电感式传感器，但其在设计上具有更大的灵活性，应用更为广泛。差动变压器式传感器主要用于测量位移和能转换成位移量的力、张力、压力、压差、加速度、应变、流量、厚度、比重和转矩等参量。

单元五 压阻式传感器

单元引入

当半导体（单晶硅）材料受到外力作用时，其原子结构内部的电子能级状态发生变化，从而导致其电阻率剧烈的变化，这种物理效应叫半导体压阻效应。利用压阻效应原理，采用集成电路工艺技术及一些专用特殊工艺，在单晶硅片上，沿特定晶向制成应变电阻，构成惠斯通检测电桥，并同时利用硅的弹性力学特性，在同一硅片上进行特殊的机械加工，制成集应力敏感与力电转换于一体的力学量传感器，称为压阻式传感器。

学习目标

1）能简述什么是压阻效应，知道压阻式传感器的特性。

2）能根据现场任务选择合适的压阻元件进行测量。

3）能够描述压阻式传感器在各领域的广泛应用。

建议课时

2 学时

知 识 点

一、压阻效应及其应用

硅作为一种优良的半导体材料，已广泛应用于各种半导体器件中。硅有很好的机械特性，例如，硅单晶的断裂强度比不锈钢高，弹性模量与不锈钢接近，强度、硬度和杨氏模量与铁相当，密度类似铝，热传导率与钼和钨接近，谐振频率高、工作频带宽、响应时间短、敏感区间小，空间解析度高；硅还具有多种优异的传感特性，如压阻效应、霍尔效应等。硅既有足够的机械强度，又有良好的电性能，便于实现机电器件的集成化。

随着科技的进步和工业的发展，传感器早已无声无息地走入了人们的生活和生产当中。在传感器这个庞大的家族中，压阻式传感器应用更加广泛，压阻式传感器广泛地应用于航天、航空、航海、石油化工、动力机械、生物医学工程、气象、地质、地震测量等各个领域。

二、半导体应变片

半导体应变片是将半导体材料硅或锗的晶体按一定方向切割成片状小条，经腐蚀压焊粘贴在基片上而制成的，其结构如图 3-54 所示 。

半导体应变片具有灵敏度高、体积小、耗电省、机械滞后小、阻值范围大、横向效应小、可测量静态应变和低频应变等特点。

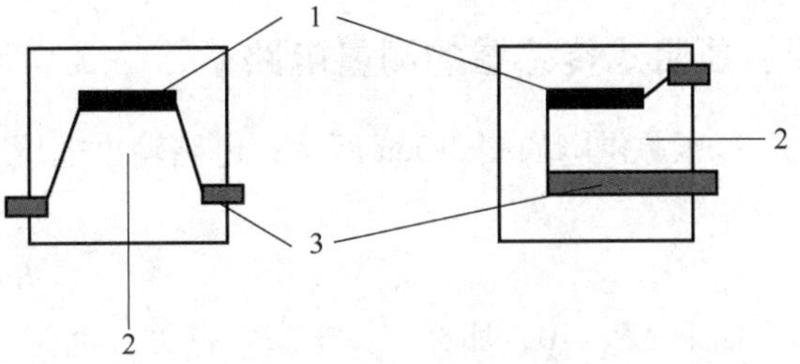

图 3-54　半导体应变片的结构

1—半导体条　2—基片　3—引出电极

三、压阻式传感器

压阻式压力传感器也称扩散型压阻式传感器。图 3-55 所示为扩散型压阻式传感器结构及其等效电路图。传感器的核心部分是硅膜片，其形状像一个杯子，故名硅杯。在硅膜片上，用半导体扩散掺杂法做成四个相等的电阻，经蒸镀金属电极及连线，接成电桥形式，用引线引出。硅膜片的上下两侧有两个压力腔，一侧是和被测系统相连接的高压腔，另一侧是低压腔，通常和大气相连，也有做成真空的。当硅膜片两侧存在压力差时，硅膜片发生变形而产生应变，从而使扩散电阻的阻值发生变化，电桥失去平衡，输出相对应的电压，其大小就反映了硅膜片所受压力差值。设计时适当安排扩散电阻的位置，可以组成差动电桥，即等效电路中相邻桥臂的应变大小相等且方向相反（图中的$+\Delta R$和$-\Delta R$）。

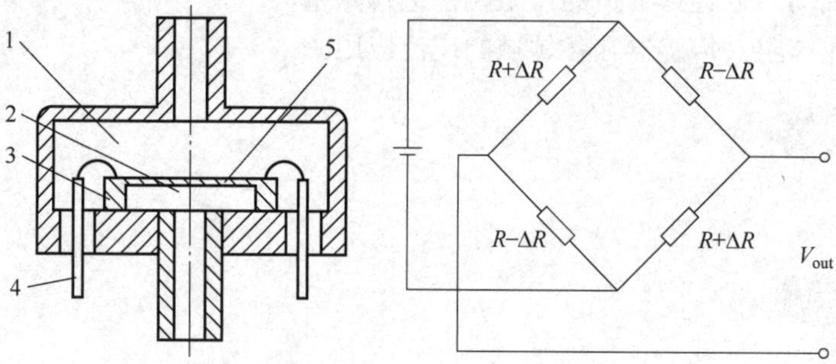

图 3-55 扩散型压阻式传感器结构及其等效电路图

1—低压腔 2—高压腔 3—硅杯 4—引线 5—硅膜片

压阻式传感器的特点如下。

1. 优点

1）频率响应范围宽，固有频率很高。

2）体积小，可微型化。因采用集成电路工艺，硅膜片等敏感元件可做得很小。

3）准确度高。由于不存在传动机构，消除了一般压力传感器中金属膜片或应变片粘贴产生的误差。

4）灵敏度高。

5）由于压阻式传感器无活动部件，所以它工作可靠，耐振、耐冲击、耐腐蚀、抗干扰能力强，可以在恶劣环境下工作。

2. 缺点

1）受半导体材料特性的影响，在温度变化大的环境中使用时，必须进行温度补偿。

2）制作工艺复杂，成本较高。

四、压阻式传感器的测量电路

恒压源供电如图 3-56a 所示，电路输出电压 U_{SC} 为

$$U_{SC}=U\frac{\Delta R}{R+\Delta R_T}$$

如果 $\Delta R_T\neq 0$，那么 U_{SC} 与 ΔR_T 有关，也就是说与温度有关，而且与温度的关系是非线性的，所以用恒压源供电时，不能消除温度影响。

恒流源供电如图 3-56b 所示，电路输出电压 U_{SC} 为

$$U_{SC}=I\Delta R$$

电桥的输出与电阻的变化量成正比，即与被测量成正比，当然也与电源电流成正比，即输出电压与恒流源的供电电流大小和精度有关，不受温度的影响，这是恒流源供电的优点。

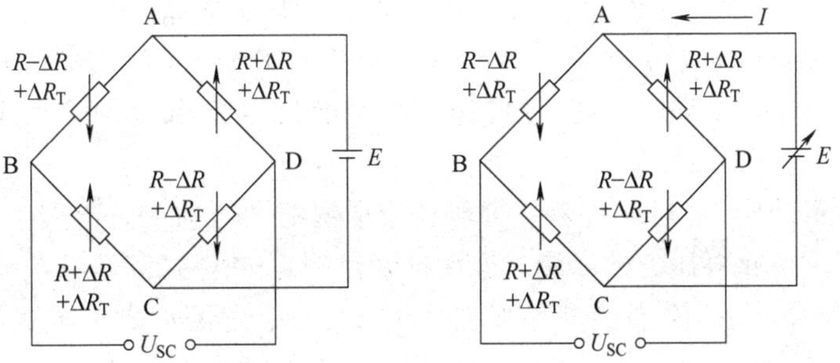

a) 恒压源供电　　b) 恒流源供电

图 3-56　压阻式传感器的测量电路

五、压阻式传感器的应用实例

压阻式加速度传感器如图 3-57 所示。它的应变梁直接用单晶硅制成，四个扩散电阻扩散在其根部两面。

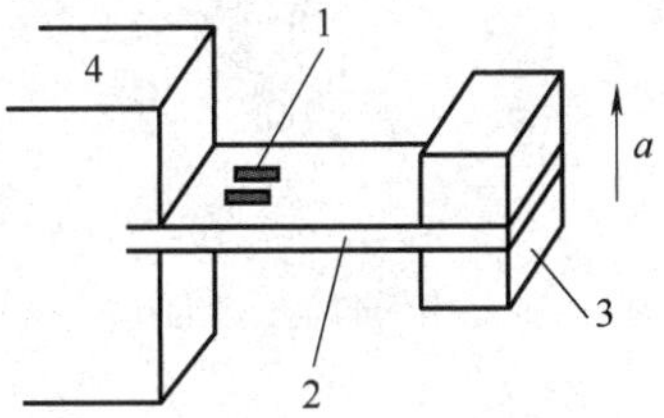

图 3-57　压阻式加速度传感器

1—扩散电阻　2—应变梁　3—质量块　4—基座

在实际使用中需解决温度补偿问题。由于制造、温度影响等原因，电桥存在失调、零位温漂、灵敏度温度系数和非线性等问题，影响传感器的准确性。补偿误差常用的措施有恒流源供电电桥、零点温度补偿、灵敏度温度补偿等。

知识链接

集成传感器

集成传感器是采用专门的设计与集成工艺，把构成传感器的敏感元件、晶体管、二极管、电阻、电容等基本元器件，制作在一个芯片上，能完成信号检测及信号处理的集成电路。因此，集成传感器亦称作传感器集成电路。

与传统的由分立元器件构成的传感器相比，集成传感器具有功能强、精度高、响应速度快、体积小、微功耗、价格低、适合远距离信号传输等特点。集成传感器的外围电路简单，具有很高的性价比，为实现测控系统的优化设计创造了有利条件。单片集成化硅压力传感器是采用硅半导体材料制成的，内部除传感器单元外，还增加了信号调理、温度补偿和压力修正电路。

单片集成化硅压力传感器主要有 MPX2100、MPX4100A、MPX5100 和 MPX5700 系列，MPX4100A 系列的外观和内部结构分别如图 3-58 和图 3-59 所示。它们的性能特点主要有以下几个方面：

1）内部有压力信号调理器、薄膜温度补偿器和压力修正电路，利用温度补偿器可消除温度变化对压力的影响，温度补偿范围是-40~1250℃。

2）传感器的输出电压与被测绝对压力成正比，适配带 A/D 转换器的微控制器，构成压力检测系统，还可构成 LED 显示压力计或压力调节系统。

3）采用显微机械加工、激光修正等先进技术和薄膜电镀工艺，具有测量精度高、预热时间短、响应速度快、长期稳定性好、可靠性高、过载能力强等优点。

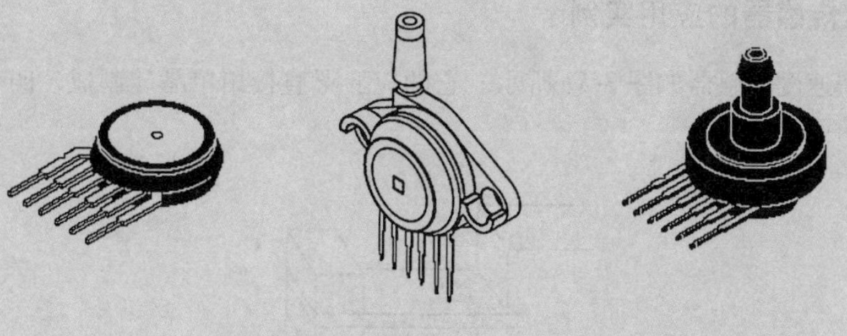

图 3-58　MPX4100A 系列的外形

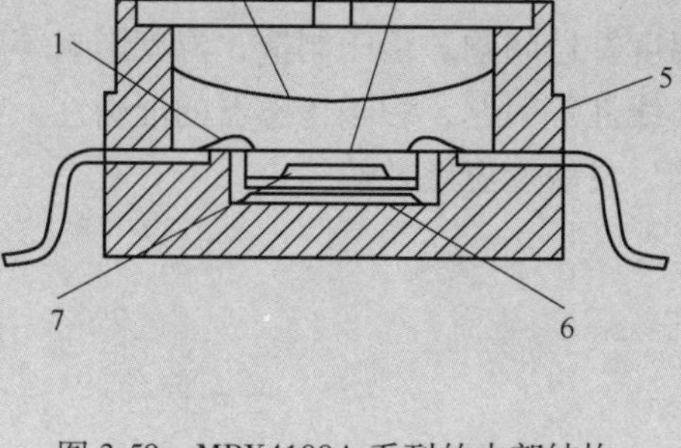

图 3-59　MPX4100A 系列的内部结构

1—引线　2—氟硅脂凝胶体膜　3—管芯　4—不锈钢帽　5—热塑壳体

6—基座　7—密封真空室（参考压力）

单元小结

压阻式传感器广泛地应用于航天、航空、航海、石油化工、动力机械、生物医学工程、气象、地质、地震测量等各个领域。在航天和航空工业中，压力是一个关键参数，对静态和动态压力、局部压力和整个压力场的测量都要求很高的精度，压阻式传感器是较理想的传感器。例如，用于测量直升飞机机翼的气流压力分布，测试发动机进气口的动态畸变、叶栅的脉动压力和机翼的抖动等；在飞机喷气发动机中心压力的测量中，使用专门设计的硅压力传感器，其工作温度达500℃以上；在波音客机的大气数据测量系统中，采用了精度高达0.05%的配套硅压力传感器；在尺寸缩小的风洞模型试验中，压阻式传感器能密集安装在风洞进口处和发动机进气管道模型中，单个传感器直径仅2.36mm，固有频率高达300kHz，非线性和滞后均为全量程的±0.22%；在生物医学方面，压阻式传感器也是理想的检测工具，已制成扩散硅膜薄到10μm、外径仅0.5mm的注射针型压阻式压力传感器和能测量心血管、颅内、尿道、子宫和眼球内压力的传感器。

力传感器

压阻式传感器还用于爆炸压力和冲击波的测量、真空测量、汽车发动机性能的监测和控制以及枪炮膛内压力、发射冲击波等兵器方面的测量。此外，在油井压力测量、随钻测向和测位地下密封电缆故障点以及流量和液位测量等方面广泛运用。随着微电子技术和计算机的进一步发展，压阻式传感器的应用还将迅速发展。

模块总结

力传感器是将各种力学量转为电信号的器件，广泛应用于测力和称重。如能将其他物理量转换成机械形变，力传感器的应用范围将大大扩展，如水位测量、血压测量、加速度测量、水平度测量等。

常用的力传感器有电阻应变式传感器、压电式传感器、电容式传感器、电感式传感器、压阻式传感器等。电阻应变式传感器简单可靠、性能稳定，但测量电路较复杂；压电式传感器灵敏度高、量程大、电路简单，一般用于测量动态力；电容式传感器结构紧凑、精度高、调整方便，近年得到迅速发展；电感式传感器大都采用变隙式结构，与弹性敏感元件组合构成力传感器，电感式传感器简单可靠、分辨率高，但测量范围较小，其中差动变压器式传感器有比较广泛的应用；压阻式传感器灵敏系数比金属应变式传感器高得多，而且体积小、重量轻、频率响应范围宽、使用寿命长，使用时一般需要温度补偿，广泛地应用于航天、航空、航海、石油化工、动力机械、生物医学工程、气象、地质、地震测量等各个领域。

常用的力传感器见表3-3。

表3-3　常用的力传感器

传感器类型	结构原理	特点	主要应用
陶瓷型	材料的压电效应	频带宽、灵敏度和信噪比高、结构简单、只能测动态力	测量力、加速度、切削力、振动报警等

（续）

传感器类型	结构原理	特点	主要应用
应变式	金属或半导体的电阻应变效应	分辨率高、测量范围大、误差小，可测量静态、动态力	称重、应力测量、拉伸和冲击力测试等
压阻式	半导体电阻应变效应、集成电路工艺	易于小型化，适于动态压力测量	气流模型试验、爆炸压力测试、发动机动态测量
电感式	变磁阻式电感	结构简单、灵敏度高、线性度和重复性好、频率响应差	测量力、张力、差压、加速度、振动、应变等
电容式	变极距式单电容或差动电容	可测量静态、动态压力，灵敏度和分辨率高、线性度好、负载能力差	传声器、听诊器、差压测量、微压测量
谐振型	元件振动频率随被测量变化而改变，输出频率信号	体积小、分辨率高、精度高、便于数据传输处理和存储	测量压力、转矩、密度、加速度等

模块测试

3-1 什么是应变效应？

3-2 何谓电阻应变式传感器？

3-3 应变片为什么要进行温度补偿？

3-4 弹性敏感元件的作用是什么？常见的弹性敏感元件有什么形式？

3-5 什么是压电效应？以石英晶体为例说明压电晶体是怎样产生压电效应的。

3-6 常用的压电材料有哪些？各有什么特点？

3-7 为什么说压电式传感器只适用于动态测量而不能用于静态测量？

3-8 压电式传感器输出信号的特点是什么？它对放大器有什么要求？放大器有哪两种类型？

3-9 试述压电式加速度传感器的工作原理。

3-10 根据电容式传感器的结构，说明电容式压力传感器如何测量压力？

3-11 电感式传感器有哪些结构类型？它们各有什么特点？能够测量哪些物理量？

3-12 什么是差动变压器的零点残余电压？简要说明产生零点残余电压的原因及减小残余电压的方法。

3-13 什么是压阻效应？简述集成传感器的结构特点和应用领域。

模块四　物位和流量传感器

模块引入

物位、流量、温度和压力被称作自动化生产过程中的“四大参数”。固体料位、液体液位和流量的检测被广泛地应用在工农业生产、国防建设和科学研究等领域中。目前，国内外采用电子化和数字化的自动化检测技术和手段，进一步提高了固体料位、液体液位和流量检测的准确性，在各个领域中发挥着愈来愈重要的作用。随着科学技术的不断发展，新的检测技术不断涌现，固体料位、液体液位和流量的检测技术将趋向智能化。

本模块主要介绍常用的液位与流量传感器的有关知识，使学生掌握工业生产中液位和流量传感器的安装、调试和维修的基本技能。

液位检测

流量检测

单元一　电容式液位计

单元引入

电容式液位计是将被测量对象位置的变化转换成电容量的一种装置，电容式液位计具有结构简单、分辨率高、工作可靠、动态响应快、可非接触测量，并能在高温、辐射和强烈振动等恶劣条件下工作等优点，已在工农业生产的各种领域得到一定的应用。

学习目标

1）熟悉电容式液位计的转换元件和测量电路。

2）了解电容式液位计的结构、工作原理和特点。

3）查询或读懂电容式液位计的使用说明书。

建议课时

2 学时

知识点

根据平板电容器的基本原理可知，电容量公式为

$$C=\frac{\varepsilon_r\varepsilon_0 A}{\delta} \tag{4-1}$$

式中 A——两极板相互遮盖面积，单位为 m^2；

δ——两极板间距离，单位为 m；

ε_r——两极板间介质的相对介电常数，常用介质的相对介电常数见表 4-1；

ε_0——两极板间真空介质的介电常数，$\varepsilon_0=8.85\times10^{-12}$ F/m。

表 4-1 常用介质的相对介电常数

介质	相对介电常数/(F/m)	介质	相对介电常数/(F/m)
水	80	水泥	1.5~2.5
甲醇	33.7	干砂	2.5
煤油	2.8	洗衣粉	1.2~2.5
矿物油	2.1	纯白糖	3
油	4.6	食盐	7.5
丙酮	20	碳酸钙	8.3~8.8
苯	2.3	聚苯乙烯	2.4~2.6
油漆	3.5	橡胶	2~3

电容式液位计通过测量电容的变化来测量液面的高低。电容式液位计将一根金属棒插入盛液容器内，金属棒作为电容的一个极，金属容器壁作为电容的另一极，两电极间的介质即为液体或空气。由于液体的介电常数 ε_r 和液面上物质（如空气）介电常数 ε_0 不同，则当液位升高时，电容式液位计两电极间总的介电常数值随之加大因而电容量 C 增大。反之电容量 C 减小。

一、电容式液位计的结构

电容式液位计一般由传感器、变送器以及其他辅助设备组成，其典型应用是利用连通器原理将待测设备中的介质引入测量表筒，而传感器位于测量表筒的中心位置，液体的流入或液面的变化引起传感器内电极与测量表筒内壁之间的介电常数发生变化，从而引起电容量的变化。传感器将此电容量的变化采集并送至变送器，转换成 4~20mA 信号输出，此时被测出的测量表筒内的介质高度就是设备内介质的高度，从而实现对设备内介质液位的测量。

电容式液位计的外形结构如图 4-1a 所示，电容式液位计由于使用场合及参数的不同，其结构会有所差异，但总体结构分为两大部分，即传感器部分和变送器部分。如图 4-1b 所示，传感器 1 直接探入容器设备或测量表筒的被测介质中；液位计的气相连接法兰 2 和液相连接法兰 3 用于设备法兰对接，引出设备内的液体与压力到测量表筒；液位计测量表筒 4 可与传感器电极之间形成电容；排污法兰 5 可定期将液位计内污物对外排放，保持液位计测量表筒内清洁干净，避免传感器粘附污物；变送器 6 是电容量到标准电流信号的转换装置，是整个液位计的中枢部分，其主要作用是接收传感器送出的因液位变换而引起的电容变化量，然后经过转换，输出 DC 4~20mA 标准电流信号。

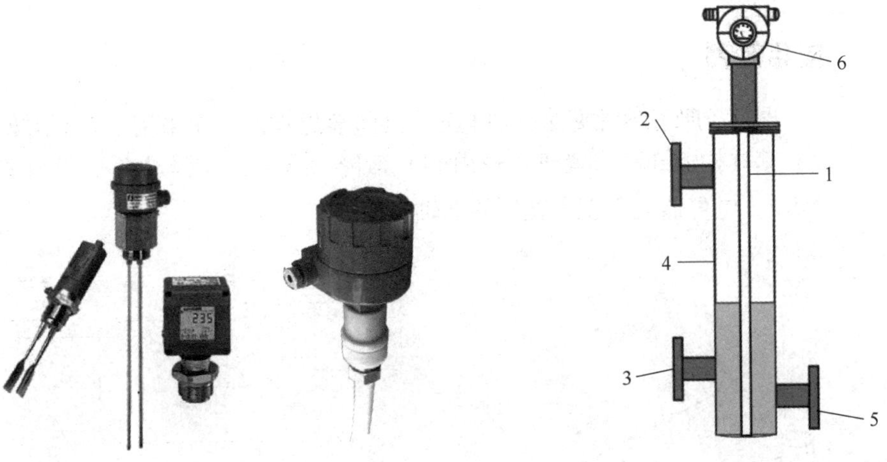

a) 外形结构　　b) 测量示意图

图 4-1　电容式液位计

1—传感器　2—气相连接法兰　3—液相连接法兰　4—液位计测量表筒　5—排污法兰　6—变送器

二、电容式液位计的工作原理

电容式液位计是通过测量电容量的变化来测量液面的高低的，一根金属棒刺进盛液体的容器内，金属棒作为电容的一个极，容器壁作为电容的另一极，两电极间的介质即为液体及其上面的气体。由于液体的介电常数 ε_1 和液面上的介电常数 ε_0 不同，比如 $\varepsilon_1>\varepsilon_0$，则当液位升高时，电容式液位计两电极间总的介电常数值随之加大，因此电容量增大；反之，当液位下降时，ε 值减小，电容量也减小。所以，电容式液位计可通过两电极间的电容量的变化来测量液位的变化。电容式液位计的灵敏度取决于两种介电常数的差值，只要 ε_1 和 ε_0 的值稳定，就能保证液位测量准确。因被测介质具有导电性，所以金属棒电极都有绝缘层覆盖。电容式液位计体积小、结构简单、适合远距离传输和调度，适用于具有腐蚀性和高压介质的液位测量。

图 4-2 所示为电容式液位计的原理图。其中图 4-2a 所示为测量非导电液体液位的同轴非金属管式液位计，当被测绝缘液体的液面在两个电极间上下变化时，会引起两电极间不同介电常数介质（上面为空气，下面为液体）的高度变化，从而导致总电容量的变化。如图 4-2b 所示，当被测介质是导电液体时，内电极应采用金属管外套聚四氟乙烯套管式电极，外电极就是容器内的导电介质本身，这时内外电极的极距只是聚四氟乙烯套管的壁厚。

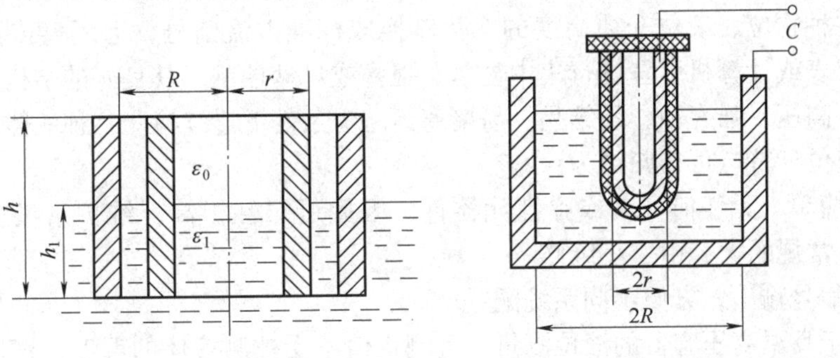

a) 同轴双金属管式液位计　　b) 金属管外套聚四氟乙烯套管式液位计

图 4-2　电容式液位计的原理图

应用案例

图 4-3 所示为常见的一种电容式油量表原理图。它采用了自动电桥平衡电路。基本构成部件有置于油箱内的电容传感器 C_x、交流电桥、平衡调节电位器 RP、电位器与刻度盘指针的同轴连接器。

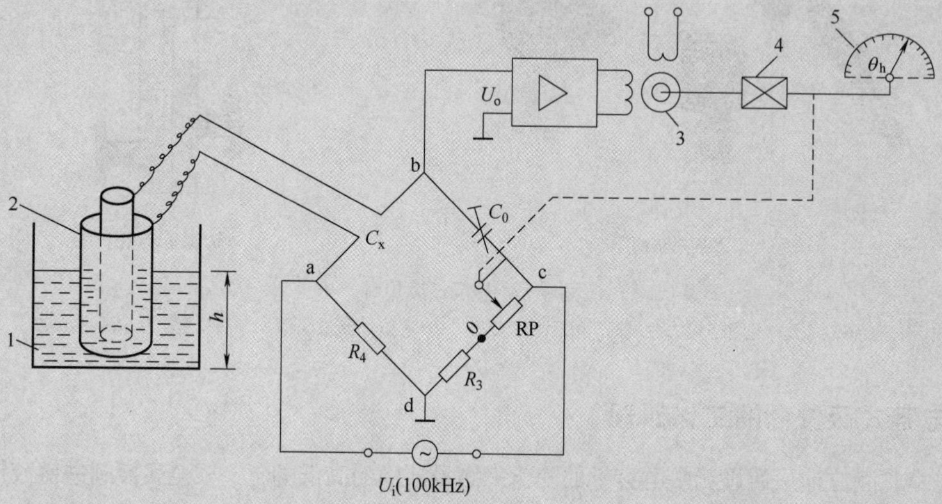

图 4-3　电容式油量表原理图

1—油箱　2—电容式传感器　3—伺服电动机　4—同轴连接器　5—刻度盘

当油箱中注满油时，液位上升，指针停留在转角为 θ_m 处。当油箱中的油位降低时，电容传感器的电容量 C_x 减小，电桥失去平衡，伺服电动机反转，指针逆时针偏转（示值减小），同时带动 RP 的滑动臂移动。当 RP 阻值达到一定值时，电桥又达到新的平衡状态，伺服电动机停转，指针停留在新的位置（θ_x 处）。

三、电容式液位计的特点

电容式液位计是依据电容感应原理制成的，当被测介质的高度变化时，引起其电容变化。它可将各种物位、液位介质高度的变化转换成标准电流信号，远距离传输至操作控制室，供二次仪表或计算机装置进行集中显示、报警或自动控制。其良好的结构及安装方式可适用于高温、高压、强腐蚀、易结晶、易堵塞等恶劣条件下连续检测各种液体。

电容式液位计特点可以归纳为：

1）结构简单，无任何可动或弹性元器件，因此可靠性极高，维护量极少。一般情况下，不必进行常规的大、中、小维修。

2）多种信号输出，方便不同系统配置。

3）适用于高温高压容器的液位测量，且测量值不受被测液体的温度、密度及容器的形状、压力的影响。

4）特别适用于酸、碱等强腐蚀性液体的测量。

5）完善的过电流、过电压和电源极性保护。

单元小结

电容式液位计从根本上处理了温度、湿度、压力、物质的导电性等因素对测量进程的影响，因而具有极高的抗干扰性和可靠性。电容式液位计可以测量强腐蚀性的液体，如酸、碱、盐、污水等，也可测量高温、高压介质，测量温度范围为-40~600℃，测量压力范围为-0.1~4.0MPa。

由此可见，电容式液位计可测量强腐蚀性介质的液位，测量高温介质的液位，测量密封容器的液位，与介质的黏度、密度、工作压力无关。单个智能一体化电容式液位计还具有两点现场标定功能，为用户轻松便捷地使用电容式液位计提供了方便。

单元二　超声波传感器

单元引入

超声波传感器是将超声波信号转换成其他能量信号（通常是电信号）的传感器。超声波对液体、固体的穿透能力很强，尤其是在不透明的固体中，超声波碰到杂质或分界面会产生显著的反射，形成反射回波，碰到活动物体能产生多普勒效应。

学习目标

1）了解超声波及超声波检测液位的原理。

2）掌握超声波传感器的转换元件、测距原理、性能指标及其主要应用。

3）查询或读懂超声波传感器使用说明书。

建议课时

2 学时

知识点

一、超声波及超声波检测液位的原理

1. 超声波

声波是指人耳能感受到的一种纵波，其频率范围为16~20kHz。当声波的频率低于16Hz时称为次声波，高于20kHz则称为超声波。一般把频率在20kHz~25MHz范围的声波称为超声波。超声波是一种机械波。

超声波的频率越高，声场的方向性越好，能量越集中，声波越接近光波的某些特性（如反射、折射等）。如图4-4所示，超声波向两个不同的介质传播，当入射波以α角从第一

种界面传播到第二种介质时，在介质分界面会有部分能量反射回原介质中，称为反射波；剩余的能量透过介质分界面在第二种介质内继续传播，称为折射波。纵波、横波、表面波及兰姆波的传播速度取决于介质的弹性常数和介质密度，同种介质不同波形或同一波形不同介质，其传播速度都是不相同。

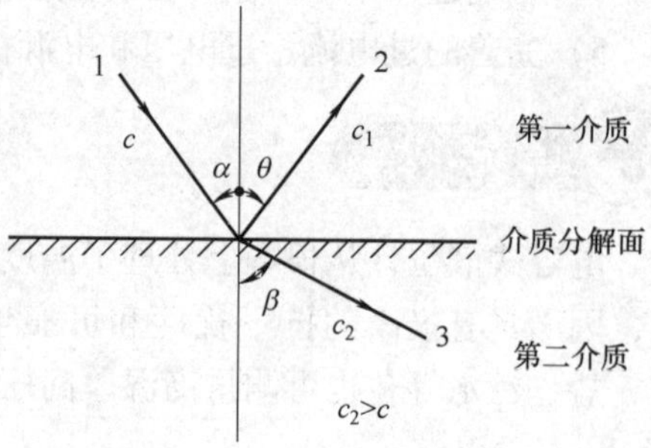

图 4-4 超声波的反射与折射
1—入射波 2—反射波 3—折射波

入射角 α 的正弦与反射角 θ 的正弦之比等于入射波所处介质的波速 c 与反射波所处介质的波速 c_1 之比，称为反射定律。入射角 α 的正弦与折射角 β 的正弦之比等于入射波所处介质的波速 c 与反射波所处介质的波速 c_2 之比，称为折射定律。当超声波从第一个介质垂直入射到第二个介质时，透射声压与入射声压之比称为透射率，而反射声压与入射声压之比，称为反射率。声压可以理解为由于声波的作用而产生的压强。当入射波和反射波的波形、波速一样时，入射角等于反射角。超声波从密度小的介质入射到密度大的介质时，透射率和反射率都较大。

超声波形主要分为纵波、横波、表面波、兰姆波四种。波源质点的振动方向与波的传播方向一致的波称为纵波；波源质点的振动方向垂直于波的传播方向的波称为横波；波源质点的振动介于纵波和横波之间且沿着表面传播，随着深度的增加振幅迅速衰减的波称为表面波；质点以纵波分量或横波分量形式振动，以特定频率被封闭在特定有限空间时产生的制导波称为兰姆波。横波、表面波和兰姆波只能在固体中传播，纵波可以在固体、液体和气体中传播。

超声波在介质中传播时，由于声波的散射或漫射及吸收等原因，会导致能量的衰减。其衰减程度与声频和介质密度有关，声频越高而介质密度越小，衰减程度越大。

2. 超声波检测液位的原理

在实际应用中，当超声波发射器与接收器分别置于被测物两侧时，这种类型称为透射型，当超声波发射器与接收器分别置于被测物同侧时，这种类型称为反射型。超声波具有波长短、绕射现象小、方向性强和在液体、固体中衰减小、穿透本领大等优点，被广泛应用于检测物距、厚度、探伤、流量等领域中。

超声波检测液位的方式有气介式和液介式等不同方法，如图 4-5a、b 所示。图 4-5d 为气介式液位测量原理图，4 为反射小板，其作用是消除波速随温度变化而造成的测量误差，5 为超声波液位变送器，其外形如图 4-5c 所示。使用超声波探头测量液位时，可在液罐上方安装空气传导型超声发射器和接收器，根据超声波的往返时间，就可测得液体的液面。

二、超声波传感器

1. 超声波转换元件

超声波传感器是利用超声波的特性研制而成的传感器。超声波是一种振动频率高于声波的机械波，由换能芯片在电压的激励下发生振动而产生的，它具有频率高、波长短、绕射现象小，特别是方向性好、能够成为射线而定向传播等特点。超声波对液体、固体的穿透本领

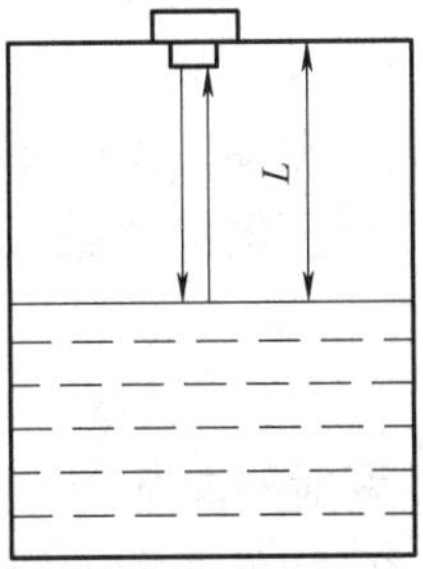

a) 气介式

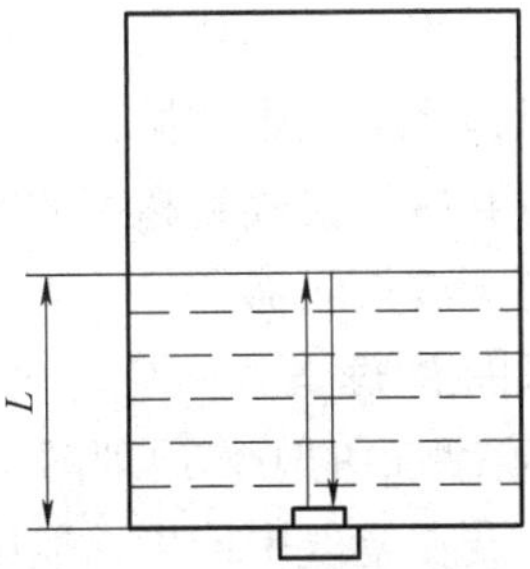

b) 液介式

c) 超声波液位变送器外形

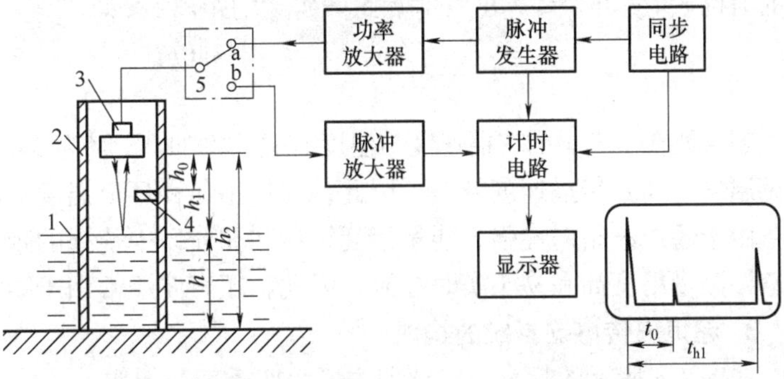

d) 气介式液位测量原理图

图 4-5　超声波液位检测

1—液面　2—隔离管壁　3—超声探头　4—反射小板　5—超声波液位变送器

很大，尤其是在不透明的固体中，它可穿透几十米的深度。超声波碰到杂质或分界面会产生显著的反射，形成反射回波，碰到活动物体能产生多普勒效应，因此超声波检测广泛应用在工业、国防、生物医学等领域。

以超声波作为检测手段，必须产生超声波和接收超声波，完成这种功能的装置就是超声波传感器转换元件，习惯上称为超声波探头或换能器。它可以分直探头（纵波）、斜探头（横波）、表面波探头（表面波）、兰姆波探头（兰姆波）和双探头（一个探头发射、一个探头接收）。图 4-6 所示是各种压电式超声波传感器的转换元件。

图 4-6　各种压电式超声波传感器的转换元件

超声波由换能器（交变电能和机械能相互转换）产生的，换能器有压电式、磁致伸缩式、电磁式等类型。此处仅以压电式换能器为例说明其工作原理。

压电式换能器是利用压电晶体的谐振来工作的，超声波发生器内部结构由并联的两个压电晶片和一个共振板组成，当压电晶片的两个电极外加脉冲信号，且其频率等于压电芯片的固有振荡频率时，压电晶片将会发生共振，并带动共振板振动，产生超声波。反之，如果两电电极间未外加电压，当共振板接收到超声波时，将压迫压电晶片做振动，将机械能转换为电信号，这时它就成为超声波接收器了。

2. 超声波传感器的测距原理

图 4-7 是超声波传感器测距的工作原理图。超声波发射器向某一方向发射超声波，在发射的同时开始计时，超声波在空气中传播，途中碰到障碍物就立即返回来，超声波接收器收到反射波就立即停止计时。超声波在空气中的传播速度，一般约为 340m/s。根据计时器记录的时间 t，就可以计算出发射点距障碍物的距离 s，即

$$s=\frac{340t}{2} \tag{4-2}$$

超声波在空气中的传播速度与温度有关，例如 0℃时为 331. 36m/s，20℃时为 343. 38m/s，可见温度越高其传播速度越快。因此，要校正各种环境温度下测距的误差值。

由于超声波指向性强、能量消耗缓慢和在介质中传播的距离较远，而且超声波检测比较迅速、测量精度高和易于实时控制，因此，超声波经常用于距离的测量。

3. 超声波传感器系统的构成

如图 4-8 所示的超声波传感器主要由四个部分构成。

（1）发射器　通过振子（一般为陶瓷制品，直径约为 15mm）振动产生超声波并向空中发射。

（2）接收器　振子接收到超声波时，发生相应的机械振动，并将其转换为电信号输出。

（3）控制部分　通过集成电路控制发送器的超声波发送，并判断接收器是否接收到信号（超声波），以及已接收信号的大小。

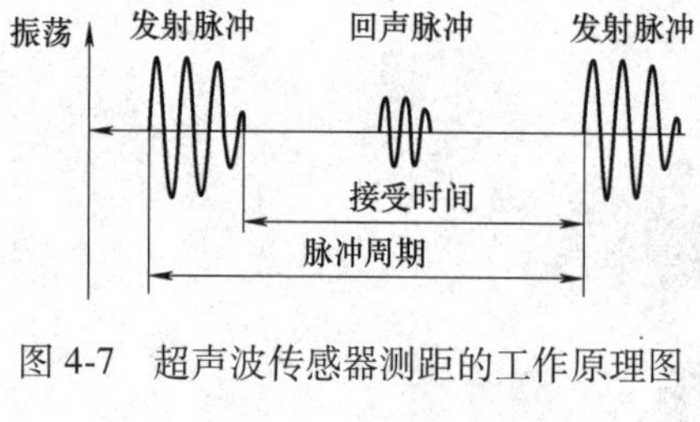

图 4-7　超声波传感器测距的工作原理图

图 4-8　超声波传感器

（4）电源部分　超声波传感器通常采用电压为 12V ± 10 % 或 24V ± 10 %外部直流电源供电，经内部稳压电路供给传感器工作。

处理单元、输出电路组成了超声波传感器的测量电路。处理单元控制超声波信号的发送和接收、串行数据发送、计算测距的数值和温度校正；输出电路对物体反射超声波的回波信号进行放大、整形和输出数据。超声波传感器的显示仪表一般由 LED 数字电路组成，能直

接显示被测距离。图 4-9 所示为超声波传感器系统，由换能器、处理单元、输出级、显示器构成。

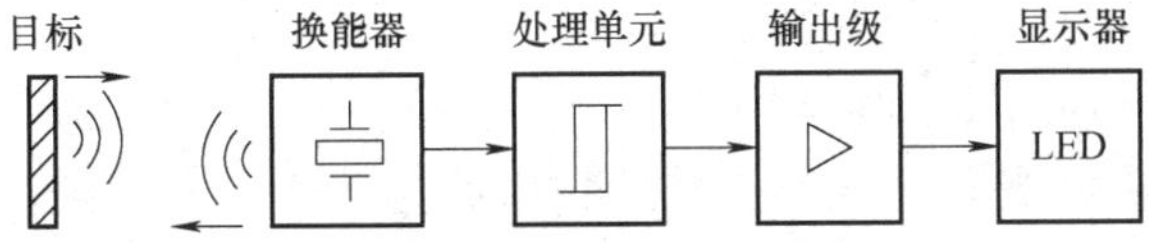

图 4-9　超声波传感器系统

4. 超声波传感器的主要性能指标

（1）工作频率　工作频率就是压电晶片的共振频率。当加到压电晶片两端的交流电压的频率和压电晶片的共振频率相等时，输出的能量最大，灵敏度也最高。

（2）工作温度　由于压电材料的居里点一般比较高，特别是诊断用的超声波探头的使用功率较小，所以工作温度比较低，可以长时间工作而不产生失效。医疗用的超声探头的温度比较高，需要单独的制冷设备。

（3）灵敏度　主要取决于制造芯片本身。机电耦合系数大，灵敏度高；反之，灵敏度低。

5. 超声波传感器的应用

超声波传感器应用在生产实践的不同领域。在医学上，超声波的应用主要是诊断疾病，它已经成为了临床医学中不可缺少的诊断方法。超声波诊断的优点是对受检者无痛苦、无损害、方法简便、显像清晰、诊断的准确率高等，因而推广容易，受到医务工作者和患者的欢迎。超声波诊断是利用超声波的反射及折射原理。当超声波在体内遇到界面时，会发生反射及折射，并且在人体组织中可能因被吸收而衰减。因为人体各种组织的形态与结构是不相同的，因此其反射、折射以及吸收超声波的程度也就不同，医生们正是通过仪器所反映出的波型、曲线或影象的特征来辨别它们。

在工业方面，超声波的典型应用是对金属的无损探伤和超声波测厚两种。过去，许多技术因为无法探测到物体组织内部而使发展受到阻碍，超声波传感技术的出现改变了这种状况。当然更多的超声波传感器是固定在不同的装置上，“悄无声息”地探测人们所需要的信号。在未来的应用中，超声波将与信息技术、新材料技术结合起来，会出现更多的智能化、高灵敏度的超声波传感器。

小知识

超声波传感器的典型应用

1. 超声波停车辅助系统

超声波停车辅助也被称为停车辅助系统、停车引导系统和倒车辅助。这些系统可实现从简单地检测周围物体并通过声音警示驾驶员，到几乎没有人为操作的自动停车。这些系统通常拥有 4~16 个传感器，巧妙地围绕车身安装，以提供所需的检测覆盖。

2. 踢脚开启后备箱

踢脚开启后备箱也称为智能后备箱开启系统。该功能使车主将脚放在后保险杠下方，无需使用双手，仅需踢脚动作就能打开汽车后备箱。

3. 距离 15cm 到 1m 的物体检测

近距离检测范围是使用超声波传感技术的挑战之一。超声波传感器精确检测近场物体的能力取决于传感器的质量和传感器的规格、驱动方法和设计以及接收路径（AFE 和数字处理）的性能。

4. 高空作业平台的防撞检测

可驾驶的高空作业平台在许多建筑工地变得越来越普及，这些平台可以大大方便高空作业的实施，有效提高生产效率。然而，由于碰撞引起的严重高空作业平台事故几乎每天都在发生，因此安全问题不容忽视。超声波传感器可以有效地保障这类设备的安全运行。

5. 用于喷雾喷嘴的超声波超感器

为了帮助树木保持最佳的生长状态，需要通过特殊的喷洒装置进行化学药品的喷洒。这些药品对于农民而言是高成本的，所以喷洒工作必须尽可能高效。使用超声波传感器检测树木间的间隙，一旦检测到间隙，喷洒过程会暂时停止，这样可以节省农药。

6. 垃圾收集车的控制

垃圾收集车辆通常需要在极端的温度、剧烈的颠簸和震动等恶劣的条件下工作。为了确保操作的可靠性，用于这些车辆上的超声波传感器必须非常的坚固可靠，保证安全操作。

7. 叉车托盘的检测

物流行业通常依赖于叉车可靠地运送重物到指定地点。超声波传感器在特定区域内监控叉车，确保其准确性和可靠性。超声波传感器可以检测到托盘是否已上叉车以及叉车托杆插入托盘底下的深度。

8. 印制电路板输送线

从智能手机和家用电器到我们所驾驶的车辆，印制电路板几乎是每个机器必不可少的设备。印制电路板是设备的核心，超声波传感器能帮助控制这些高度敏感的印制电路板的生产过程。

9. 饮料灌装机的饮料瓶记数

利用超声波传感器在几个关键节点对瓶子进行检测与计数，确保了连续的物流监控。对每只瓶进入与离开灌装系统都进行优化，并可靠地检测缺失的瓶子。即使在强烈的蒸汽领域，超声波传感器也能精准地确保饮料瓶的检测。

10. 闸机系统的车辆检测

在停车场和车库，入口使用闸机系统来控制。当有车辆在栏杆下面时，栏杆不能降下。超声波传感器特别适合控制这一过程，且检测目标物不会受车辆的型号或者颜色的影响，可以在栏杆的下方监测整个区域。

单元小结

随着科学技术的快速发展，超声波传感器将朝着更加高定位、高精度的方向发展，以满足日益发展的社会需求。未来的超声波传感器将与自动化、智能化接轨，与其他的传感器集成和融合，形成多个传感器数据融合技术。

单元三　差压式液位计

单元引入

差压式液位计是通过测量容器内两个不同点处的压力差来计算容器内物体液位（差压）的仪表。它是利用当容器内的液位改变时，由液柱产生的静压力也相应变化的原理而制成的，差压与液位成一一对应关系，知道了压差就可以求出液位高度。

学习目标

1）能描述压力式液位计和差压式液位计的测量方法。
2）了解差压式液位计测量时零点漂移的原理。
3）查询或读懂差压式液位计的使用说明书。

建议课时

2 学时

知识点

一、液位的测量

如图 4-10 所示，自动饮水茶炉采用玻璃管连通器构成直读式液位计指示锅炉内的水位，这种简单而廉价的液位测量方法，一般用于精确度要求不高的测量中，例如石油储罐和家用热水器等。但在精度要求高的液位测量中，需要根据容器的密封程度选用压力式液位计或差压式液位计来进行测量，下面介绍两种液位计测量液位的方法。

图 4-10　直读式液位计的应用

1. 压力式液位计

容器中盛有液体或固体物料时，物料对容器的底部或侧壁会产生一定的静压力。当液体的密度均匀或固体颗粒及物料的密度与疏密程度均匀时，此静压力与物料的部位高度成正比。

压力式液位计的原理以流体静力学为基础，如图 4-11 所示。它一般仅适用于敞口容器的液位测量。

压力传感器（仪表）通过导压管与容器底部相连，由传感器的压力示值可知液面高度，即

$$p=\rho gH \tag{4-3}$$

这种方法的缺点是当液体密度不均或变化时，会有测量误差。另外，当压力表与其取压点或取压点与被测液位的零位不在同一水平位置时，必须修正误差。

2. 差压式液位计

差压式液位计也是广泛应用的一种液位测量手段。因为在有压力的密闭容器中，液面上部空间的气体压力不一定是定值，所以用压力式液位计来测量液位时，其示值中将包含有气体压力值，即使液位不变，压力表示值也有可能变化，因而无法正确反映被测液位。为了消除气体压力变化的影响，需采用差压式液位计。差压式液位计原理示意图如图 4-12 所示。

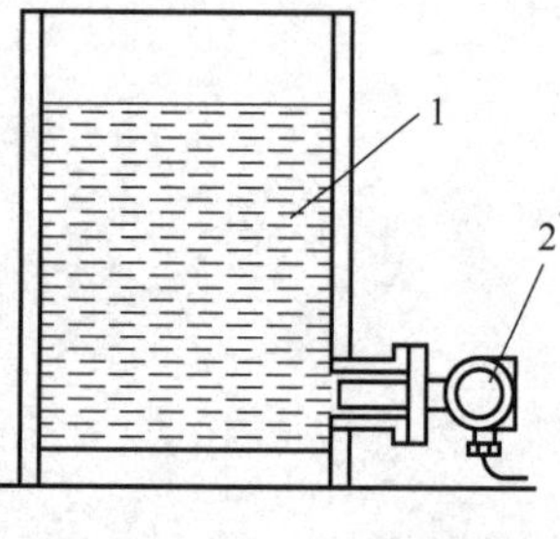

图 4-11 用压力传感器测量液位的原理图
1—液体 2—压力传感器

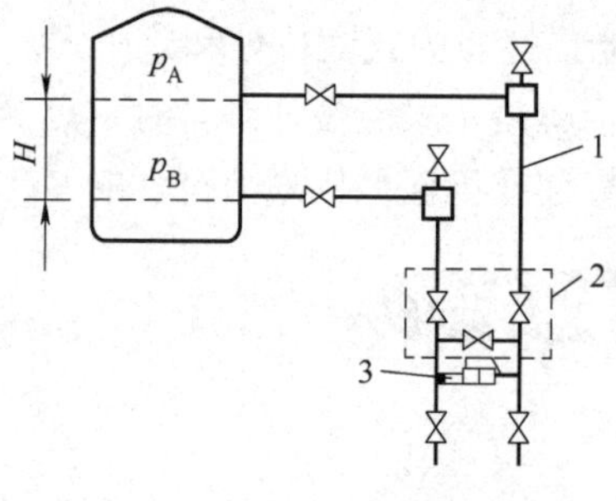

图 4-12 差压式液位计原理示意图
1—导压管 2—三阀组 3—差压传感器

差压式液位计是利用当容器内的液位改变时，由液柱高度产生的静压力也相应变化的原理而制成的。设 p_A 为密闭容器中的气体 A 点的静压力，p_B 为密闭容器中的液体 B 点的静压力，H 为液柱高度，ρ 为液体密度。根据流体静力学原理可知：A、B 两点的差压为

$$\Delta p=p_B-p_A=p_A+\rho gH-p_A=\rho gH \tag{4-4}$$

如果为敞口容器，则 p_A 为大气压，式（4-4）可变为

$$p=p_B=\rho gH \tag{4-5}$$

通常被测液体密度已知，即 ρ 为定值，因此只要测出 Δp 或 p 就可以知道密闭容器或敞口容器中的液位高度。各种压力计、差压计和差压变送器都可以用来测量液位的高度。

利用液柱产生的压力来测量液位的高度时，若采用图 4-13a 所示的无进水阀封闭容器，需要把低压端连通到容器的顶部。这时候要注意的是差压变送器的低压端需要设置排水阀。当低压端管路里面进水的时候，要先关闭隔离阀，然后打开排水阀排空里面的液体。因为如果气体管路里面有液柱，会影响测量结果。

若容器内的气体是水蒸气，由于水蒸气是可凝结气体，采用图 4-13a 所示的差压式液位

计会存在问题。这是因为水蒸气会在气体管路内凝结，慢慢形成液柱，而排水阀在测量的时候是要关闭的，因此需要改进为图 4-13b 所示的有进水阀液位计来对付可凝气体的情况。先向参考液柱内注满液体，然后将差压变送器的高压端接在参考液柱一侧。若水蒸气在测量管道内发生冷凝，凝结水会自动流回到容器。

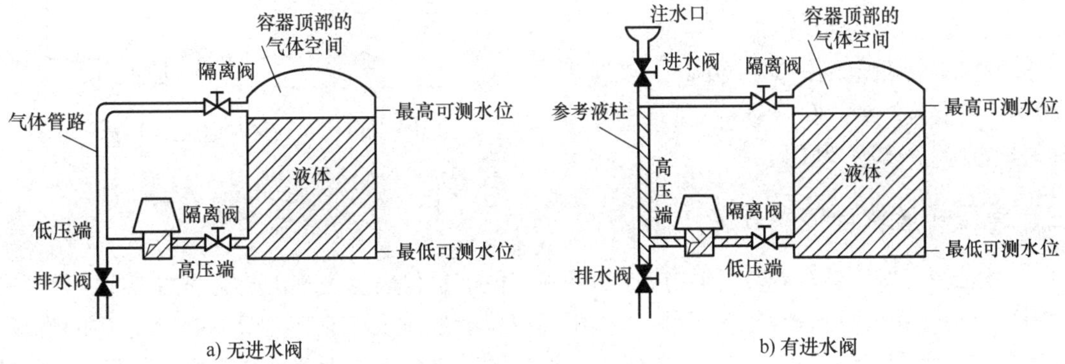

图 4-13　测量封闭容器的液位

二、液位测量时的零点漂移

用差压变送器测量液位时，由于差压变送器安装的位置不同，正压和负压导压管内充满了液体，这些液体会使差压变送器有一个固定的压差。当液位为零时，差压计指示值不在零点，而是一个正或负的指示偏差。为了指示正确，消除这个固定偏差，就把零点向下或向上移动，也就是进行“零点迁移”，这个压差值就称为迁移量。如果这个值为正，即为正迁移；如果为负，即为负迁移；如果为零，即为无迁移。

1. 正迁移

如图 4-14 所示，当差压变送器的正取压口低于液位零点时，需要零点正迁移。

2. 负迁移

如图 4-15 所示，当差压变送器的正取压口低于液位零点且导压管内有隔离液或冷凝液时，需要零点负迁移。

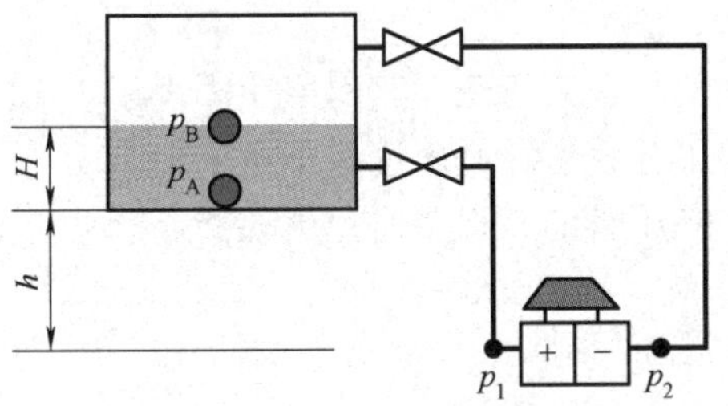

图 4-14　液位测量时零点正迁移

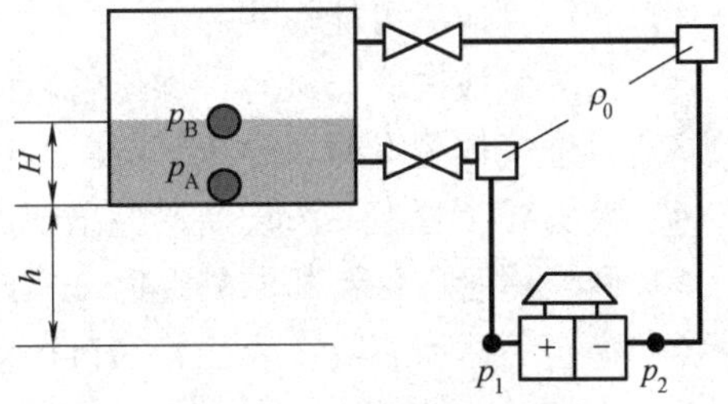

图 4-15　液位测量时零点负迁移

3. 无迁移

如图 4-16 所示，当差压变送器的正取压口和液位零点在同一水平位置时，不需要零点迁移，即无迁移。

所谓变送器的“迁移”是变送器在量程不变的情况下，将测量范围移动。通常将测量起点移到参考点“0”以下的，称为负迁移；将测量起点移到参考点“0”以上的，称为正迁移。以一台 30kPa 量程的差压变送器为例，无迁移时测量范围为 0~30kPa，正迁移 100%时测量范围为 30~60kPa，负迁移 100%时测量范围为-30~0kPa，负迁移 50%时测量范围为-15~15kPa。

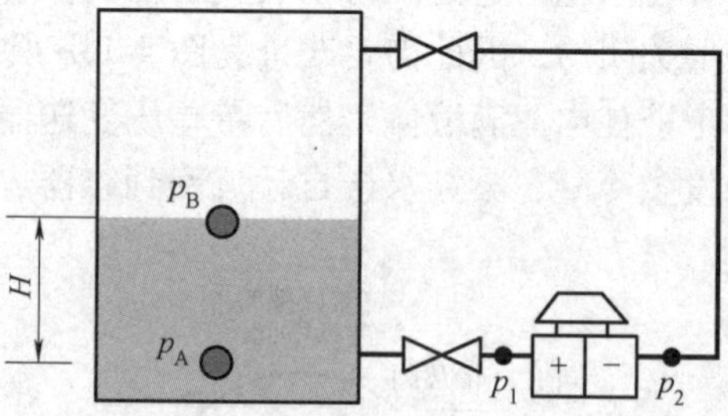

图 4-16 液位测量时零点无迁移

三、差压式液位计使用安装

差压式液位计是目前应用得最广泛的一种液位测量仪表。由于工艺流程的需要，以及有时为了节约导压管材料等经济上原因，差压式液位计经常安装在工作条件较为恶劣的现场。变送器和导压管安装的正确与否直接影响其测量的精确程度。因此，掌握变送器和导压管的正确安装是非常重要的。

1. 变送器安装时的注意事项

1）防爆变送器在安装时必须符合防爆规定。

2）被测介质不允许结冰，否则将损伤隔离膜片，导致变送器损坏。

3）应尽量安装在温度梯度和湿度变化小、无冲击和振动的地方。

2. 导压管安装位置

变送器在工艺管道上的安装位置与被测介质有关。为了获得最佳的安装，应注意考虑下面的情况：

1）防止变送器与腐蚀性或过热的被测介质直接接触。

2）要防止渣滓在导压管内沉积。

3）导压管要尽可能短。

4）两边导压管内的液柱压头应保持平衡。

5）导压管应安装在温度梯度和湿度波动小、无冲击和振动的地方。

3. 减少误差的方法

1）导压管应尽可能短些。

2）当测量液体或蒸汽时，导压管应向上连接到流程工艺管道，其斜度应不小于 1/12。

3）对于气体测量时，导压管应向下连接到流程工艺管道，其斜度应不小于 1/12。

4）液体导压管道的布设要避免出现高点，气体导压管的布设要避免出现低点。

5）两导压管应保持相同的温度。

6）为避免摩擦影响，导压管的口径应足够大。

7）充满液体的导压管中应无气体存在。

8）当使用隔离液时，两边导压管的液位要相同。

单元小结

容器中装有液体物料时，物料对容器底部或其侧壁会产生一定的静压力。当液体密度均匀时，静压力就与物料的液位高度成正比，测量该静压力的变化就能表示出液位的变化；当测量液面上的空间压力有波动的密闭容器液位时，则采用测压差的方法。我们将测压力和测压差的液位仪表总称为差压式液位计。差压式液位计进行测量时，测量的是静压或静压差，而不是动压。

利用差压法测量液位应用非常广泛。测量常压容器的液位时，差压式液位计的高压端接容器液相部分，低压端直接通大气；测量有压密闭容器内的液位时，差压式液位计高压端接容器液相部分，而低压端接容器气相部分。

单元四　流量传感器

单元引入

在工业生产过程中，液体的输送绝大部分是在管道中进行的，因此，本单元主要介绍用于检测管道流量的传感器。由于流量检测条件的多样性和复杂性，流量的检测方法非常多，是工业生产过程常见参数中检测方法最多的。据统计，全世界流量检测的方法至少有上百种，其中有十几种是工业生产和科学研究中常用的。

学习目标

1）能描述流量和流量检测的意义。

2）掌握液体流量的常用检测方法。

3）了解各种流量计的测量原理。

建议课时

2 学时

知识点

一、流量和流量检测的意义

1. 流量

流量是指流体在单位时间内通过某一截面的体积数或质量数，分别称为体积流量和质量流量。因为是单位时间流量，故又称为瞬时流量。若将瞬时流量对时间进行积分，求出累计体积或阶级质量的总和，称为累计流量，也称为总量。即

体积流量为

$$q_V = Av \tag{4-6}$$

式中　q_V——体积流量，单位为 m^3/h；

A——截面积，单位为 m^2；

v——液体的流动速度，单位为 m/h。

质量流量为

$$q_m = \rho A v \tag{4-7}$$

式中 q_m——质量流量，单位为 t/h；

ρ——液体的密度，单位为 t/m^3；

A——截面积，单位为 m^2；

v——液体的流动速度，单位为 m/h。

累计流量

$$q_{总} = \bar{q} t \tag{4-8}$$

式中 $q_{总}$——累计流量，单位为 t/h。

2. 流量检测的意义

流体的流量是一个动态量，所以流量检测是一项复杂的技术。影响流量测量有很多外部和内部的因素，如流量温度可以从高温到低温，流量压力可以从高压到低压，流量的大小可以从微小流量到大流量，流量的流动状态可以是层流、紊流等。此外就液体而言，还存在黏度大小不等的情况。因此，要准确地检测流量，就必须研究不同流体在不同条件下的流量检测方法。

在工农业生产、军事工程、航天技术和日常生活中，流量检测均占有重要地位。例如，农田水利、石油化工、电力、食品、纺织行业的气体、液体和粉状物等流体介质的检测；宇宙飞船、火箭和核动力液化燃料也都离不开流量检测。如果检测不准，不但无法保证产品质量，而且会造成巨大的经济损失，严重的还会发生重大安全事故。

流量的检测对于实现生产过程中的自动化，提高生产效率，保证产品质量，保障安全生产，促进科学技术的进步，都具有十分重要的意义。在当今能源危机和生产自动化程度越来越高的时代，流量的检测在国民经济、国防建设、科技发展中发挥着重要的作用。

目前，随着科学技术的发展，流量检测引入超声波、激光、电磁、核技术及微计算机等新技术，使得无接触、无活动部件的间接测量技术迅速发展，为流量检测开拓新的领域。新型流量传感器趋向线性化、数字化和智能化，以提高流量传感器量程比、稳定性和自动化程度，加强对高黏性、高低温和高低压等特殊流量测量的科学研究。

二、液体流量的常用检测方法

检测液体流量的传感器统称为流量计，流量计按力学原理可分为差压式、转子式、冲量式、可动管式、直接质量式、靶式、涡轮式、旋涡式、皮托管式、容积式和堰、槽式等；按电学原理可分为电磁式、差动电容式、电感式、应变电阻式等；按声学原理可分为有超声波式、声学式（冲击波式）等；按热学原理可分为直接量热式、间接量热式等；按光学原理可分为激光式、光电式等；按原子物理原理可分为核磁共振式、核幅射式等。

1. 差压式测量方法

采用差压方法的流量计很多，一般称做差压节流式流量计。它是利用流体流经节流装置时，所产生的压力差与流量之间存在一定关系的原理，通过测量压差来实现流量测定。节流装置是指管道中安装的一个局部收缩元件，最常用的有孔板、喷嘴和文丘里管。根据封闭管道的流体力学原理，管道中某处的压强与该处流体的流速成反比关系。即测量出压差就可以实现流量的测定。差压节流式流量计原理及实物图如图 4-17 所示。

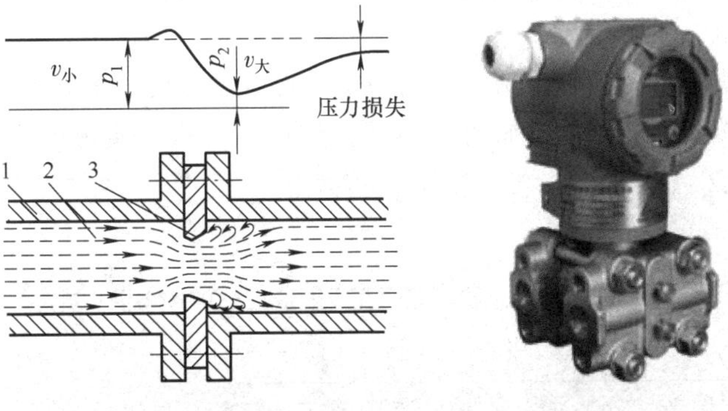

图 4-17　差压节流式流量计原理及实物图

1—管道　2—流体　3—节流板

差压节流式流量计由一次装置和二次装置组成。一次装置称为流量测量元件，它安装在被测流体的管道中，产生与流量（流速）成比例的压力差，供二次装置进行流量显示。二次装置称为显示仪表，它接收测量元件产生的差压信号，并将其转换为相应的流量进行显示。差压式流量计的一次装置为节流装置或动压测定装置（皮托管、均速管等），二次装置为各种机械式、电子式、组合式差压计配以流量显示仪表，差压计的差压敏感元件多为弹性元件。由于差压和流量呈平方根关系，故流量显示仪表都配有开平方装置，以使流量刻度线性化。多数仪表还设有流量积算装置，以显示累积流量，以便经济核算。

2. 超声波式测量方法

超声波流量计可以做成非接触式传感器，在流体中不安装测量元件，不会改变流体的流动状态和附加阻力，其测量准确度几乎不受被测流体的温度、压力、黏度、密度等参数的影响，使用超声波流量计时，显示仪表的安装及检修不影响生产管线正常运行。适用于强腐蚀性、非导电性、放射性及易燃、易爆介质的流量测量。

超声波流量计现已制成不同声道的标准型、高温型和防爆型等，如图 4-18 所示，以适应不同介质、不同场合和不同管道的流量检测。随着电子科技的不断进步，它向着产品系列化、通用化和标准化方向发展。

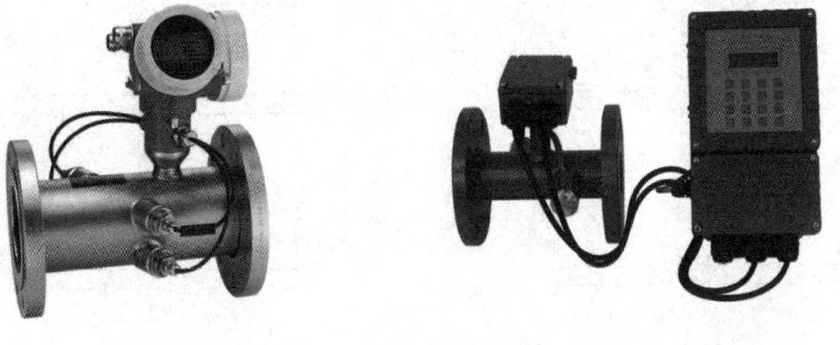

图 4-18　超声波流量计

超声波流量计由超声波换能器（发射换能器和接收换能器）、测量电路及流量显示和累积计算系统三部分组成。超声波发射换能器将电能转换为超声波能量，并将其发射到被测流体中；经反射和折射，由超声波接收换能器接收到的超声波信号，测量电路经电子线路放大并转换为代表流量的电信号供给显示仪表显示；累积计算系统则是对流量进行累积计算，实现对体积流量的检测。

根据检测的方式不同，超声波流量计可分为传播速度差法、多普勒法、波束偏移法、噪声法和相关法等。按照换能器的配置方法不同，超声波流量计又可分为 Z 法（透过法）、V 法（反射法）和 X 法（交叉法）等，如图 4-19 所示。

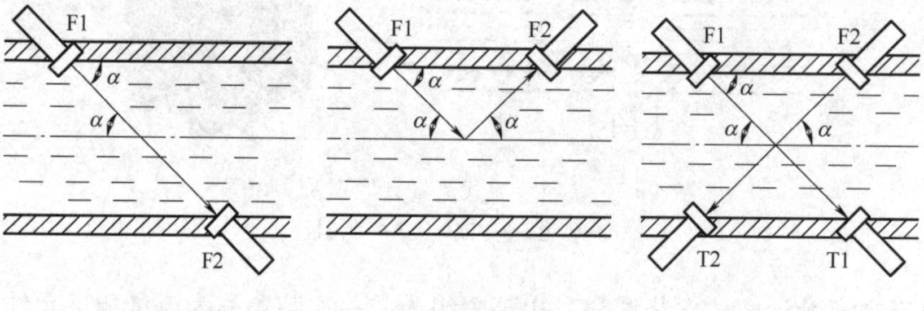

图 4-19 换能器的配置方法

超声波流量计适用于检测对普通流量计造成损伤的液体，如废水、石油液、化学液、酸液、碱液、腐蚀液和许多黏液。

下面仅介绍传播速度差法和多谱勒法超声波流量计检测液体流量的方法。

（1）传播速度差法 传播速度差法是通过检测超声波在流体中顺流和逆流的速度差反映其流量的，它又可以分为时间差、相位差和频率差等检测方法。

图 4-20 是速度差法超声波流量计原理图，超声波流量计的换能器加正弦波或脉冲信号电源。其中超声波换能器（F1，T1）的超声波是顺流传播，而超声波换能器（F2，T2）的超声波是逆流传播，根据两束超声波速度之差，检测出液体的平均速度和流量。

（2）多谱勒法 多普勒法是利用声学多普勒原理，通过检测不均匀流体散射的超声波多普勒频移来确定流体流量的，它适用于含悬浮颗粒或气泡等流体的流量检测。

图 4-21 是多谱勒法超声波流量计原理图。换能器 F1 发射频率为 $f1$ 的超声波，经过管道内液体中的悬浮颗粒或气泡，其频率将发生偏移，以 $f2$ 的频率反射到换能器 F2，这种现象就是多谱勒效应。$f2$ 与 $f1$ 的频率之差，即为多谱勒频移 Δf。

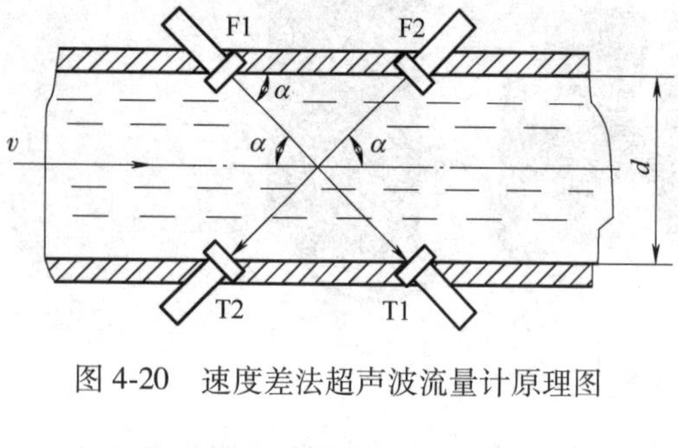

图 4-20 速度差法超声波流量计原理图

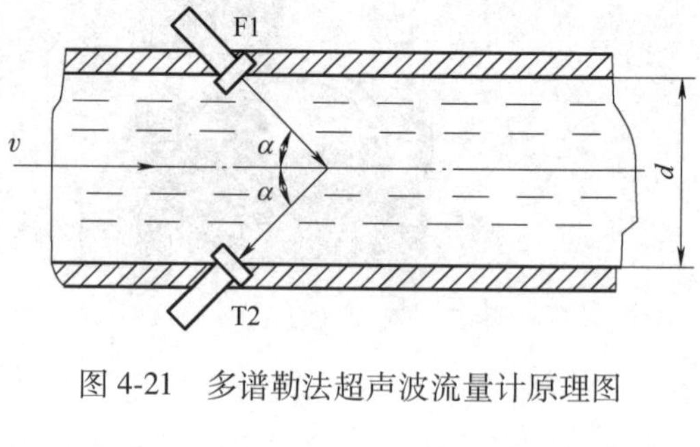

图 4-21 多谱勒法超声波流量计原理图

理论证明，多谱勒频移 Δf 正比于流体流速 v，即当管道条件、超声波换能器安装位置、发射频率和声速确定以后，流体流速和超声波多谱勒频移成正比。通过检测多谱勒频移就可得到流体流速，进而求得流体的流量。

3. 容积式测量方法

以测量容积流量为依据的容积式流量计包括有螺旋式流量计、旋转腰轮式流量计、涡轮式流量计、叶轮式流量计等。容积式流量计最常见的有油泵、水表和煤气表等，这些测量仪器可以用于指示流速和流量。由于仪器直接接触液体，因此会出现扰动现象，影响测量精度，通常要降低仪器的摩擦、减轻其质量，以便使扰动影响最小化。图 4-22 所示为家用水表的外观和叶轮。

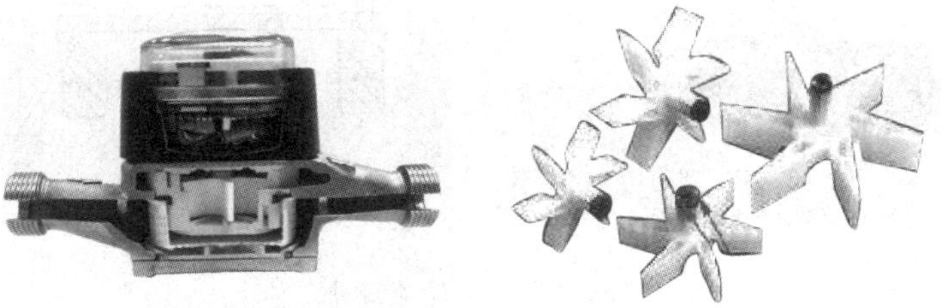

图 4-22　家用水表的外观和叶轮

螺旋式流量计和旋转腰轮式流量计都属于“容积式”测量的典型仪器。流体流经已知容积的量仪内腔，导致旋翼或腰轮发生旋转。容积式流量计的工作原理就是：将流体分成若干个确定容积的小单元，然后再将这些已知小单元的容积值相加，即可确定出一定时间内流过的总流量。图 4-23 所示为旋转腰轮式流量计的原理，与之相似的还有椭圆齿轮流量计，如图 4-24 所示。

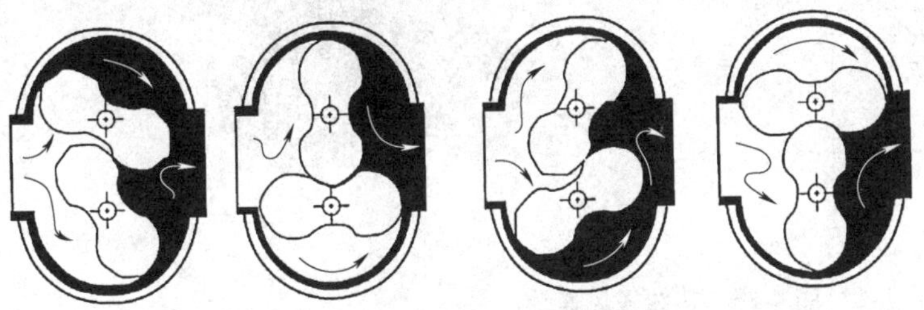

图 4-23　旋转腰轮式流量计的原理

图 4-24　椭圆齿轮流量计

容积式测量方法有如下特征：

1）测量精确，可以用于液体或气体流量的测量。

2）几乎不用维护或重新校准。

3）价格较高，会导致管道的压力损失，通常不能用于测量快速波动的流体。

图 4-25 所示为涡轮流量计。这种流量计常用于显示容积流量和流体速度。在原理图中，液体流使涡轮旋转，其旋转速度与流体流速成正比，安装在侧面的感应器（可以是一个线圈）能检测到涡轮的转速，从而由转速测出流体的流速。

涡轮式流量计也会导致一定的压力损失，而且价格贵。其优点是灵敏度和精确度都很高。实际应用于各种规格的流量测量，从每秒几分之一升的流量，到每秒数百升的流量仪表都有应用。

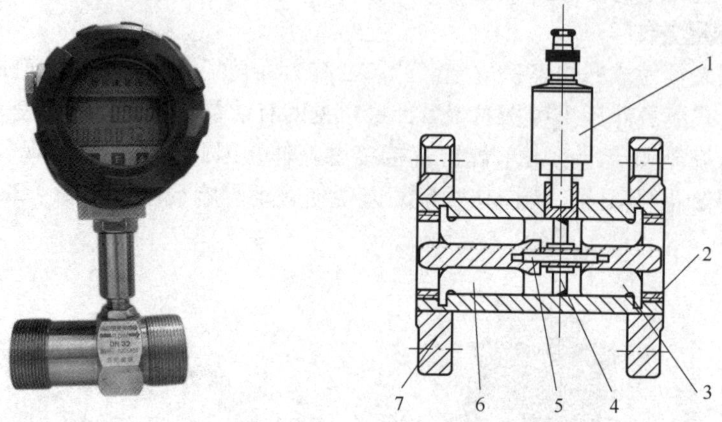

a) 涡轮流量计外形图　　b) 涡轮流量计原理图

图 4-25　涡轮流量计

1—前置放大器　2—压紧圈　3—后导向架　4—涡轮　5—轴　6—前导向架　7—壳体

4. 流速式测量方法

热线式风速计采用流速式测量方法，如图 4-26 所示为热线式风速计。

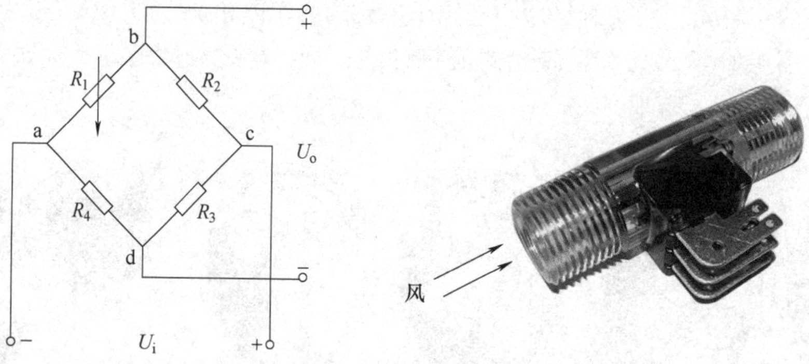

图 4-26　热线式风速计

图 4-26 中，R_1 为电热丝探头，构成了单臂电桥回路的一部分。气体流过电热丝探头时会使探头冷却，其冷却程度与气体的流速成正比，电热丝出现电阻的变化，电阻变化量与气体流速成正比，通过电桥电路转换成电压的变化。热线式风速计测量的气体流速范围可以从极低速到超音速，价格较昂贵，适合测量流速不稳定的气体。

还有一种称为转子流量计的仪表，也属于流速式测量方法。金属转子流量计是工业自动化过程控制中常用的一种变面积流量测量仪表。它具有体积小、检测范围大、使用方便等特点，可用来测量液体、气体以及蒸汽的流量，特别适宜低流速、小流量的介质流量测量。图 4-27 所示为

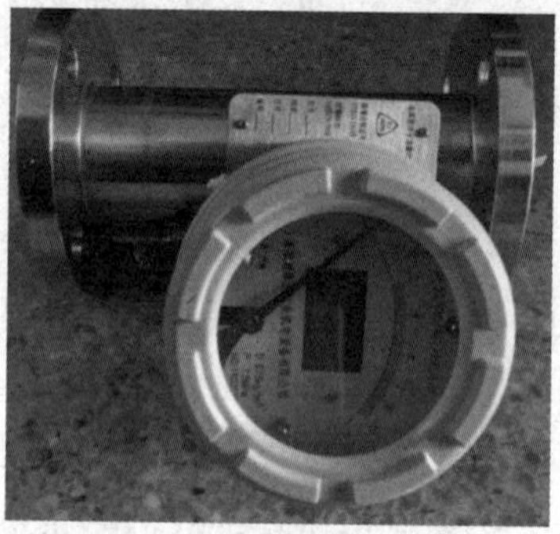

图 4-27　金属转子流量计的外观

金属转子流量计的外观。

5. 电磁式测量方法

电磁流量计所依据的基本原理是法拉第电磁感应定律，导体在磁场中做切割磁力线运动时，导体内将产生感应电动势。将该原理应用于测量管内流动的导电液体，并且流体流动的方向与磁场方向垂直（见图 4-28）。流体中产生的感应电动势被位于管子径向两端的一对电极检测到，该感应电动势（信号电压）*E* 与磁感应强度 *B*、电极间距离 *D* 和平均流速 *V* 成正比，磁感强度 *B* 和电极距离 *D* 和平均流速 *V* 成正比，磁感应强度 *B* 和电极距离 *D* 是常数，所以感应电动势（信号电压）*E* 与平均流速 *V* 成正比，而体积流量又与平均流速 *V* 成正比，所以体积流量与信号电压成正比。在信号转换器中，该信号电压被转换成体积流量，同时转换成可编程的模拟和数字信号输出。

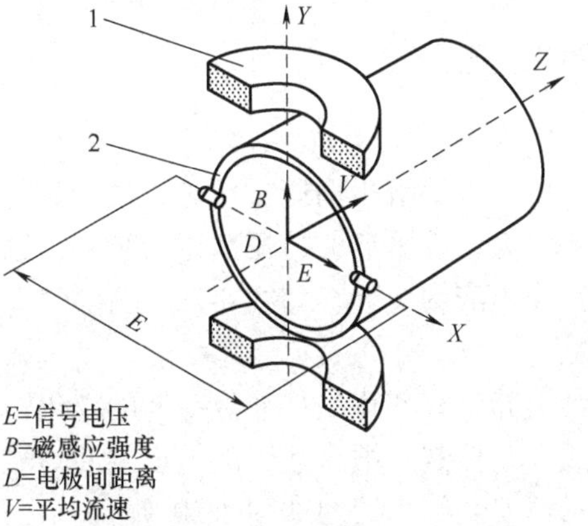

a) 电磁流量计原理

b) 电磁流量计外形图

图 4-28　电磁流量计

1—激励线圈　2—电极平面内的测量管

单元小结

流量检测是计量科学技术的组成部分之一，它与国民经济、国防建设、科学研究有密切的关系。做好这一工作，对保证产品质量、提高生产效率、促进科学技术的发展都具有重要的作用，特别是在能源危机、工业生产自动化程度越来越高的当今时代，流量计在国民经济中的地位与作用更加明显。

单元五　液位、流量检测应用案例

单元引入

在实际的工农业生产和日常生活中，经常需要进行物位、液位和流量检测，检测的物质、环境、精度要求等因素不同，需要的传感器的种类就不同。

学习目标

1）了解电容式液位传感器在感应洗手液机中的应用。
2）了解电子差压式液位计在大型储罐中的应用。
3）了解双转子流量计在原油外输计量中的应用。

建议课时

2 学时

知识点

一、电容式液位传感器在感应洗手液机中的应用

1. 应用背景分析

很多公共洗手间都提供洗手液，但多数场所的洗手液是用瓶子包装，使用时需要按动挤压部位从喷嘴挤出洗手液，由于公共场所客流量大，洗手液的挤压部位会被多人触碰，这样不卫生，因此，需要有一个能够自动控制洗手液出液的装置，如图 4-29 所示。

2. 应用原理

当装洗手液容器内的液体高度变化时，会引起电容变化，将液位高度的变化转换成标准电流信号，设备控制器接收到信号后会报警或自动控制。报警达到液位提醒的功能，自动控制就是开始自动添加洗手液。电容式液位传感器安装结构简图如图 4-30 所示。

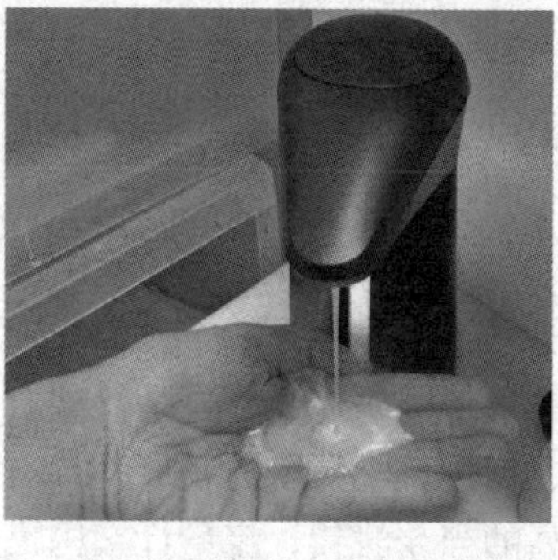

图 4-29 自动控制出液的洗手液机

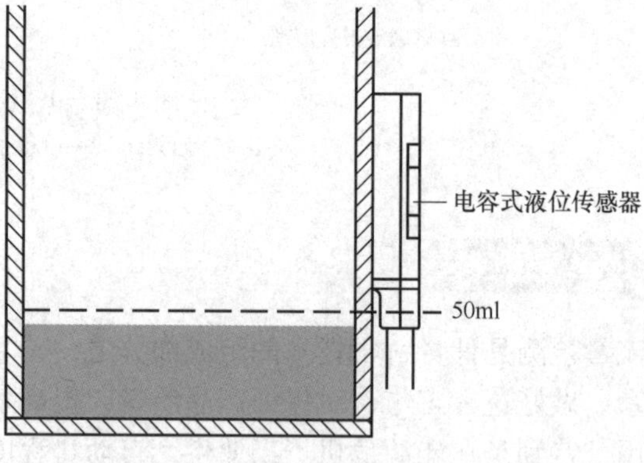

图 4-30 电容式液位传感器安装结构简图

二、电子差压液位计在大型储罐中的应用

1. 储罐液位仪表的类型

常用的储罐液位仪表有雷达液位计、伺服液位计、差压液位计等。

2. 电子差压液位计

电子差压液位计采用两个压力变送器，分别测量储罐的液相侧和气相侧压力，通过专用数据线将未经调制解调的气相侧压力数字信号传送至液相侧传感器中，进行差压计算，计算

完成后转换成标准的两线制信号。

电子远程传感技术的应用，使数字结构取代了机械结构，即使在大范围变化的温度下也可以具备更快的响应时间和一个更加稳定和可重复的测量，测量精度可以提高 10 倍以上，取消了模/数（A/D）转化之间的分辨率误差，降低了转换芯片外围电路的影响。数字信号传输的延时远远低于模拟量传输，缩短了信号响应时间，减少了测量误差累积，消除环境温度造成的测量偏差。通过总线协议，可以分别读取气相侧和液相侧的压力，实现多参数的测量。

三、双转子流量计在原油外输计量中的应用

LSZ 型双转子流量计是利用容积式测量原理实现的，便于远程显示和控制的流量计。其外观和结构如图 4-31 所示。

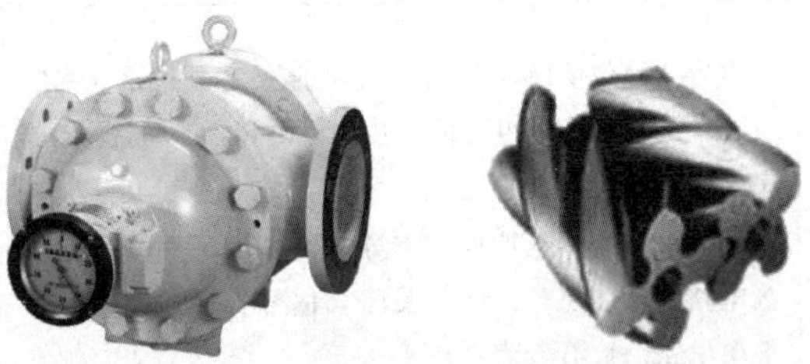

图 4-31　LSZ 型双转子流量计外观和结构

容积式流量计主要有椭圆齿轮式、腰轮液体式、腰轮气体式、螺杆式和旋转活塞式等。随着油田生产规模的发展，双转子流量计被越来越多的原油输送企业选用。

单元小结

电容式液位传感器具有可靠性高、灵敏度高、非接触式检测、安装工艺简单、寿命长等特点，适用于各类液体型、凝胶型等消毒液、洗手液的自动给液器；电子远传差压式液位计中数字结构取代了机械结构，具备更快的响应时间和更加稳定和可重复的测量，测量精度可以提高十倍以上；双转子流量计计量准确、使用可靠，既减少了消费者的损失，又可为国家节省大量能源和资金。

模块总结

物位、流量、温度和压力被称作自动化生产过程中的“四大参数”。固体料位、液体液位和流量的检测在工农业生产、国防建设和科学研究等领域中被广泛地应用。工业上常见的液位测量装置有差压式、浮体式、电容式、直流电极式、光纤液位式等。流量传感器主要有浮子式、涡轮式、差压式、热线式、电磁式、超声波式等。物位、液位和流量的检测方法比较多，应根据具体的生产

液位流量检测

环境来选择传感器和设计检测系统。

常用液位和流量传感器的基本情况见表4-2和表4-3。

表4-2 常用液位传感器的基本情况

检测液位方式	检测液位种类	基本工作原理	适用范围
接触式液体传感器	差压式	差压式液位传感器是利用液体的压强原理，在液体底部检测液底压强和标准大气压的压差，用固态压阻式传感器作为检测差压的核心部件	适用于液体密度均匀、底部固定条件下的液位检测
	浮体式	浮体式传感器主要分为浮筒式与浮子式。一般情况下，浮体与某个测量机构相连，如重锤或内置若干个干簧继电器的不锈钢管，浮体的运动被重锤或对应位置上的干簧继电器转换为相应的液位	适用于清洁液体的连续式检测与位开关式的液位检测
	电容式	电容式液位传感器是利用液位的变化引起导电率的变化，从而转换成电容值变化的检测装置	适用于腐蚀性液体、沉淀性液体和其他化工工艺液体液位检测
	直流电极式	利用液体的导电特性，将导电液体的液面升高转换为电路的开关闭合，该开关闭合信号直接或经由一个简单电路，传给后续的处理电路	适用于导电液体的液位测量
	光纤液位式	根据光导纤维中的光在不同介质中传输特性的不同对液位进行检测	适用于任何液体液位高度的检测与控制，特别适用于易燃、易爆、腐蚀性液体的检测
非接触式液体传感器	超声波	超声波传感器先向液位面发射超声波，计量声波从发射后到达液面再反射回来所需时间，利用该时间与液位高度成比例的原理进行检测。超声波传感器必须用于能充分反射声波且传播声波的介质	适用于多种液体液位的检测
	核辐射	核辐射检测是利用放射性同位素来进行测量的，根据被测物质对射线的吸收、反射或射线对被测物质的电离激发作用而进行检测	因放射性物质对人类有害，只用在部分特殊场合

表4-3 常用流量传感器的基本情况

测流量的方式	测量流量种类	检测流量基本工作原理	适用检测流量范围
接触式流量传感器	电磁式	在磁感应强度均匀的磁场中，垂直于磁场方向放一个不导磁管道，当导电液体在管道中以一定流速流动时，导电流体就切割磁力线，在垂直于磁场的管道截面两端安装一对电极，则电极上会产生感应电动势，且感应电动势与流体流量成正比	适用于具有自由表面的下水排放领域，并提高该领域的测量精确度

（续）

测流量的方式	测量流量种类	检测流量基本工作原理	适用检测流量范围
接触式流量传感器	热线式	是利用热平衡原理来测量流体速度的，热线用电流进行加热，它的温度高于周围介质温度。当周围介质流动时，就会有热量的传递。在稳定状态下，电流对热线的加热热量等于周围介质的散热量	适用于环境保护和工业大中型管道的流量检测
	涡轮式	当被测流体流经涡轮式传感器时，传感器内的叶轮借助于流体的动能而产生旋转，叶轮周期性地改变磁电感应系统中的磁电阻，使通过线圈的磁通量周期性地发生变化而产生电脉冲信号	适用于石油、化工、冶金、科研等领域的液体的流量检测
非接触式流量传感器	超声波式	当超声波在流动的流体中传播时，就载上流体流速的信息。因此，通过接收到的超声波就可以检测出流体的流速，从而换算成流量	适于检测不易接触的强腐蚀性、非导电性、放射性和易燃易爆介质的流量

模块测试

4-1　电容式液位计的特点有哪些？

4-2　超声波传感器应用在哪些领域？

4-3　超声波传感器的主要性能指标有哪些？

4-4　差压式液位计在导压管安装时，应注意哪些因素？

4-5　根据流量检测条件的多样性和复杂性，常用的流量的检测方法有哪些？

模块五 位置传感器

模块引入

位置检测在生产、生活中都有广泛的应用，当前主要是使用各种接近开关实现位置检测。在日常生活中，如宾馆、饭店的迎宾门，车库的自动门，自动热风机等，都应用接近开关来实现位置检测；在安全防盗方面，如资料档案、财会、金融、博物馆、金库等重地，通常都装有由各种接近开关组成的防盗装置；工程中经常用接近开关进行长度、位移、速度、加速度等的测量和控制。

位置传感器对接近的物体具有敏感特性，当有物体靠近接近开关到足够近时，传感器“感知”到物体，驱动开关动作。在各种流水线上，被测物体按一定的时间间隔，依次移向接近开关，再依次离开接近开关，通过接近开关的通断动作实现产品计数等多种功能。

单元一 电感式和电容式接近开关

单元引入

工业现场中，电感式和电容式接近开关使用较多，它们对环境的要求条件较低。当被测对象为导电体时，一般使用电感式接近开关。电感式接近开关响应快、抗干扰性能好、价格较低。当测量对象为非金属时，如液位、塑料、烟草等，则选用电容式接近开关。电容式接近开关的稳定性好但响应速度略低。

电感式和电容式接近开关

学习目标

1）能描述电感式和电容式接近开关的原理，识别这两种接近开关的外部特征。

2）能看懂接近开关安装使用说明。

3）根据参数要求选用接近开关。

建议课时

2 学时

知识点

一、电感式和电容式接近开关的特性

1. 电感式接近开关

在工业流水线上，电感式接近开关的应用很广范。如图 5-1a 所示，电感式接近开关固定在支架上，被测物体在传送带上依次自左向右运动，当被测物体进入电感式接近开关的额定动作距离范围内时，电感式接近开关动作，内部晶体管导通，常开触点闭合，常闭触点断开。电感式接近开关的动作可以触发别的机械装置动作或程序启动，从而对工件进行统计、加工、分类等。图 5-1b 是一个材料分拣实验装置的实物图，其中最右侧的就是电感式接近开关。

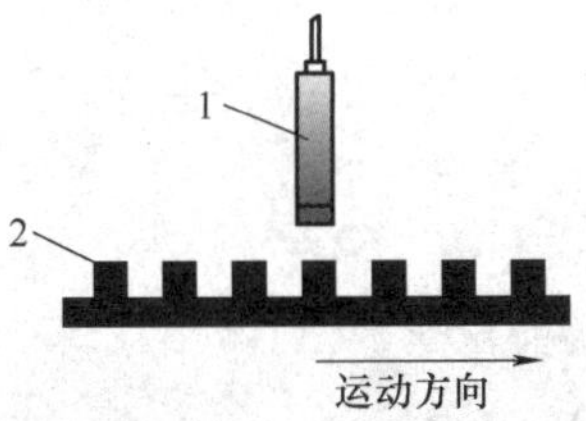

a) 应用示意图

b) 材料分拣实验装置的实物图

图 5-1　接近开关应用

1—电感式接近开关　2—被测物体

电感式接近开关不与被测物体接触，依靠电磁场的变化来检测，大大提高了检测的可靠性，也保证了电感式接近开关的使用寿命。所以，该类型的接近开关在制造工业中，如机床、汽车制造等行业使用频繁。

小实验

测试接近开关触点的通断

在实验室中，用一个小钢条来模拟被测物体，标准的被测物体一般为正方形的 A3 钢，厚度为 1mm，边长为接近开关检测面的 2.5 倍。接近开关上电后，移动的小钢条从接近开关的检测头经过，观察接近开关输出电压的变化。

实验中电感式接近开关的检测流程如图 5-2 所示。图 5-3 所示为接近开关的主要技术参数。

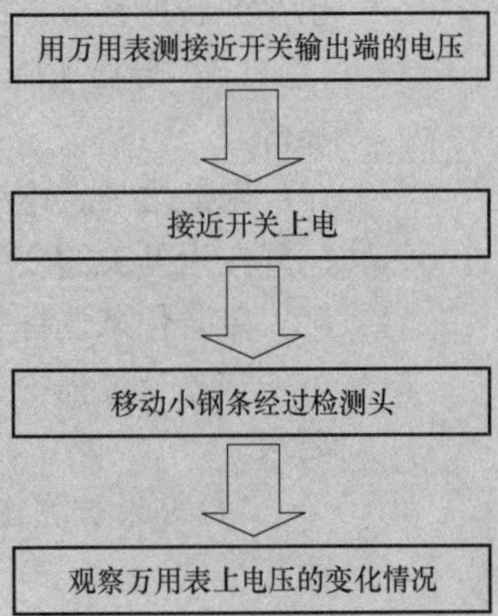

图 5-2　检测流程

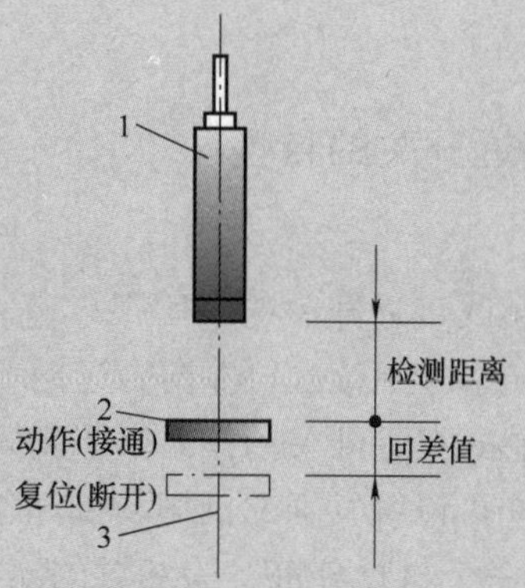

图 5-3 电感式接近开关的主要技术参数
1—接近开关 2—被测物体 3—基准轴

小知识

接近开关的技术参数

接近开关有以下主要技术参数。

(1) 动作距离 当被测物体按照一定的方式移动时，从接近开关的检测表面到开关动作时的基准位置之间的空间距离。

(2) 复位距离 与动作距离类似，指的是被测物体离开检测表面到开关动作复位时的位置之间的空间距离，复位距离大于动作距离。

(3) 设定距离 接近开关在实际工作中整定出来的距离，一般为额定动作距离的 0.8 倍。

(4) 回差值 动作距离与复位距离之差的绝对值。

(5) 响应频率 在 1s 内，接近开关频繁动作的次数。

(6) 响应时间 指从接近开关检测头检测到有效物体，到输出状态出现电平翻转所经过的时间。

(7) 导通压降 指接近开关在导通状态时，开关内输出晶体管上的电压降。

除此之外，电感式接近开关的安装形式也是一个比较重要的参数。当前电感式接近开关的安装形式主要分为埋入式和非埋入式两种方式，根据具体的实际安装条件来选择。

在测量过程中，电感式接近开关对于工作环境、被测物体等都有一定的要求。

1) 如果被测物体不是金属，则应该减小检测距离。很薄的镀层也很难检测到。

2) 电感式接近开关最好不要放在有静态磁场的环境中，以免发生误动作。

3）避免接近开关接近化学溶剂，特别是在强酸、强碱的生产环境中。
4）注意对检测头的定期清洁，避免有金属粉尘粘附。

2. 电容式接近开关

当检测含水绝缘介质时，应该选择电容式接近开关。电容式接近开关是由一个或几个具有可变参数的电容器组成。电容式接近开关的特点是可动部分的移动力非常小、能量消耗少、测量准确度高、结构简单、造价低廉，广泛应用于直线位移、角位移及介质的几何尺寸等非电量的测量，可测量金属的表面状况、距离尺寸、油膜厚度、原油及粮食中的含水量，还可测量压力和加速度等，在自动检测和自动控制系统中也常用作位置信号发送器。图 5-4 是利用电容式接近开关测量谷物高度（物位）的示意图。

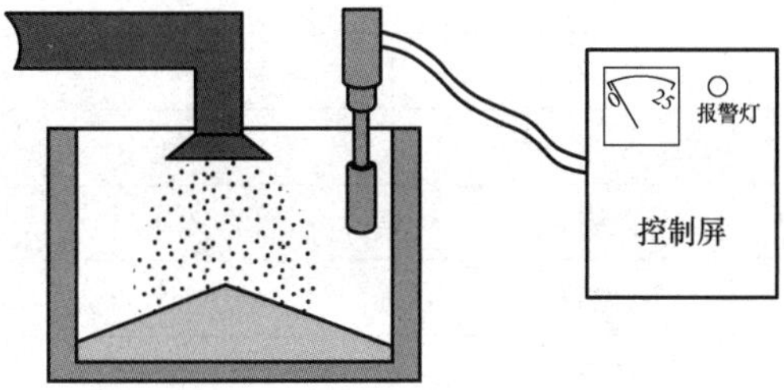

图 5-4　利用电容式接近开关测量谷物高度（物位）的示意图

当谷物高度达到电容式接近开关的底部时，电容式接近开关产生报警信号，关闭输送管道的阀门。也可以将电容式接近开关安装在水箱玻璃连通器的外壁上，用于测量和控制水位。

电容式接近开关的技术参数与电感式基本相同。在使用电容式接近开关时，安装距离必须满足一定要求。

二、电感式和电容式接近开关的工作原理

1. 电感式接近开关

电感式接近开关内部由 LC 高频振荡器和放大处理电路组成。当被测金属物体靠近接近开关时，检测头的交变磁场使金属物体内部产生涡流，此涡流反作用于检测头，使接近开关内振荡电路的参数发生变化，经信号处理后输出开关状态的变化。电感式接近开关也称为涡流式接近开关，它一般用于测量金属物体。电感式接近开关的工作流程框图如图 5-5 所示。

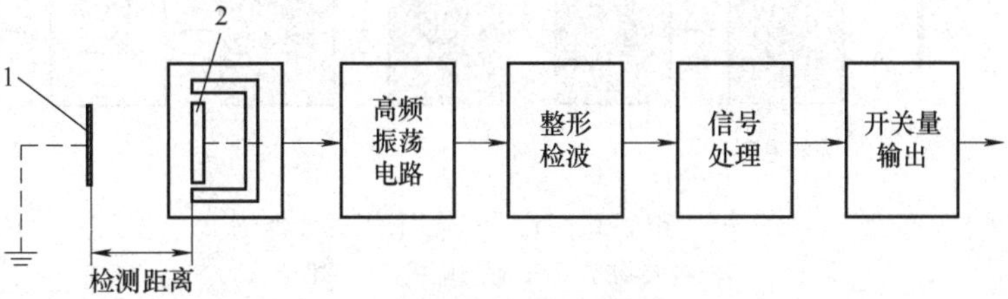

图 5-5　电感式接近开关的工作流程框图
1—被测金属物体　2—感应磁罐

2. 电容式接近开关

电容式接近开关的检测头通常是构成电容器的一个极板，而另一个极板是被测物体的本身，当被测物体移向接近开关时，被测物体和接近开关的介电常数发生变化，使得和检测头

相连的电路状态也随之发生变化，由此便可控制接近开关的接通和关断。电容式接近开关能检测金属物体，也能检测非金属物体，金属物体可以获得较大的动作距离，非金属物体动作距离取决于材料的介电常数，材料的介电常数越大，可检测的动作距离越大。常用材料的介电常数见表5-1。

表5-1 常用材料的介电常数

材料	介电常数/(F/m)	材料	介电常数/(F/m)
水	80	软橡胶	2.5
大理石	8	松节油	2.2
云母	6	木材	2~7
陶瓷	4.4	酒精	25.8
硬橡胶	4	电木	3.6
玻璃	5	电缆	2.5
硬纸	4.5	油纸	4
空气	1	汽油	2.2
合成树脂	3.6	米	3.5
赛璐璐	3	聚丙烯	2.3
普通纸	2.3	聚乙烯	2.9
有机玻璃	3.2	纸碎屑	4
聚乙烯	2.3	石英玻璃	3.7
苯乙烯	3	硅	2.8
石蜡	2.2	石英沙	4.5

图5-6所示为电容式接近开关的工作流程框图。

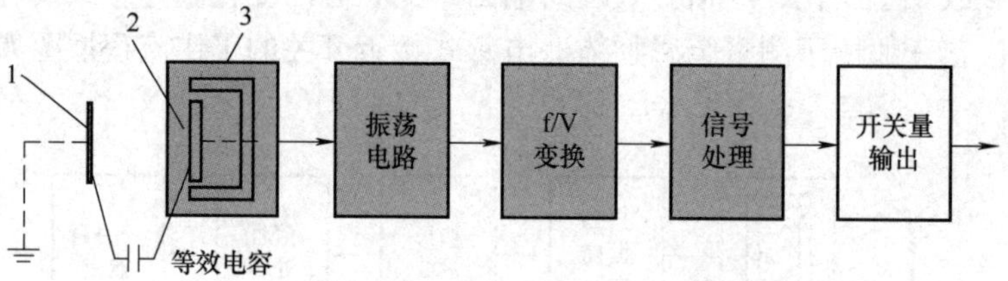

图5-6 电容式接近开关的工作流程框图
1—被测物体 2—感应电极 3—外壳

三、接近开关的类型与接线方式

接近开关按输出类型分为NPN型和PNP型（指输出开关晶体管类型），按接线方式分为二线式、三线式、四线式等，按开关触点类型又可分为常开型、常闭型、开闭型。如图5-7所示为接近开关的类型及其接线方式，图中右侧表明了电源和负载的接线方法。

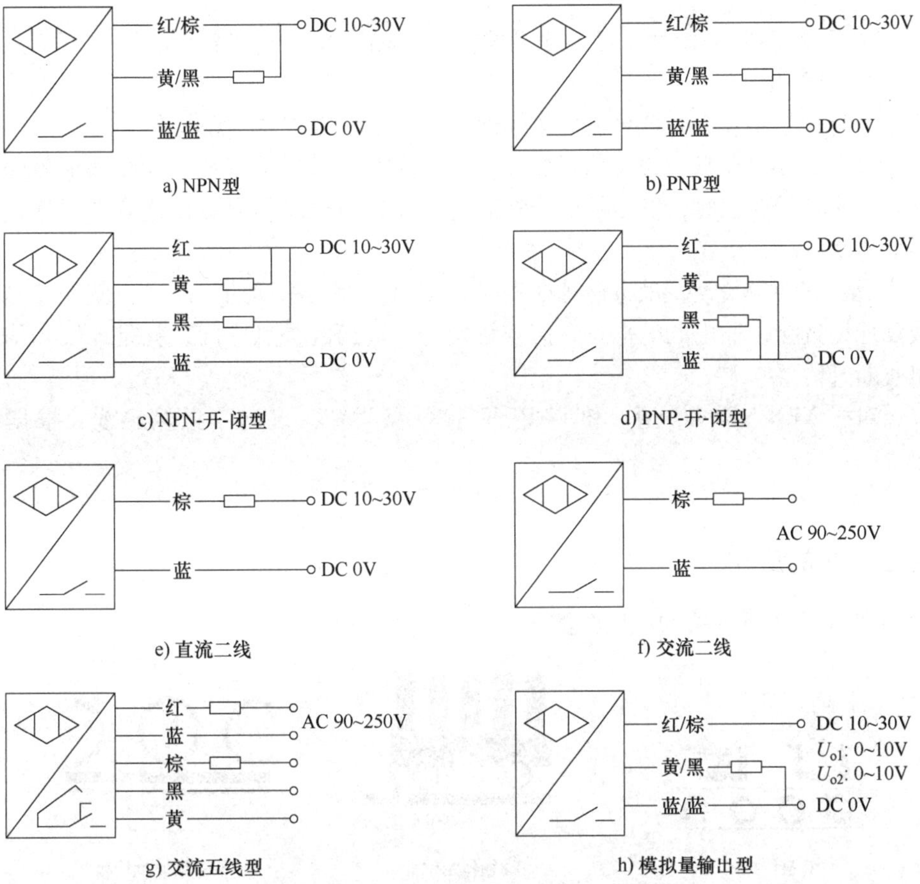

图 5-7　接近开关的类型及其接线方式

小知识

接近开关的类型

PNP 型与 NPN 型接近开关分为 NPN-NO（常开型）、NPN-NC（常闭型）、NPN-NC+NO（常开、常闭共有型）、PNP-NO（常开型）、PNP-NC（常闭型）和 PNP-NC+NO（常开、常闭共有型）六类。

PNP 型与 NPN 型接近开关一般有三条引出线，即电源线、地线、信号输出线。

1. PNP 型

当有信号触发时，信号输出线和电源线连接，相当于输出高电平。

对于 PNP-NO 型，没有信号触发时，输出线是悬空的，就是电源线和信号输出线断开。有信号触发时，发出与电源相同的电压，也就是信号输出线和电源线连接，输出高电平。

对于 PNP-NC 型，没有信号触发时，发出与电源相同的电压，也就是信号输出线和电源线连接，输出高电平。有信号触发时，输出线是悬空的，就是电源线和信号输出线断开。

对于 PNP-NC+NO 型，其实就是多出一条输出线，根据需要取舍。

2. NPN 型

当有信号触发时，信号输出线和地线连接，相当于输出低电平。

对于 NPN-NO 型，没有信号触发时，输出线是悬空的，就是地线和信号输出线断开。有信号触发时，发出与地线相同的电压，也就是信号输出线和地线连接，输出低电平 0V。

对于 NPN-NC 型，没有信号触发时，发出与地线相同的电压，也就是信号输出线和地线连接，输出低电平。有信号触发时，输出线是悬空的，就是地线和信号输出线断开。

对于 NPN-NC+NO 型，和 PNP-NC+NO 型类似，多出一条输出线，根据需要取舍。

四、接近开关的应用

图 5-8 所示为接近开关的应用图例。

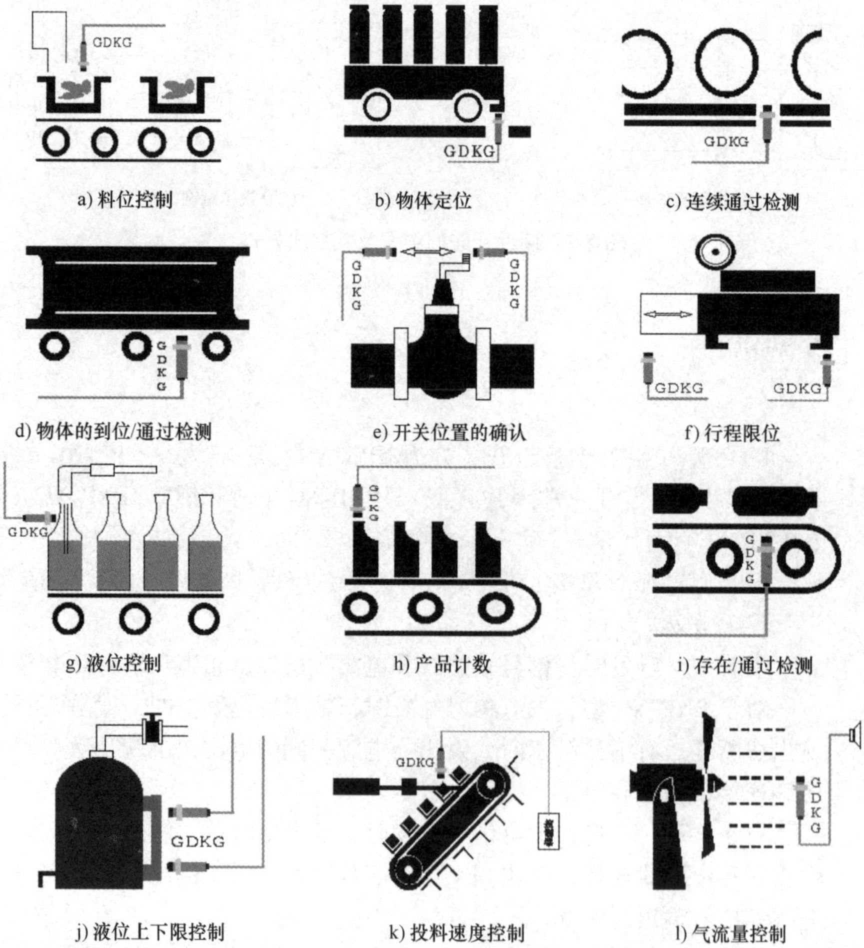

图 5-8 接近开关的应用图例

单元小结

电感式和电容式接近开关是自动化生产线及其他自动控制装置使用较多的接近开关。电感式和电容式接近开关具有不同的检测特性，应根据不同检测对象选择不同的接近开关。常见的三线式接近开关有统一的接线规则，使用和维护时应参照相应的说明书进行操作。

单元二 霍尔传感器

单元引入

工业现场中，若被测物体为导磁材料，或者为了区别和它一同运动的物体而把磁钢埋在被测物体内部时，一般选用霍尔传感器。霍尔传感器利用半导体的磁电转换原理，将磁场变换成相应的电信号。它可以直接测量磁场及微小位移量，也可以间接测量液位、压力等工业生产过程参数。

霍尔传感器

学习目标

1）能描述霍尔传感器的原理，结合手册查询和选择霍尔元件。

2）能看懂霍尔传感器安装使用说明。

3）根据参数要求选用霍尔传感器。

建议课时

1 学时

知识点

一、霍尔效应与霍尔元件

霍尔传感器由霍尔元件、磁场和电源构成。霍尔元件是一种磁敏元件，它是基于霍尔效应制成的。霍尔元件如图 5-9 所示。

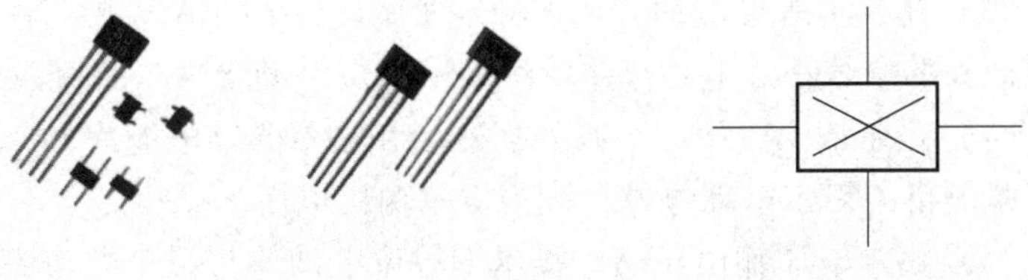

a) 外形　　b) 图形符号

图 5-9 霍尔元件

当磁性物体移近霍尔传感器时，开关检测面上的霍尔元件因产生霍尔效应而使开关内部电路状态发生变化，由此识别附近是否有磁性物体存在，进而控制开关的通或断。这种开关的检测对象必须是磁性物体。

半导体薄片置于磁场强度为 B 的磁场中，磁场方向垂直于薄片，如图 5-10 所示。当有电流 I 流过薄片时，在垂直于电流和磁场的方向上将产生电动势 E_H，这种现象称为霍尔效应，该电动势称为霍尔电动势，半导体薄片称为霍尔元件。霍尔传感器的工作原理就是应用半导体材料的霍尔效应。

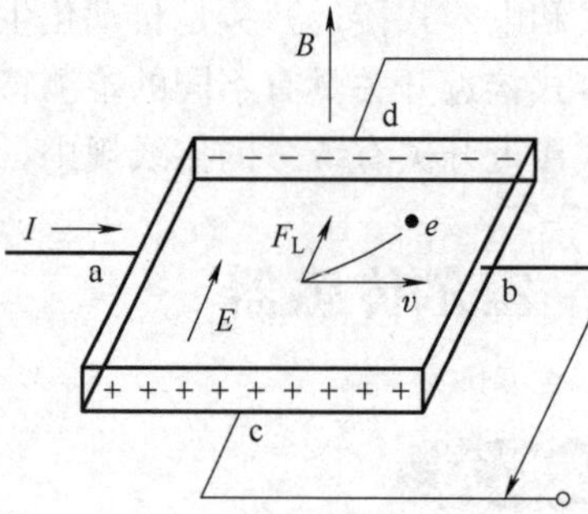

图 5-10　霍尔效应

原理简述：激励电流 I 从 a、b 端流入，磁场 B 由正上方作用于薄片，这时电子 e 的运动方向与电流方向相反，将受到洛仑兹力 F_L 的作用，向内侧偏移，该侧形成电子的堆积，从而在薄片的 c、d 方向产生电场 E。电子积累的越多，F_L 也越大。在半导体薄片 c、d 方向的端面之间建立的电动势 E_H 就是霍尔电动势。其表达式为

$$E_H = KIB/d \tag{5-1}$$

式中　K——霍尔系数；

I——半导体薄片中通过的电流；

B——外加磁场的磁感应强度；

d——半导体薄片的厚度。

由此可知，流入激励电流端的电流 I 越大、作用在半导体薄片上的磁场强度 B 越强，霍尔电动势也就越高。磁场方向相反，霍尔电动势的方向也随之改变，因此霍尔传感器能用于测量静态磁场或交变磁场。

小知识

霍尔元件的主要技术参数及霍尔传感器的性能

（1）霍尔输入电阻 R_{in} 和输出电阻 R_{out}　输入电阻指控制电极间的电阻，输出电阻指霍尔元件电极间的电阻，可以在无磁场即 $B=0$ 时，用欧姆表等测量。

（2）霍尔元件的电阻温度系数　在不施加磁场的条件下，环境温度每变化 1℃时电阻的相对变化率，用 α 表示，单位为%/℃。

（3）霍尔不等位电动势　在额定激励电流 I 的情况下，不加磁场时霍尔输出电极间的空载霍尔电动势差，称为不等位电动势（又称霍尔偏移零点）。

（4）霍尔输出电压　在有外加磁场和霍尔激励电流为 I 的情况下，在输出端空载测得的霍尔电动势差，称为霍尔输出电压。

（5）霍尔电压输出比率　霍尔不等位电动势与霍尔电动势的比值。

（6）霍尔电动势温度系数　在有外加磁场和霍尔激励电流为 I 的情况下，环境温度每变化 1℃时，不等位电动势的相对变化率。它同时也是霍尔元件的温度系数。

霍尔传感器属于有源磁电转换器件，它是在霍尔效应原理的基础上，利用集成封装和组装工艺制作而成，它可方便地把磁输入信号转换成实际应用中的电信号，同时又具备工业场合实际应用易操作和可靠性的要求。

霍尔传感器的输入端是以磁感应强度 B 来表征的，当 B 值达到一定的程度（如 B_1）时，霍尔传感器内部的触发器翻转，霍尔传感器的输出电平状态也随之翻转。输出端一般采用晶体管输出，和接近开关类似，有 NPN 型、PNP 型、常开型、常闭型、锁存型（双极性）、双信号输出型之分。

霍尔传感器具有无触点、低功耗、长使用寿命、响应频率高等特点，内部采用环氧树脂封灌成一体化，所以能在各类恶劣环境下可靠地工作。霍尔传感器作为一种新型的电气配件可应用于接近开关、压力开关、里程表等。

霍尔传感器件分为霍尔元件和霍尔集成电路两大类，前者是一个简单的霍尔片，使用时常常需要将获得的霍尔电压进行放大。后者将霍尔片和它的信号处理电路集成在同一个芯片上。

二、霍尔传感器

霍尔传感器按被测量的性质可分为电量型和非电量型两大类，电量型又有电流型、电压型两类；非电量型按用途又可分成开关型（用于控制）和线性型（用于测量）两大类。

按霍尔器件的功能可分为线性霍尔传感器和开关型霍尔传感器。前者输出模拟量，后者也称为霍尔接近开关。图 5-11 所示为线性霍尔传感器的输出特性曲线（恒定激励电流下，输出电压与磁感应强度的关系）；图 5-12 所示为开关型霍尔传感器的外形和内部电路结构。

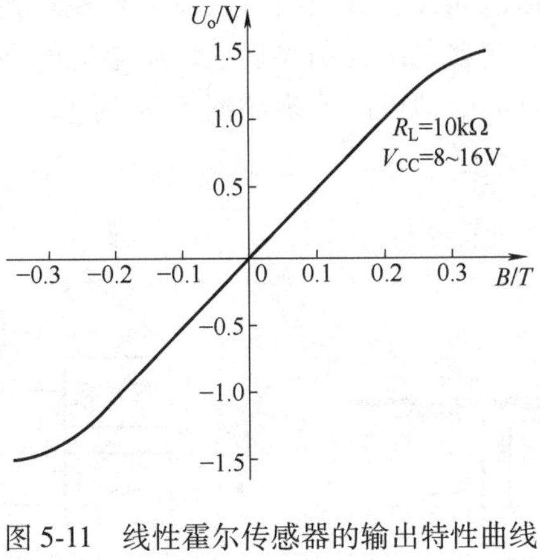

图 5-11　线性霍尔传感器的输出特性曲线

三、霍尔传感器的应用

霍尔传感器体积小、重量轻、寿命长、安装方便、功耗小、环境适应性强，因此应用非常广泛。

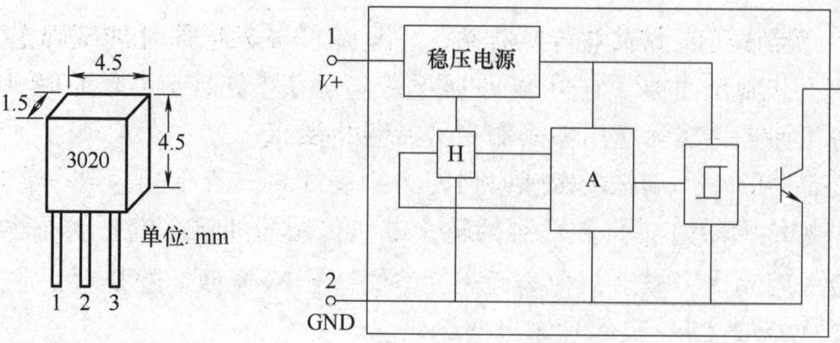

a) 外形　　b) 内部电路结构

图 5-12　开关型霍尔器件的外形和内部电路结构

按被检测对象的性质可将霍尔传感器分为直接应用和间接应用。前者是直接检测出被检测对象本身的磁场或磁特性，后者是检测被检测对象上人为设置的磁场，用这个磁场来作被检测对象的信息的载体，通过它将许多非电、非磁的物理量，例如力、力矩、压力、应力、位置、位移、速度、加速度、角度、角速度、转数、转速以及工作状态发生变化的时间等，转变成电量来进行检测和控制。

图 5-13 所示是利用霍尔接近开关对流水线上的钢球进行自动计数。请分析霍尔计数装置如何实现自动计数功能。

霍尔传感器的其他应用还包括在汽车中感应座椅和安全带位置以控制安全气囊；在发动机点火控制系统中，检测曲轴的角度位置以调整火花塞的点火角度；在汽车 ABS 中，监控车轮速度以实现刹车自动防抱死；家用电器领域中，如洗衣机的自动运转保持平衡控制；复印机中的供纸传感器；楼宇自动化领域中，霍尔接近感应设备如卫生间自动冲水装置、自动干手机、门禁系统、电梯等的控制；电动车的无刷直流电动机控制装置。

以霍尔式无刷直流电动机为例，普通直流电动机要利用电刷和换向器实现绕组电流的换向。而无刷电动机可以通过霍尔元件实现换向，霍尔元件检测到电动机绕组的电流方向，再将这个信号经过处理传送至控制器，由控制器切换绕组电流的方向，最终保证电动机转子持续单方向转动。霍尔式无刷直流电动机的原理如图 5-14 所示。

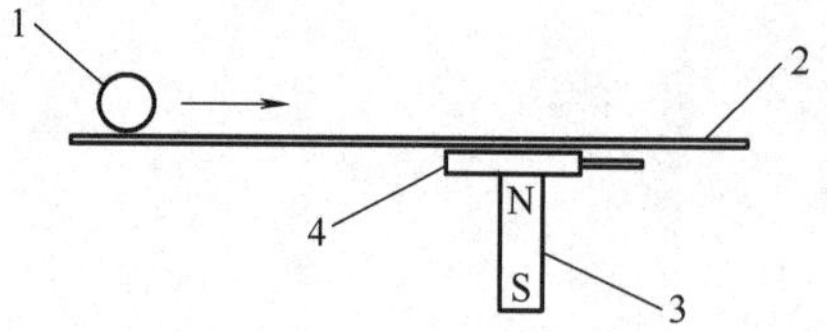

图 5-13　霍尔计数装置工作示意图

1—钢球　2—绝缘板　3—磁铁　4—霍尔接近开关

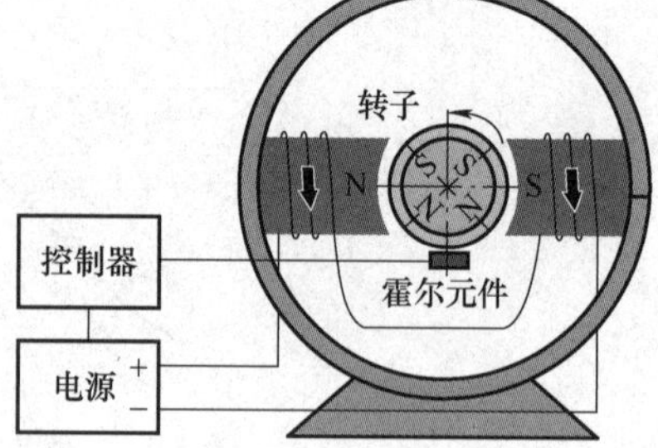

图 5-14　霍尔式无刷直流电动机的原理

单元小结

霍尔传感器的主要特点为具有磁敏感性，适合于检测磁场相关的物理量。霍尔传感器及接近开关是自动控制装置，特别是数控设备中使用较多的器件。霍尔传感器分为线性型和开关型两大类，霍尔接近开关应用最为普遍。霍尔元件在工业生产各领域乃至日常生活中都有应用。

单元三 光电式传感器与光电式接近开关

单元引入

光电式传感器广泛应用在工业生产和日常生活中。在光电式传感器中，光电器件作为转换器件，可用于检测直接引起光量变化的非电量，如光强、光照度、辐射测温、气体成分分析等，也可用来检测能转换成光量变化的其他非电量，如零件直径、表面粗糙度、应变、位移、振动、速度、加速度以及物体的形状、工作状态的识别等。光电式接近开关工作时对被测对象几乎无任何影响，因此，在要求较高的传真机、烟草机械等都被广泛使用。在防盗系统中，自动门通常使用热释电接近开关和超声波接近开关等。

光电式接近开关

学习目标

1）描述光电器件的分类、基本原理和简单测试判别方法。

2）理解亮通和暗通电路，并学习制作和调试。

3）了解光电式接近开关的基本特征、接线方法和简单的调试技术。

建议课时

3 学时

知识点

一、光电效应与光电器件

不同的光电器件利用的是不同的光电效应，所谓光电效应是指物体吸收了光能后转换为该物体中某些电子的能量而产生的电效应。光电效应可分成外光电效应和内光电效应两类。

在光的照射下，电子逸出物体表面而产生光电子发射的现象称为外光电效应。基于外光电效应原理工作的光电器件有光电管和光电倍增管。

光照射在半导体材料上，材料中处于价带的电子吸收光子能量，通过禁带跃入导带，使导带内电子浓度升高、价带内空穴增多，这就是内光电效应。只有照射光的能量大于材料的禁带能量间隔才能产生内光电效应。内光电效应按其工作原理又分为光电导效应和光生伏特效应两种。

半导体受到光照时会产生光生电子-空穴对，使导电性能增强，光线越强，阻值越低，这种光照后电阻率变化的现象称为光电导效应。基于这种效应的光电器件有光敏电阻和反向偏置工作的光电二极管与晶体管。光生伏特效应是指半导体在受到光照射时产生电动势的现象。

1. 光电二极管

光电二极管的结构和普通二极管相似，只是它的 PN 结装在管壳顶部，光线通过透镜制成的窗口，可以集中照射在 PN 结上，图 5-15a 所示为外观，图 5-15b 所示为结构。光电二极管在电路中通常处于反向偏置状态，如图 5-15c 所示。

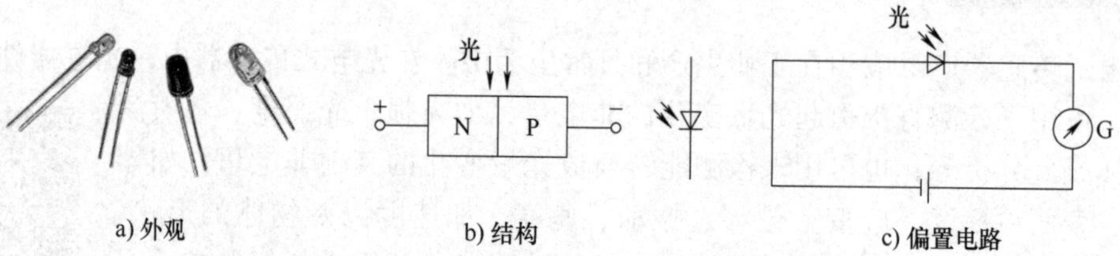

图 5-15　光电二极管

当光照到 PN 结时，其反向电流明显增大。如果入射光的照度变化，通过外电路的光电流强度也会随之变化，光电二极管就把光信号转换成了电信号。

2. 光电晶体管

光电晶体管如图 5-16 所示。当光电晶体管按图 5-16c 所示的电路连接时，它的集电结反向偏置，发射结正向偏置。无光照时仅有很小的穿透电流流过，当光线照射集电结时，与光电二极管的情况相似，光电晶体管将形成很大的集电极电流，其过程与普通晶体管的电流放大作用相似。

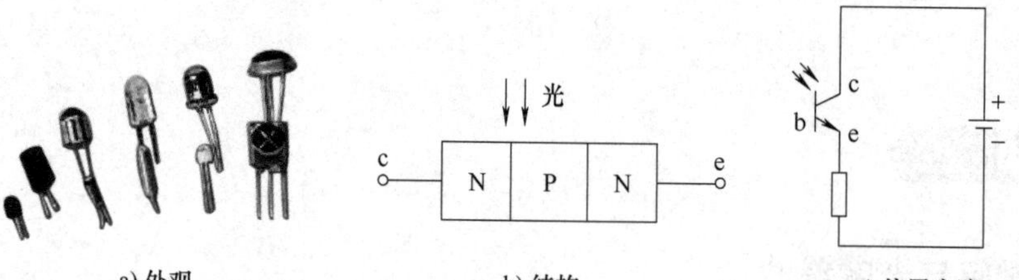

图 5-16　光电晶体管

光电二极管其光照特性的线性较好，适合做检测元件；光电晶体管在照度小时，光电流随照度增加而较小，且在大电流时有饱和现象，因此，光电晶体管不适于弱光和强光的检测。

3. 光电耦合器

光电耦合器是以光为媒介传输电信号的一种转换器件，能够实现“电-光-电”的转换。它由发光源和受光器两部分组成，发光源和受光器组装在同一密闭的壳体内，彼此间用透明绝缘体隔离，或制作成槽式结构，如图 5-17 所示。

发光源的引脚为输入端，受光器的引脚为输出端，常见的发光源为发光二极管，受光器为光电二极管或光电晶体管等。在光电耦合器输入端加电信号使发光源发光，此光照射到封装在一起的受光器上后，光电晶体管（或光电二极管）产生光电流，由受光器输出端引出，这样就实现了“电-光-电”的转换。光是传输的媒介，因而输入端与输出端在电气上是绝缘的，也称为电隔离。

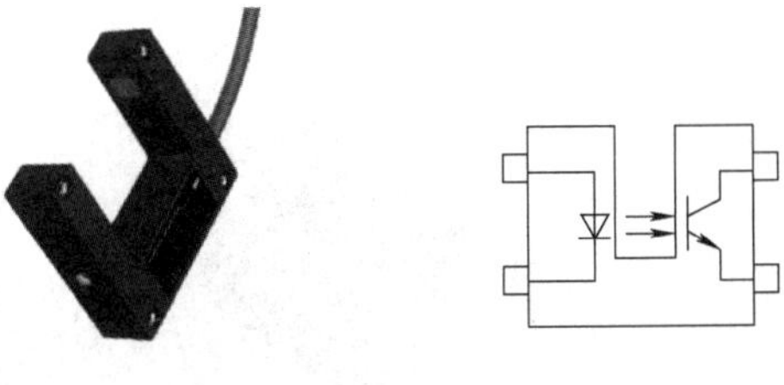

图 5-17　光电耦合器

光耦合器种类繁多，应用十分广泛，主要应用于逻辑电路、固体开关、触发电路、脉冲放大电路、线性电路及特殊场合等。

4. 光电池

光电池是一种自发电式的光电元件，它受到光照时能产生一定方向的电动势，只要接通外电路，便有电流通过。光电池的种类很多，有硒、氧化亚铜、硫化镉、锗、硅、砷化镓光电池等，其中应用最广泛的是硅光电池。另外，由于硒光电池的光谱峰值位于人眼的视觉范围，所以很多分析仪器和测量仪表也常用到它。

光电池如图 5-18 所示。其内部实际上是一个大面积 PN 结，与外电路的连接方式有两种：一种是把 PN 结的两端通过外导线短接，形成流过外电路的电流，此电流称为光电池的输出短路电流，其大小与光强成正比；另一种是开路电压输出，开路电压与光照度之间呈非线性关系，光照度大于 1000lx 时呈现饱和特性，因此使用时应根据需要选用工作状态。

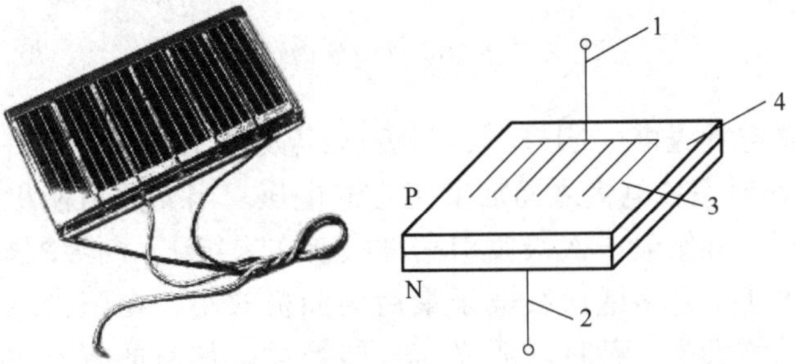

图 5-18　光电池

1—上电极　2—下电极（衬底铝）　3—栅状受光电极　4—SiO_2

光电池既可以作为电源，又可以作为光电检测器件。作为电源使用的光电池，直接把太阳的辐射能转换为电能，称为太阳电池。太阳电池不需要燃料，没有运动部件，也不排放气体，具有重量轻、性能稳定、光电转换效率高、使用寿命长、不产生污染等优点，在航天技术、气象观测、工农业生产乃至人们的日常生活等方面都得到了广泛的应用。

5. 光电管和光电倍增管

光电管是在一个真空玻璃泡内装有阴极和阳极两个电极，如图 5-19 所示。阴极由光敏金属材料做成。当光线 ϕ 照射到光敏材料上时，便有电子逸出，这些电子被具有正电位的阳极所吸引，在光电管内形成电子流 I_ϕ，在外电路就产生电流。在负载电阻 R_L 上得到输出电压。

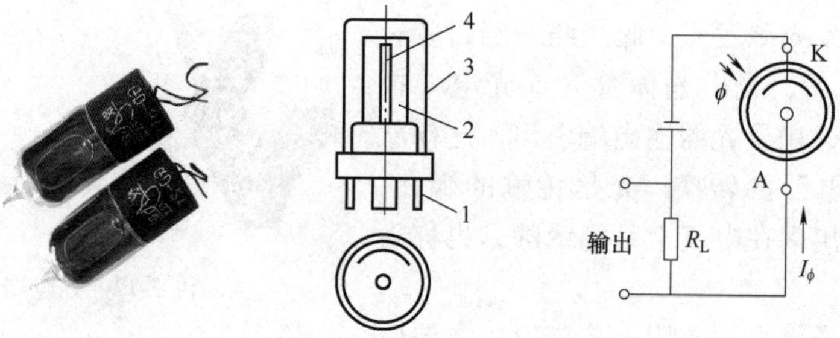

图 5-19 光电管

1—引脚 2—阴极 K 3—玻璃外壳 4—阳极 A

光电管通常用于自动控制、光度学测量和强度调制光的检测，如用于保安与警报系统、计数与分类装置、影片音膜复制与还音、彩色胶片密度测量以及色度学测量等。

由于上述真空光电管的灵敏度较低，因此出现了光电倍增管，如图 5-20 所示。

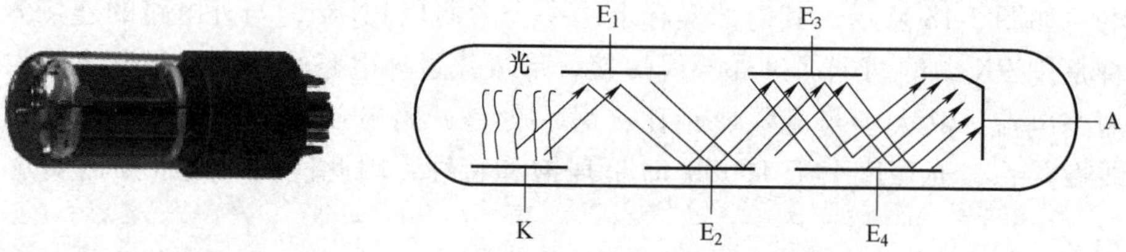

a) 实物 b) 工作原理

图 5-20 光电倍增管

光电倍增管由真空管壳内的阴极 K、阳极 A 以及位于其间的若干个倍增极 E_1、E_2、E_3、E_4 等构成，工作时在各电极之间加上规定的电压。当光照射阴极 K 时，阴极发射的光电子在电场的作用下逐级轰击次级发射倍增极，在末级 E_4（倍增极）形成数量为光电子的上百倍的次级电子。众多的次级电子最后为阳极收集，在阳极电路中产生很大的输出电流。可见光电倍增管是一种将微弱光信号转换成电信号的真空电子器件，它的优点是测量精度高，常用于天文观测中，可以测量比较暗弱的天体，还可以测量天体光度的快速变化。

6. 光敏电阻

光敏电阻是一种电阻元件，其外形和结构如图 5-21 所示。

使用时，可加直流偏压（无固定极性）或加交流电压。光敏电阻中光电导作用的强弱是用其电导的相对变化来标志的。禁带宽度较大的半导体材料在室温下热激发产生的电子-空穴对较少，无光照时的电阻（暗电阻）较大。因此，光照引起的附加电导就十分明显，表现出很高的灵敏度。光敏电阻常用的半导体有硫化镉（CdS）和硒化镉（CdSe）等。

为提高光敏电阻的灵敏度，在结构上应尽量减小电极间的距离。对于面积较大的光敏电阻，通常采用光敏电阻薄膜上蒸镀金属而形成梳状电极。为了减小潮湿对灵敏度的影响，光敏电阻必须带有严密的外壳封装。光敏电阻灵敏度高、体积小、重量轻、性能稳定、价格便宜，因此在自动化技术中应用广泛。

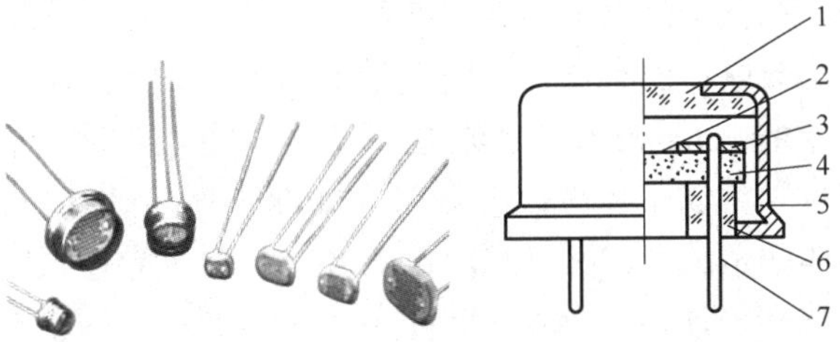

图 5-21　光敏电阻外形和结构

1—玻璃　2—光电导层　3—电极　4—绝缘衬底　5—金属壳　6—黑色绝缘玻璃　7—引线

光敏电阻在受到光照时阻值会有明显的突变，当有光照时电阻很小，无光照时电阻很大。可用晶体管组成放大器，做成自动控制电路，实现所需要的功能。

光敏电阻在完全黑暗处，阻值可达几兆欧以上，此时基本可以认为是断路，如果用万用表来测量，发现电阻示数可能会接近无穷大。而在较强光线下，阻值一般会降到几千欧甚至 1kΩ 以下，利用这个特性可以制作光电接近开关。

小知识

光与光源

1. 光的基本知识

光是电磁波谱中的重要一员，不同波长光的电磁波谱如图 5-22 所示。这些光的频率（波长）各不相同，但都具有反射、折射、散射、衍射、干涉和吸收等性质。根据光的粒子学说，光是一种以光速运动着的粒子（光子）流，一种频率的光由能量相同的光子所组成，光的频率越高，光子的能量也越大。

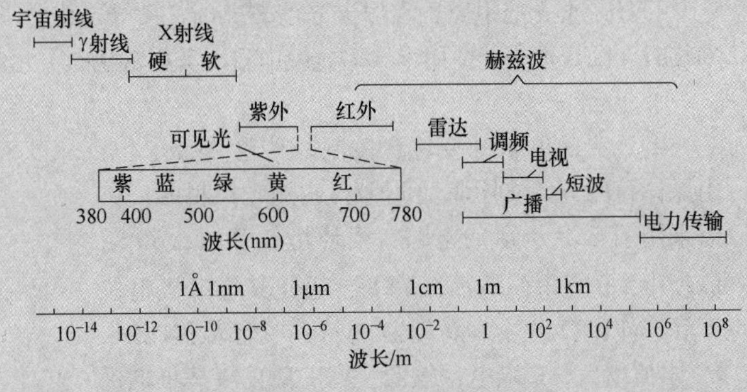

图 5-22　不同波长光的电磁波谱

2. 能带

在物理学中往往形象化地用水平横线表示电子的能量值，能量值越大，线的位置越高。一定能量范围内的许多能级（彼此相隔很近）形成一条带，称为能带。各种晶体的能带数目及其宽度等均不相同。相邻两能带间的能量范围称为能隙或禁带，晶体中的电子不具有这种能量。完全被电子占据的能带称为满带，满带中的电子不会导电；没有电子占据的带称为空带；部分被占据的称为导带，导带中的电子才能导电，价电子所占据的能带称为价带。能量比价带低的各能带一般都是满带。价带可以是满带也可以是导带，如在金属中是导带，所以金属能导电，在绝缘体和半导体中是满带，所以它们不能导电。但半导体很容易因其中有杂质或受外界影响（如光照、加热等）使价带中的电子数减少，或使空带中出现一些电子而成为导带，因而也能导电。

3. 常用光源

（1）白炽光源　白炽光源中最常用的是钨丝灯，它产生的光的谱线较丰富，包含可见光与红外光。一般使用中，常用滤色片来获得不同窄带频率的光。

（2）气体放电光源　气体放电光源光辐射的持续不仅要维持其温度，而且有赖于气体的原子或分子的激发过程。原子辐射光谱呈现许多分离的明线条，称为线光谱。分子辐射光谱是一段段的带，称为带光谱。线光谱和带光谱的结构与气体成分有关。

（3）发光二极管　发光二极管是一种电致发光的半导体器件，它与钨丝白炽灯相比具有体积小、功耗低、寿命长、响应快、便于与集成电路相匹配等优点，因此得到广泛应用。

小实验

设计制作简易光控装置——见光就暗电路

1. 电路功能

设计一个光控电路，在白天光线较亮时，发光二极管（LED）熄灭，当夜晚来临时，LED 点亮。使用半导体光敏电阻，采用常规电子元器件设计制作该装置。

2. 设计方案

利用光敏电阻的变化，控制晶体管基极电位，由晶体管的开关作用驱动 LED，达到光控目的。可以采用图 5-23 所示的电路，当环境较亮时，R_G 阻值较小，B 点电位较高，VT1 导通使其集电极电位下降，使 VT2 截止，则 LED 熄灭；当环境黑暗时，R_G 阻值增大，B 点电位较低，VT1 截止使其集电极电位上升，使 VT2 导通，则 LED 点亮。

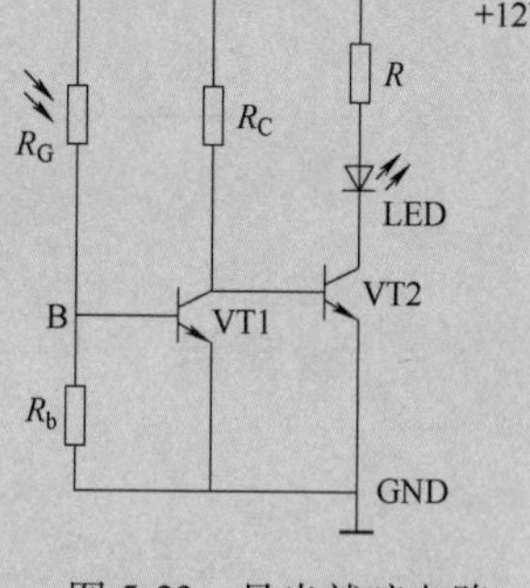

图 5-23　见光就暗电路

电路中 VT1、VT2 为 8050（NPN 型），$R_G=45\text{M}\Omega$，$R_C=10\text{k}\Omega$，$R=100\Omega$，LED 为普通发光二极管，电源为 12V 直流。

R_b 值的选择是电路功能实现的关键，制作之前应进行定量分析计算。实测光敏电阻的暗电阻为 20kΩ，光电阻为 3kΩ。

1）环境较亮时，要使 VT2 截止，即 VT1 导通，才能使 LED 熄灭，为使 VT1 可靠导通，取 $V_B=1V$，则由 $V_B=\frac{R_b}{R_b+R_G}\times12$，以及 $R_G=3k\Omega$，计算得 $R_b\approx0.27k\Omega$。

2）环境黑暗时，要使 VT2 导通，即 VT1 截止，才能使 LED 点亮，为使 VT1 可靠截止，取 $V_B=0.2V$，则由 $V_B=\frac{R_b}{R_b+R_G}\times12$，以及 $R_G=20k\Omega$，计算得 $R_b\approx0.33k\Omega$。

综合上面计算，要使电路实现“见光就暗”，必须同时满足 1）和 2），则 R_b 取值范围必须是 0.27~0.33kΩ 之间。

3. 实验制作

选择实验环境下的光线条件，分别测量亮阻和暗阻并记录数据，作为电路设计参数选择的依据。再按图设计好印制电路板图（或采用统一的 PCB 练习板）。按设计电路的元件参数备齐元件，焊接组装好电路，并认真检查。注意留出电源引线便于实验测试，光敏电阻尽量安装在较高位置，便于电路实验测试。

4. 电路测试

电路安装完毕确认无误后，接通电源。先观察 LED 是否发光，在常态时（暴露光敏电阻）LED 不应发光。若在常态下 LED 也点亮，应断电检查故障。

用手逐渐靠近光敏电阻，遮挡光敏电阻的受光面，观察 LED 的变化，应由暗变亮。重新露出光敏电阻，再观察 LED 的发光情况，看是否恢复熄灭状态。

分别在光亮和黑暗两种情况下测量晶体管的基极电位和电阻 R 上的电压，并记录在表 5-2 中，留作课后分析。

表 5-2　数据记录

环境状态	现象	V_{B1}/V	V_{B2}/V	U_R/V
环境亮				
环境暗				

小知识

电路术语

除了亮通和暗通之外还有两个常用术语：亮动和暗动。亮动是指光电式传感器在接收到光时有输出（可以是电平输出或者触点动作），这类的光电式传感器主要有直接反射式和聚焦式。暗动指的是光电式传感器在光线被切断时有输出（可以是电平输出或者触点动作），这类的光电式传感器主要有对射式和反板反射式。

二、色标传感器

色标传感器是一类特殊的光电检测传感器，采用光发射接收原理，传感器发出调制光，接收被测物体的反射光，并根据接收光信号的强弱来区分不同物体的色谱、颜色，或判别物体的存在与否。当前，在包装机械、印刷机械、食品机械、医疗机械、纺织机械及造纸机械的自控系统中作为传感器与其他仪表配套使用，对色标或其他可作为标记的图案色块、线条，或对物体的有无进行检测，可实现自动定位、辩色、纠偏、对版及计数等功能。

从实验室找到不同类型的色标传感器，观察它们的外部特征、引线、调节点等。

不同颜色的物体对相同颜色的入射光具有不同的反射率。色标传感器工作时发出强度不变的同一色光，再根据接收到的信号的强弱，就可以辨别不同的颜色或判别物体的有无。色标传感器的工作原理如图 5-24 所示。

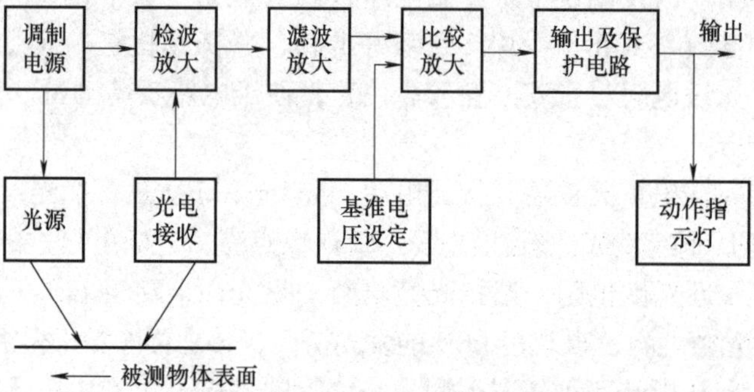

图 5-24　色标传感器的工作原理

光源发出调制脉冲光，光电接收元件接收物体的反射光信号，并转换为电信号，然后经过检波放大、滤波放大、比较放大、输出及保护电路输出高低电平的开关信号。

小实验

练习使用色标传感器

本实验可以依托 TVT-99B 材料分拣实验系统进行，其色标传感器安装如图 5-25 所示。

图 5-25　色标传感器的安装

1. 色标传感器的安装位置

色标传感器接好线通电后，要认真调节安装位置，使投射到被测物体表面上的光点最清晰、最亮。如果被测物体表面为镜面，检测效果不理想，可以适当调整传感器和被测物体的倾斜度。

2. 灵敏度调节

色标传感器上一般都有一个旋钮，调节旋钮可以使光源亮度增加，光源亮度直接关系到传感器的灵敏度。一般色标传感器推荐的调节方法如下：

1）将光点对准被测物体上颜色较浅的色块（底色），顺时针调节灵敏度旋钮，使绿灯处于刚刚亮的状态，记住此时旋钮所指的位置（A）。

2）将光点对准被测物体上颜色较深的色块（底色），逆时针调节灵敏度旋钮，使绿灯处于刚刚亮的状态，记住此时旋钮所指的位置（B）。

3）然后将旋钮调节在 A 和 B 的中间位置即可。这里用到的灵敏度旋钮通常是一个多圈电位器，所以记录 A、B 点信息时，除了要记下这两个点的位置，还应该记下圈数，调节时不仅要调节到中间位置，还要调节到中间圈数。

3. 色标传感器的接线

色标传感器属于开关类传感器的一种，其输出形式也分为 NPN 和 PNP 两种。

>> **小提示**

作为光电式传感器的一种，色标传感器对光强和环境温度也较敏感。一般色标传感器的工作环境温度为 0～50℃，光强一般都要求小于 10000lx。此外检测距离也是衡量色标传感器性能的一个标准，一般色标传感器检测距离都在 10mm 范围内。

色标传感器在实际使用中要注意的事项如下：

1）开关输出负载应为电阻或电感性质，不宜带有电容，否则会引起传感器内部短路保护电路误动作，从而造成输出状态错误。安装时应远离电磁场、强光源、高热、强振动及强腐蚀性气体，同时屏蔽线应可靠接地。

2）要注意对镜头的保护，镜头被脏物沾污时，应使用镜头纸或柔软棉布轻轻擦拭，以免损伤镜面。

3）色标传感器的各线之间都有一个最高允许电压，超过这个最高允许电压将使传感器损坏。

三、热释电传感器

热释电传感器

热释电传感器是一种红外光传感器，也称为热释电红外传感器，属于热电型器件。当热电元件受到光照时能将光能转换为热能，受热的晶体两端产生数量相等、符号相反的电荷，如果带上负载就会有电流流过，输出电压信号。

目前热释电传感器已经广泛应用于各类非接触测温、自动开关、入侵报警和火焰监测等装置。根据实际应用场合的不同，热释电传感器也发展成了拥有数十种产品的大家族。

图 5-26 所示为热释电传感器外形，图 5-27 是热释电传感器的结构与电路原理，PZT 热

电元件是其核心。PZT 热电元件在受到光照时能够将光能转变成热能，元件在受热之后会在晶体两端产生极性相反、电量相等的电荷，形成电动势差（即电压）。在有负载的情况下，就会在负载上形成电流。

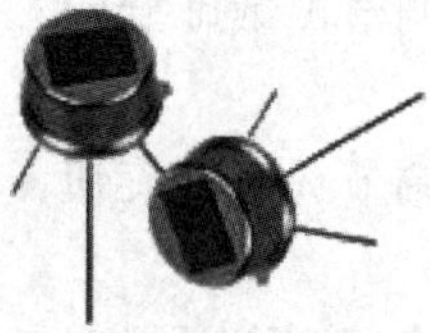

图 5-26　热释电传感器外形

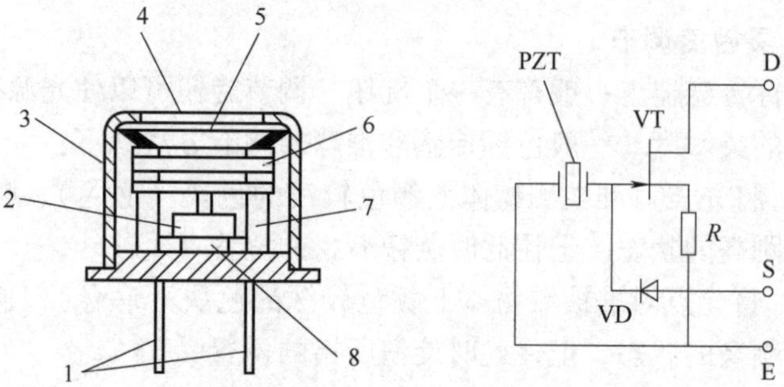

图 5-27　热释电传感器的结构与电路原理

1—引脚　2—FET 管　3—外壳　4—窗口　5—滤光片

6—PZT 热电元件　7—支承环　8—电路元件

小实验

练习使用热释电元件

下面通过实验来学习热释电传感器的使用。所需用的元件设备有：热释电传感器、菲涅耳透镜、温控电加热炉、热释电传感器实验模块、温度传感器实验模块、电压表、示波器等。

按照如下所示的实验步骤来进行实验：

1）观察传感器探头，探头表面的滤光片使传感器对 10μm 左右的红外光敏感，安装在传感器前的菲涅耳透镜是一种特殊的透镜组，每个透镜单元都有一个不大的视场，相邻的两个透镜单元既不连续也不重叠，都相隔一个盲区，它的作用是将透镜前运动的发热体发出的红外光转变成一个又一个断续的红外信号，使传感器能正常工作。

2）连接主机与实验模块电源线及传感器接口，转换电路输出端接电压表。

3）开启主机电源，待传感器稳定后，人体从传感器探头前移过，观察输出信号电压变化。再用手放在探头前不动，输出信号不会变化，这说明热释电传感器的特点是只有当外界的辐射引起传感器本身的温度变化时才会输出电信号，即热释电传感器只对变化的温度信号敏感，这一特性也决定了它的应用范围。

4）将传感器探头对准加热炉方向，开启加热炉并将温度控制在 50℃ 左右，用遮挡物断续探头前面的热源，观察并记录传感器输出信号的变化情况。

5）在传感器探头前加装菲涅耳透镜，试验传感器的探测视场和距离，以验证菲涅耳透镜的功能。

>> 小提示

热释电传感器的使用注意事项

1）传感器应离地面 2m 以上。

2）传感器应远离空调、冰箱、微波炉等温度变化较大的设备。

3）传感器的探测范围内不应有隔屏。

4）传感器不能直接面对窗口，否则窗外的热气流会对探测带来扰动。

四、光电式接近开关

光电式接近开关是传感器家族中的重要成员，它可以把发射端和接收端之间光的强弱变化转化为电流的变化以达到探测的目的。由于光电开关输出回路和输入回路是电隔离的（即电缘绝），所以它在许多场合得到应用。

光电式接近开关系统原理示意图如图 5-28 所示。

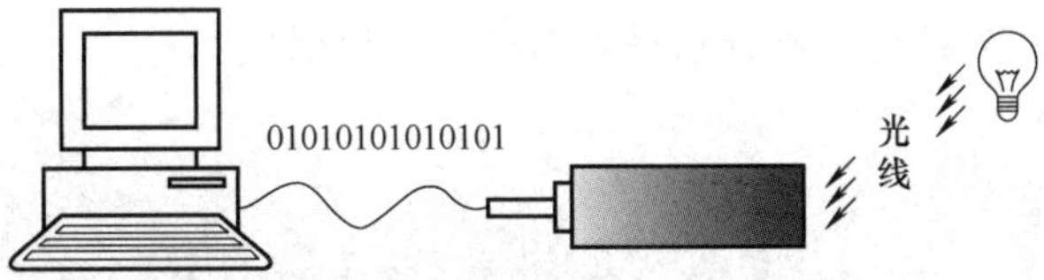

图 5-28　光电式接近开关系统原理示意图

光电式接近开关简称为光电开关，它是利用被测物体对光束的遮挡或反射，加上内部选通电路来检测物体有无的。物体不限于金属，所有能反射光线的物体均可被检测。光电开关在发射器上将输入电流转换为光信号射出，接收器根据接收到的光线的强弱或有无对目标物体进行探测，其工作原理如图 5-29 所示。多数光电开关选用的是波长接近可见光的红外线光波形。图 5-30 是光电开关外形图。

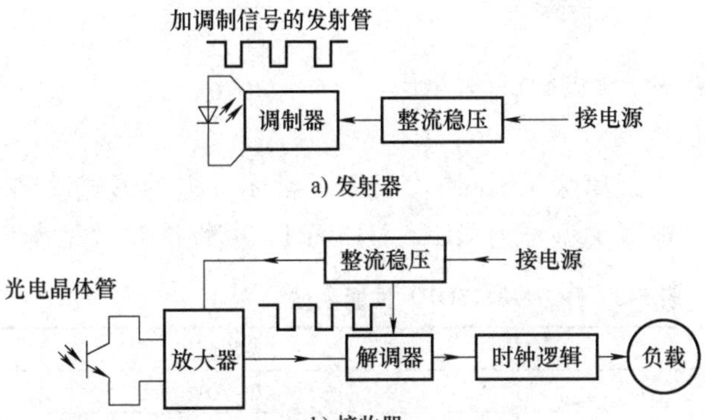

图 5-29　光电开关工作原理

图 5-30　光电开关外形图

根据光电开关工作原理的不同，光电开关大致可分为以下几种：

（1）漫反射式光电开关　这是一种集发射器和接收器于一体的传感器。当有被测物体经过时，物体将光电开关发射器发射的足够量的光线漫反射到接收器，光电开关的内部电路就产生一个开关信号。这种光电开关主要适用于有光亮或表面反光率极高的被测物体。

（2）镜反射式光电开关　同前者一样，这类光电开关也集发射器和接收器于一体，发射器发出的光线经过反射镜反射回接收器，当被测物体经过且完全阻断光线时，光电开关就产生了开关信号。

（3）对射式光电开关　这类光电开关的发射器和接受器在结构上相互分离，且沿光轴相对放置，发射器发出的光线直接进入接收器，当被测物体经过发射器和接收器之间且阻断光线时，光电开关就产生了开关信号。当被测物体为不透明时，对射式光电开关是最可靠的检测装置。

（4）槽式光电开关　这类光电开关因其有一个 U 形结构而得名，它的发射器和接收器分别位于 U 形槽的两边，并形成一光轴，当被测物体经过 U 形槽且阻断光轴时，光电开关就产生了开关量信号。槽式光电开关比较适合检测高速运动的物体，它还可以分辨透明与半透明物体。

（5）光纤式光电开关　采用塑料或玻璃光纤传感器来引导光线，可以对距离远的被测物体进行检测。常用的光纤传感器分别是对射式和漫反射式。

小实验

光电开关的使用

以槽式光电开关为例来练习光电开关的使用。槽式光电开关外形如图 5-31 所示。

图 5-31　槽式光电开关外形

此光电开关的额定动作距离为 15mm，有常开、常闭等多种形式，同时也可以交流供电。实验用光电开关型号为 HU15-M15DPT，其性能参数见表 5-3。

表 5-3　HU15-M15DPT 性能参数

技术参数	参数值
电源电压	10~30V
输出电流	200mA
环境温度	-25~55℃
指示灯	动作指示，电源指示
指向角	3°~20°
防护等级	IP65

实际接线时，需参照光电开关的输出接口形式，如图 5-32 所示。

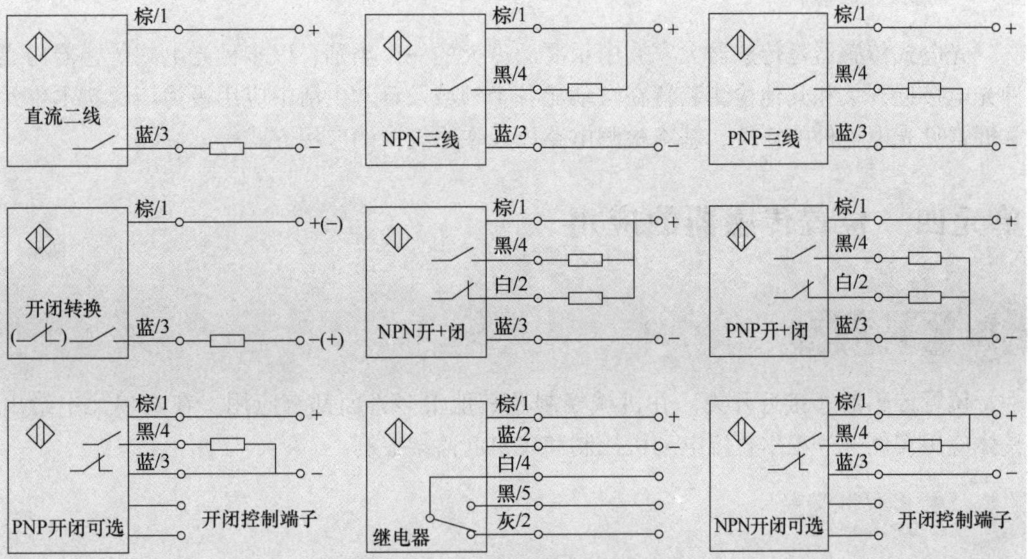

图 5-32　HU15-M15DPT 输出接口形式

与电感式、电容式接近开关一样，在电源信号输入端（棕色/蓝色）接入 24V 直流电压。通过检测黑色线上有无电压来判断开关的通断。

借鉴图 5-32 所示的接线方式搭建试验线路。24V 直流电源给光电开关供电，通过检测光电开关的输出端（黑线）和 24V 负端（蓝线）之间有无电压来判断是否有物体从发射器和接收器之间经过。为了方便检测，用万用表来测量这个电压值即可。

小提示

在使用光电开关检测微小物体时，光电开关没有任何输出。这是因为对于对射式光电开关而言，被测物体的最小宽度为光电开关透镜宽度的 80%。

小知识

材料对光的反射率

不同材料对光的反射率也不同，表 5-4 给出了不同材料对光的反射率对比表。

表 5-4　不同材料对光的反射率对比表

材料	反射率	材料	反射率
黑色布料	3%	手掌心	75%
餐巾纸	47%	不透明白塑料	87%
报纸	55%	不锈钢	100%
啤酒泡沫	70%		

单元小结

光电式传感器是传感器大家族中重要而庞大的一个类别，以多种光电式传感器构成的各种光电接近开关和其他检测装置在自动化各个领域及日常生活中应用极为广泛。本单元主要掌握常见光电器件的特性、基本检测电路以及在系统中的应用方式等。

单元四　位置传感器的应用

单元引入

位置传感器（接近开关）在机械控制及其他很多方面都有应用。在本单元中给出两个具体应用实例——霍尔直流电动机控制和飞机起落架控制。

学习目标

1）熟悉并描述位置传感器的基本应用方式。

2）举例说明接近开关在工业自动化或日常生活中的应用。

建议课时

2 学时

知识点

一、飞机起落架中的位置传感器

民用飞机在地面停放、起飞、着陆和滑行时，飞机起落架系统主要用于实现地面支撑，并在着陆接地时吸收飞机和地面的撞击能量。飞机起落架系统的控制单元主要用于实现起落架收放、前轮转弯和位置指示与告警等功能。图 5-33 所示为飞机前起落架。图 5-34 所示是一个简化的飞机起落架控制系统框图。

图 5-33　飞机前起落架

起落架系统布置有多个位置传感器，用于检测起落架位置、轮舱门状态、起落架支柱是否压缩等。这些传感器信号均在起落架控制单元中进行处理。

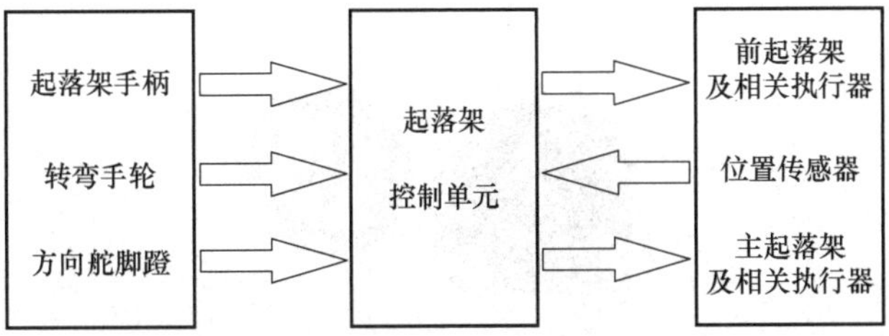

图 5-34　简化的飞机起落架控制系统框图

飞行员操纵驾驶舱内的起落架手柄，起落架控制单元会根据手柄位置和传感器信号，控制起落架及轮舱门的执行器，实现起落架正常收起和放下。当飞机起飞并保持正确的爬升率时，飞行员操作起落架手柄至“收上”位，起落架将依次完成“舱门打开、起落架收起、舱门关闭”的动作；当飞机准备着陆时，飞行员操作起落架手柄至“放下”位，起落架将依次完成“舱门打开、起落架放下、舱门关闭”的动作。起落架收放的同时，驾驶舱会显示起落架的位置，这些位置信号由相关位置传感器提供。若起落架位置与手柄位置不一致，会有相关警告。

飞行员可通过操纵转弯手轮（低速时使用）和方向舵脚蹬（高速时使用）提供前轮转弯的指令，起落架控制单元综合测算速度传感器、转弯传感器等信号参数，计算前轮转弯指令，控制相应的转弯执行器，实现转弯的伺服闭环控制。

二、无刷直流电动机

直流电动机的转矩是通过定子磁场和电枢绕组中的电流相互作用产生的。在有刷电动机中，换向器与电刷配合切换电枢绕组的电流方向，从而实现电动机单向旋转。在无刷直流电动机中，霍尔位置传感器探测转子磁场的位置（方向），通过控制电路给绕组相应方向的激励电流，从而维持转子持续旋转。图 5-35 所示为无刷直流电动机的结构和控制原理示意图。图 5-36 所示为杯形转子无刷直流电动机。

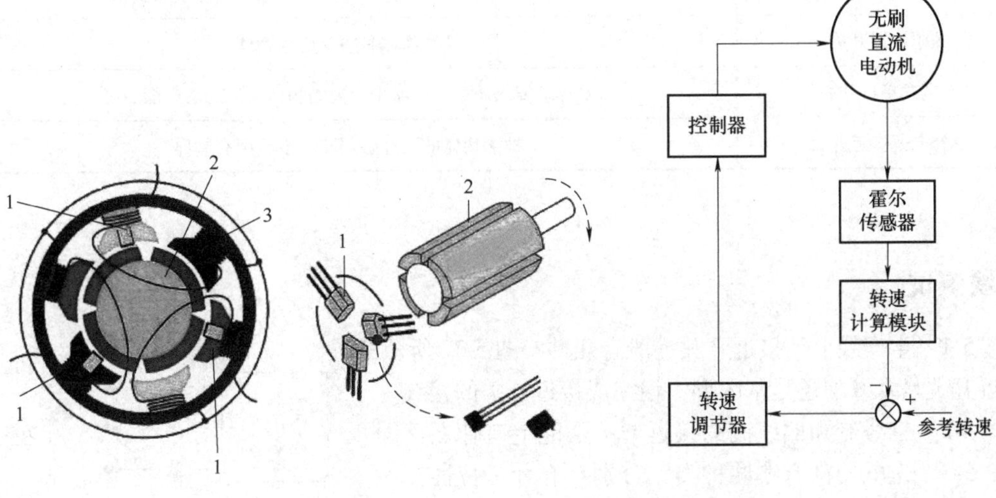

图 5-35　无刷直流电动机的结构和控制原理示意图

1—霍尔元件　2—转子　3—定子绕组

图 5-36 杯形转子无刷直流电动机

1—定子 2—霍尔元件 3—转子

模块总结

位置传感器也称接近开关，它是一类能感知物体接近程度的传感器。接近开关可分为电容式、涡流式、霍尔式、光电式、热释电和超声波式等。接近开关的工作原理比较简单，有较大的带负载能力，可以控制并带动执行机构工作。由于不需要其他控制电路和装置，因而由接近开关组成的控制系统简单可靠且成本较低，广泛应用于自动生产线为代表的各类自动控制环节。

位移和位置检测

常用接近开关的特点见表 5-5。

表 5-5 常用接近开关的特点

接近开关类型	特点
电感式接近开关	被测物体必须是导电体
电容式接近开关	被测物体不限于导电体，可以是绝缘的液体或粉状物
霍尔接近开关	被测物体必须是磁性物体
光电式接近开关	对环境要求严格，无粉尘，被测物体对光的反射能力好
热释电式接近开关	被测物体的温度必须和环境温度有差异

模块测试

5-1 生产线上的接近开关一般有几种？图 5-37 所示的接近开关是常开型还是常闭型？请完成接近开关的接线。

5-2 三线制和四线制的接近开关功能上有什么不同？

5-3 光电器件有哪些种类？分别具有什么特性？

5-4 光电接近开关有哪几种工作形式？

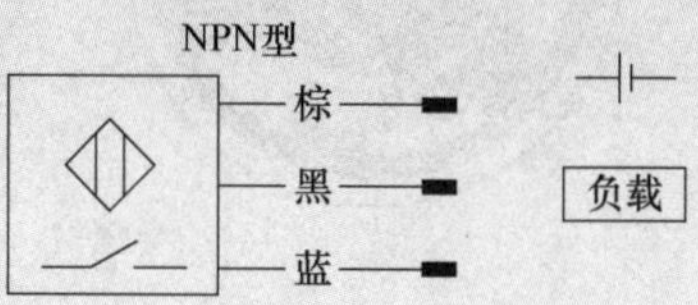

图 5-37 题 5-1 图

5-5　热释电式传感器的特性是什么？使用热释电式传感器有哪些注意事项？

5-6　判断图 5-38 所示是亮通电路还是暗通电路？并解释你的判断。

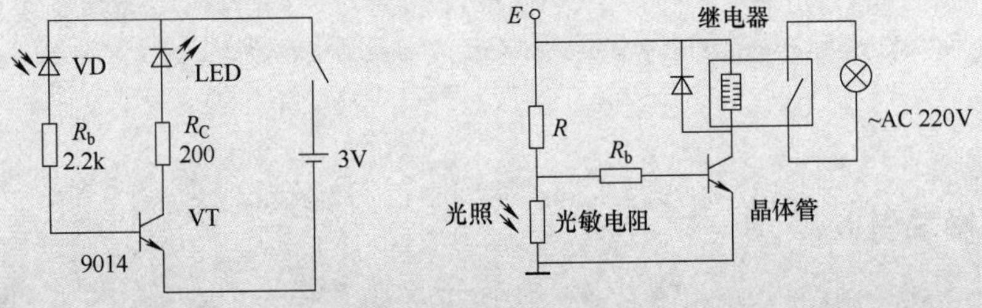

图 5-38　题 5-6 图

5-7　写出你认为可以用霍尔传感器来检测的物理量。

模块六　位移和速度传感器

模块引入

位移检测是指测量位移、距离、位置、尺寸、角度及角位移等几何量。根据传感器的信号输出形式，位移传感器可以分为模拟式和数字式两大类，见表 6-1。根据被测物体的运动形式，位移传感器可分为线性位移传感器和角度位移传感器。

光栅与编码器

表 6-1　位移传感器

位移传感器	模拟式	电位器、电阻应变片、电容传感器、螺管电感、差动变压器、涡流探头、光电元件、霍尔器件、微波器件、超声波器件
	数字式	光栅、磁栅、感应同步器

位移传感器是应用最多的传感器之一，它在机械制造工业和其他工业的自动检测技术中占有很重要的地位，在很多领域也得到了广泛的应用。

单元一　电位器式位置传感器

单元引入

电位器式位置传感器又称为变阻式位置传感器，通过改变接入电路部分电阻线的长度来改变电阻。根据电位器的结构类型可以分为直线位移型、角位移型和非线性位移型，如图 6-1 所示。

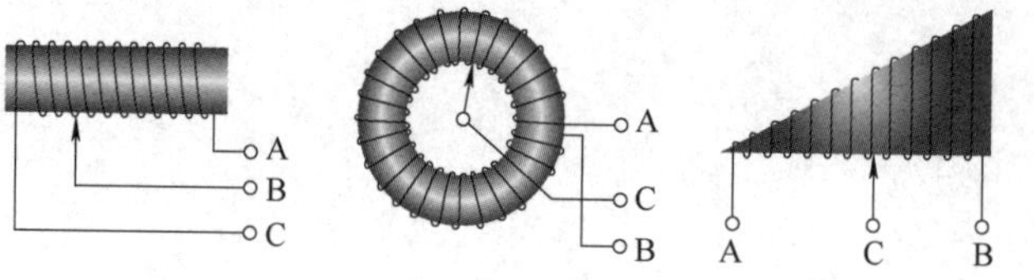

a) 直线位移型电位器　b) 角位移型电位器　c) 非线性位移型电位器

图 6-1　不同类型电位器

学习目标

1）熟悉电位器的常用参数，了解其基本使用方法。

2）理解电位器的基本原理。

3）掌握运用元件测量物体位移和速度的方法。

建议课时

2 学时

知识点

一、电位器的特性

电位器是人们常用到的一种电子元件。作为传感器，它可以将机械位移转换为电阻值的变化，从而引起输出电压的变化。电位器式位置传感器具有结构简单、价格低廉、性能稳定、环境适应能力强、输出信号大等优点。其缺点主要是分辨率有限、动态响应较差。

图 6-2 所示为电位器式位置传感器，其中图 6-2a 为直线位移式，图 6-2b 为角位移式。

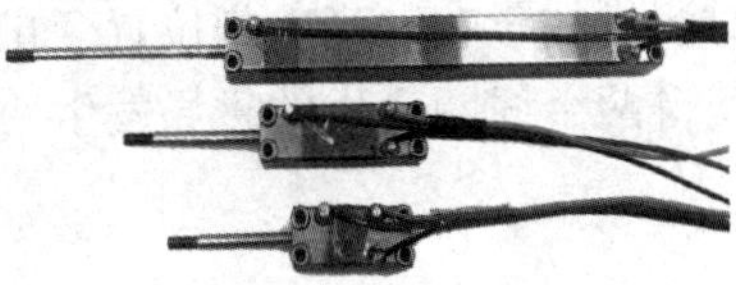

a) 直线位移式

b) 角位移式

图 6-2　电位器式位置传感器

选用测量范围为 0~300mm 的直线位移式电位器，用电阻表（万用表欧姆档）测量其电阻值。记录下电位器在不同位置时的电阻值，填入表 6-2 中。

表 6-2　电位器的电阻值

位置/mm	0	50	100	150	200	250	300
电阻/Ω							

直线位移式和角位移式如图 6-3a、图 6-3b 所示，从图 6-2c 所示的等效电路可以看出，电位器能方便地将电阻的变化转换为电压的变化。

二、电位器式位置传感器的应用

在使用电位器式位置传感器时，最简单的连接方式是把输出的电压信号接到控制电路前置放大器的输入端或控制器电路的输入端，如图 6-4 所示。设加在电位器两端的直流电压为 U，由于电刷把电位器分成了电阻值为 R_1 和 R_2 的两段，则在不接后续电路（空载）时，电

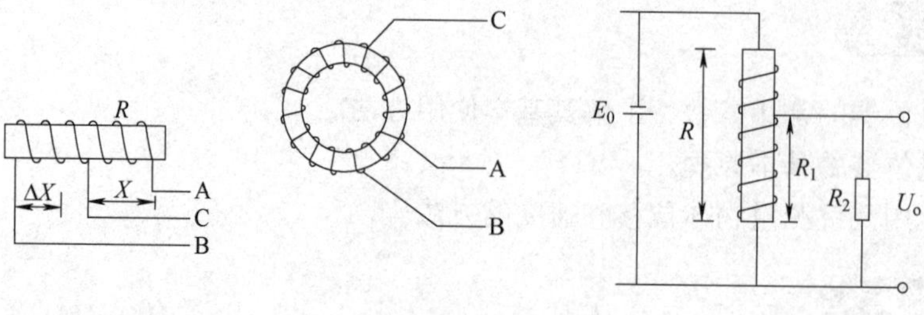

a) 直线位移式　　b) 角位移式　　c) 等效电路

图 6-3　电位器式位置传感器

刷的输出电压为 $UR_2/(R_1+R_2)$。由于 R_1+R_2 是一个常数，所以，该公式为线性的。但是，线性电位器的位移测量式是理想空载情况下得到的，当接入输入阻值为 R_f 的后续电路后，电刷上部的电阻值仍为 R_1，而电刷下部的电阻值则变为 R_2 与 R_f 并联。传感器的实际输出电压 U_o 不再等于 $UR_2/(R_1+R_2)$。当后续电路的输入阻值较小时，电刷输出的电压值相对前述公式就会存在较大误差。因此，电位器的后续电路一般采用高输入阻抗，以减小负载效应引起的测量误差。

有些油量检测采用的就是电阻式位置传感器，油量表的工作原理如图 6-5 所示。通过测量油箱内油面的高度来测量油箱内的剩余油量。当油量变化时，浮子通过杠杆带动电位器的电刷在电阻上滑动，因此，一定的油面高度就对应一定的电刷位置。在油量表中，采用电桥作为电位器的测量电路，从而消除了负载效应对测量的影响。当电刷位置变化时，为了保持电桥的平衡，两个线圈内的电流会发生变化，使得两个线圈产生的磁场发生变化，从而改变指针的位置，使油量表指示出油箱内的油量。

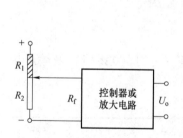

图 6-4　电位器简单应用电路

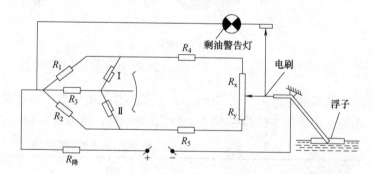

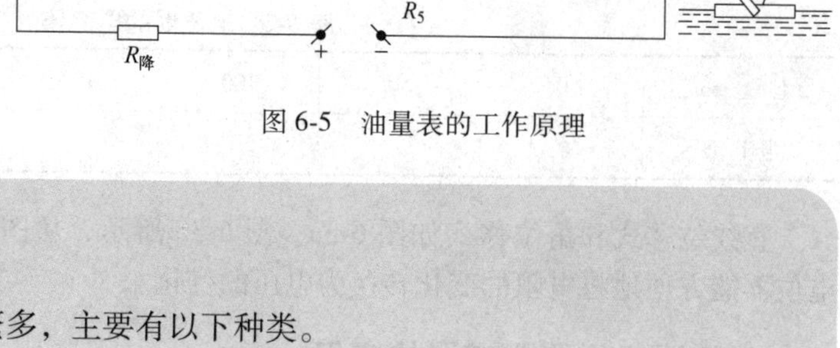

图 6-5　油量表的工作原理

知识拓展

电位器的种类繁多，主要有以下种类。

1. 线绕电位器

线绕电位器的电阻体由电阻丝缠绕在绝缘物上构成，如图 6-6a 所示。电阻丝的种类很多，电阻丝的材料是根据电位器的结构、容纳电阻丝的空间、电阻值和温度系数来选择的。电阻丝越细，在给定空间内获得的电阻值和分辨率越大。但电阻丝太细，在使用过程中容易断开，影响传感器的寿命。

为了克服线绕电位器存在的缺点，人们在电阻的材料及制造工艺上下了很多工夫，发展了各种非线绕电位器。

2. 合成膜电位器

合成膜电位器的电阻体是用具有某一电阻值的悬浮液喷涂在绝缘骨架上形成电阻膜制成的，如图 6-6b 所示。这种电位器的优点是分辨率较高、阻范围很宽（100～4.7MΩ）、耐磨性较好、工艺简单、成本低、输入-输出信号的线性度较好等，其主要缺点是接触电阻大、功率不够大、容易吸潮、噪声较大等。

3. 金属膜电位器

金属膜电位器由合金、金属或金属氧化物等材料通过真空溅射或电镀方法，沉积在瓷基体上一层薄膜制成，如图 6-6c 所示。

金属膜电位器具有无限的分辨率、接触电阻很小、耐热性好、满负荷温度可达 70℃。与线绕电位器相比，它的分布电容和分布电感很小，所以特别适合在高频条件下使用，它的噪声信号仅高于线绕电位器。金属膜电位器的缺点是耐磨性较差，阻值范围窄，一般在 10～100kΩ 之间。这些缺点限制了它的使用。

4. 导电塑料电位器

导电塑料电位器又称为有机实心电位器，这种电位器的电阻体是由塑料粉及导电材料的粉料经塑压而成，如图 6-6d 所示。导电塑料电位器的耐磨性好、使用寿命长、允许电刷接触压力很大，因此它在振动、冲击等恶劣的环境下仍能可靠地工作。此外，它的分辨率较高、线性度较好、阻值范围大、能承受较大的功率。导电塑料电位器的缺点是阻值易受温度和湿度的影响，故精度不易做得很高。

5. 导电玻璃釉电位器

导电玻璃釉电位器又称为金属陶瓷电位器，它是以合金、金属化合物或难溶化合物等为导电材料，以玻璃釉为黏合剂，经混合烧结在玻璃基体上制成的，如图 6-6e 所示。导电玻璃釉电位器的耐高温性好、耐磨性好、有较宽的阻值范围、电阻温度系数小且抗湿性强。导电玻璃釉电位器的缺点是接触电阻变化大、噪声大、不易保证测量的高精度。

a) 线绕电位器　b) 合成膜电位器　c) 金属膜电位器　d) 导电塑料电位器　e) 导电玻璃釉电位器

图 6-6　各种电位器

单元小结

电位器式位置传感器优点是结构简单、尺寸小、重量轻、价格低廉且性能稳定，受环境因素（如温度、湿度、电磁场干扰等）影响小，可以实现输出-输入间任意函数关系，输出信号大，一般不需放大；缺点是电刷与线圈或电阻膜之间摩擦，需要较大的输入能量，分辨率较低，动态响应较差，适合于缓慢量的测量。

单元二　旋转编码器

单元引入

随着大型工程机械对可靠的速度和位置检测的需求越来越高，旋转编码器应用范围日益广泛，重型车辆行业中，旋转编码器主要用在电子转向助力系统、车辆速度检测器以及混合动力汽车；工业自动化控制生产线领域，工厂的自动化生产线需要精确的速度和方向信息来保证电动机正常运行；工业机器人领域，机器人的每个关节都需要精确的控制以保证整个机器人的协调运动或行走，所以每个关节都需要一个旋转编码器进行协调控制。旋转编码器简称编码器。

学习目标

1）理解旋转编码器的基本原理。

2）掌握运用传感器测量物体位移和速度的方法。

建议课时

2 学时

知识点

一、接触式编码器

接触式编码器是通过读取编码盘上的图案（导电区）来表示数值的。图 6-7a～c 所示为几种编码结构。图 6-7b 中黑色部分是导电部分，表示为“1”；白色部分为绝缘部分，表示为“0”。四个码道都装有电刷，最里一圈是公共极，四个码道产生四位二进制数，因此将码盘圆周分成十六等份。当码盘旋转时，四个电刷依次输出十六个二进制编码 0000～1111，编码代表实际角位移。码盘分辨率与码道多少有关，n 位码道码盘的角分辨率为

$$\alpha=\frac{360°}{2^n} \tag{6-1}$$

这种编码器主要缺点是码盘上的图案变化较大，如从 0111 到 1000，在使用中容易产生较多的误读。改进后的结构如图 6-7c 所示，称为格雷编码盘，它的特点是每相邻十进制数之间

只有一位二进制码不同。因此，图案的切换只在一位数（二进制的位）进行。所以能把误读控制在一个数单位之内，提高了可靠性。有关格雷码的知识可以参阅数字电路相关内容。

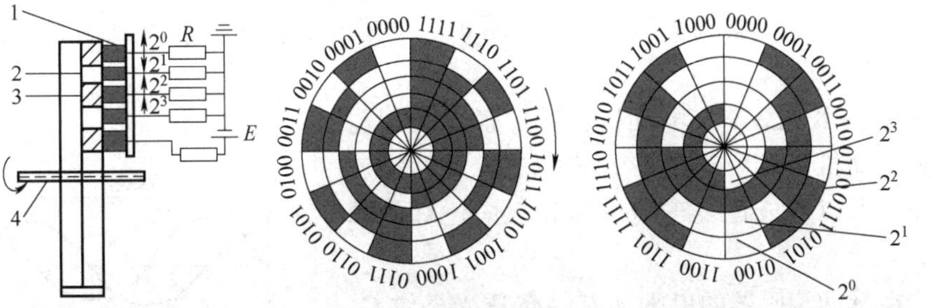

a) 接触式码盘结构　b) 二进制码盘　c) 格雷码盘

图 6-7　几种编码结构

1—电刷　2—绝缘体　3—导电体　4—转轴

二进制码盘虽然简单，但精度和分辨率要求很高时，增加码道数存在一定困难。而且当进给转数大于 1 转时，需做特别处理。组成多级检测装置还必须用减速齿轮将以上的编码器连接起来，使其结构复杂、成本增高。

二、光电式编码器

光电式编码器也称光电码盘、光电脉冲发生器等，它分为增量式和绝对式两种。增量式光电编码器在其轴旋转时，有相应的脉冲输出，通过辨向电路和计数器能把回转件的旋转方向、角度和速度正确地测量出来。其计数起点可任意设定，并可实现多圈的无限累加和测量，还可在每转发出一个脉冲信号，作为参考机械零位。绝对式光电编码器在其轴旋转时，可将被测转角转换成一一对应的代码（二进制、BCD 码等）来指示绝对位置而没有累计误差，并且无需判向电路。它有一个绝对零位代码，当停电或关机后再开机重新测量时，仍可准确地读出停电或关机时的位置代码，并准确地找到零位代码。下面重点介绍增量式光电编码器。

光电式脉冲编码器结构原理如图 6-8 所示。它由光源、透镜、光栅板、码盘基片、透光狭缝、光敏元件、信号处理装置等组成。在码盘基片的圆周上等分地制成透光狭缝，其数量从几百条到上千条不等。光栅板透光狭缝为两条，每条后面安装一个光敏元件。

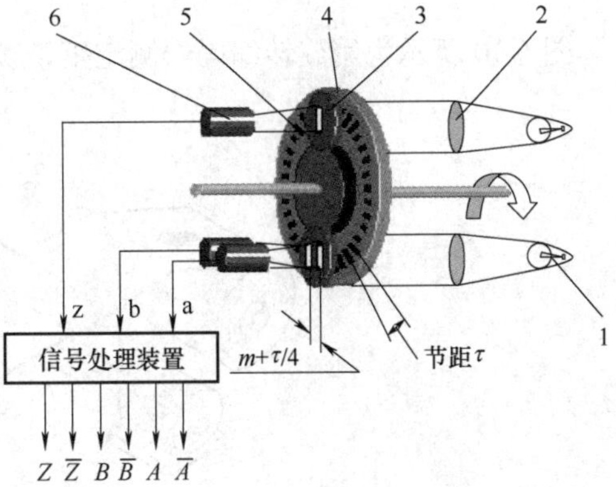

图 6-8　光电式脉冲编码器结构原理

1—光源　2—透镜　3—光栅板　4—码盘基片

5—透光狭缝　6—光敏元件

当码盘基片转动时，光敏元件把通过光电码盘和光栅板射来的忽明忽暗的光信号（近似于正弦信号）转换为电信号，经整形、放大等电路的转换后变成脉冲信号，通过计量脉冲的数目，即可测出工作轴的转角，并通过数显装置进行显示。通过测定计数脉冲的频率，即可测出工作轴的转速。

三、辨向与细分

从光栅板上两条狭缝中检测的信号 A 和 B，是具有 90°相位差的两个正弦波，这组信号经放大器放大与整形，输出波形如图 6-9 所示。根据先后顺序，即可判断光电码盘的正反转，这个过程称为辨向。

若 A 相超前 B 相，对应电动机正转；若 B 相超前 A 相，对应电动机反转。若以该方波的前沿或后沿产生计数脉冲，可以形成代表正向位移和反向位移的脉冲序列。

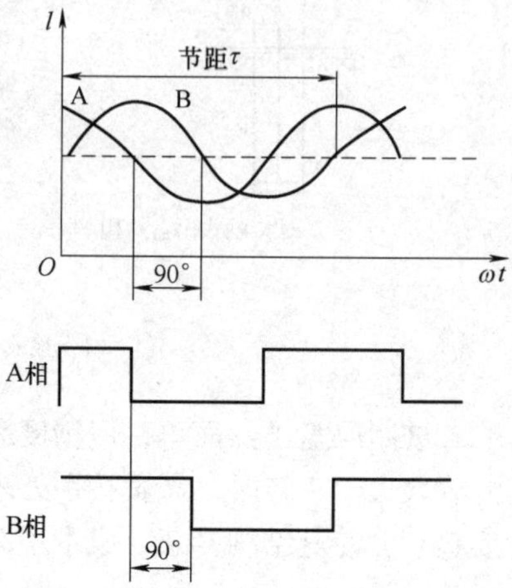

图 6-9 脉冲编码器输出波形

此外，在脉冲编码器的里圈还有一条透光条纹 C，用以产生基准脉冲，又称零点脉冲，它是轴旋转 1 周在固定位置上产生的一个脉冲。如数控车床切削螺纹时，可将这种脉冲当作车刀进刀点和退刀点的信号使用，以保证切削螺纹不会乱牙；也可用于高速旋转的转数计数或加工中心等数控机床上的主轴准停信号。

从脉冲编码器输出的信号是差动信号，差动信号的传输大大提高了传输的抗干扰能力。在数控装置中，常对上述差动信号进行倍频处理，进一步提高其分辨率，从而提高位置控制精度，称为细分。如果数控装置的接口电路从信号 A 的上升沿和下降沿各取一个脉冲，则每转所检测的脉冲数提高了一倍，称为二倍频。同样，如果从信号 A 和信号 B 的上升沿和下降沿均各取一个脉冲，则每转所检测的脉冲数为原来的四倍，称为四倍频。

当利用脉冲编码器的输出信号进行速度反馈时，可经过频率-电压转换器（f/V）变成正比于频率的电压信号，作为速度反馈，供给模拟式伺服驱动装置。对于数字式伺服驱动装置则可直接进行数字测速。

四、旋转编码器的应用

图 6-10 所示为用旋转编码器测定钢条被轧出的速度。

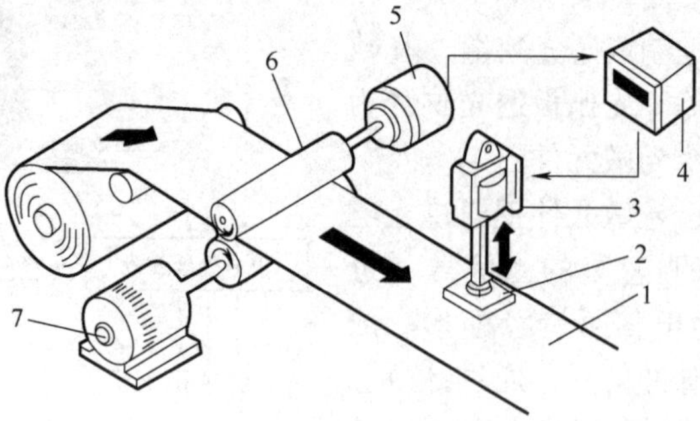

图 6-10 用旋转编码器测定钢条被轧出的速度

1—板材（或钢条） 2—打印头 3—执行器 4—计数卡 5—旋转编码器 6—升降辊 7—传送电动机

图 6-11 是旋转编码器在定位加工中的应用示意图，如当加工好工件 1 后紧接着加工工件 8，则电动机转动的角度由编码器给出脉冲数来测量，编码器输出脉冲去控制电动机停转，从而完成加工零件的定位。

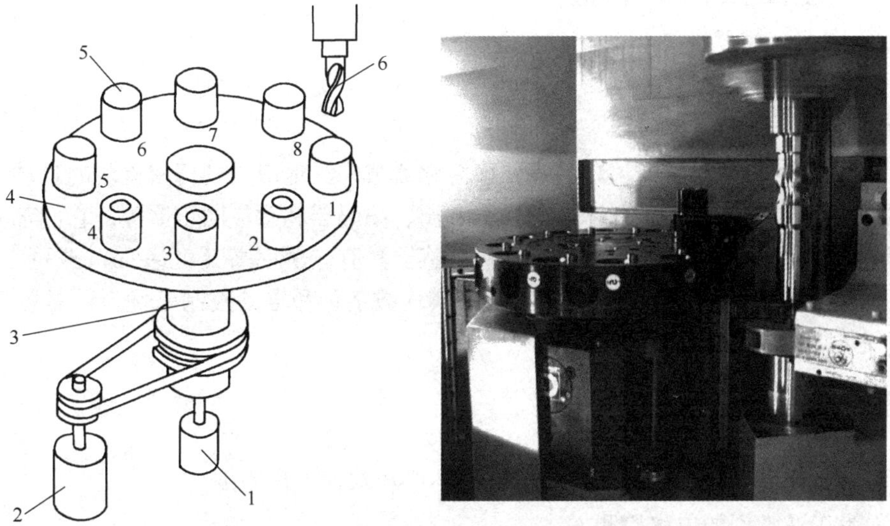

图 6-11　旋转编码器在定位加工中的应用示意图

1—旋转编码器　2—电动机　3—转轴　4—转盘　5—工件　6—刀具

利用旋转编码器还可以测量伺服电动机的转速和转角，并通过伺服控制系统控制其各种运行参数，如图 6-12 所示。

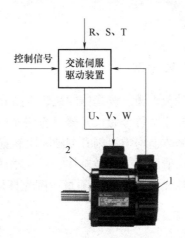

图 6-12　旋转编码器在伺服电动机中的应用

1—编码器　2—电动机

单元小结

旋转编码器适用于精密工作环境和自动化控制领域，具有耐冲击、耐震动、体积小、重量轻、带载强、小型化、全通孔、易安装、价格低、高性能设计、抗干扰能力强等特点。旋转编码器广泛应用于自动控制、自动测量、电梯、机床、机器人、工程机械、纺织等领域。

单元三　光栅位移传感器

单元引入

随着数字技术的不断发展，数字式位移传感器被广泛地应用到精密检测的自动控制系统中。常用的数字式位移传感器有计量光栅、磁栅、编码器和感应同步器等，它们都有线位移测量和角位移测量两种构造形式。光栅位移传感器具有分辨率高（可达 1μm 或更小）、测量范围大（几乎不受限制）、动态范围宽、易于实现数字化和自动控制等优点，是数控机床和精密测量中应用较广的检测元件。

学习目标

1）了解常用光栅位移传感器检测组件的外形和基本工作原理。

2）熟悉工业常用的位移检测方法。

3）学会光栅位移传感器检测系统的安装、调试和维修要点。

建议课时

4 学时

知 识 点

一、光栅位移传感器的结构和类型

用于位移测量的光栅称为计量光栅。按光栅的光线走向分类，可分为透射式光栅和反射式光栅两大类；按用途分类，光栅又可分为长光栅（直线光栅）和圆光栅两种。

透射式光栅是在光学玻璃基体上均匀地刻有刻画间距和宽度相等的条纹，形成断续的透光区和不透光区；反射式光栅一般用不锈钢做基体，用化学的方法制作出黑白相间的条纹，形成强光反光区和不反光区；长光栅用于长度测量；圆光栅用于角度测量。图 6-13 所示为测量位移的长光栅的结构。

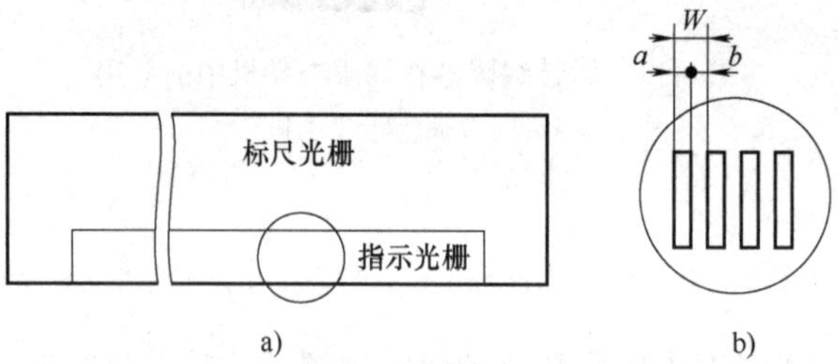

图 6-13　测量位移的长光栅的结构

在测量直线位移的长光栅中，若 a 为刻线宽度，b 为缝隙宽度，则 $W=a+b$ 称为光栅的栅距（也称光栅常数）。通常 $a=b$，或 $a:b=1.1:0.9$。线纹密度一般为每毫米 200、100、50、25 和 10 线，标尺光栅的有效长度即为测量范围。指示光栅比标尺光栅短得多，但两者刻有同样栅距。透射式光栅使光线通过光栅后产生明暗条纹，反射式光栅反射光线并使之产生明暗条纹。在测量角位移圆光栅中，其光栅两条相邻刻线的中心线的夹角称为角介距，线纹密度一般为每周（360°）有 100~21600 不等的线。

二、光栅位移传感器的测量原理

如图 6-14 所示，光栅位移传感器主要由标尺光栅、指示光栅、光路系统和光电元件等组成。下面以黑白透射式长光栅为例介绍光栅位移传感器的测量原理。

1. 光栅位移传感器的转换元件

图 6-15 是位移检测光栅的结构。使用时两个光栅相互重叠，两者之间有微小的空隙 d（取 $d=W^2/\lambda$，W 为栅距，λ 为有效光波长），使其中一片固定，另一片随着被测物体移动，即可实现位移检测。

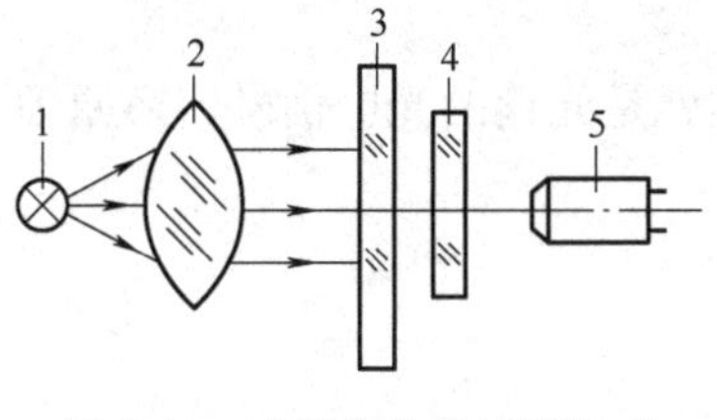

图 6-14　光栅位移传感器组成

1—光源　2—聚光镜　3—标尺光栅

4—指示光栅　5—光电元件

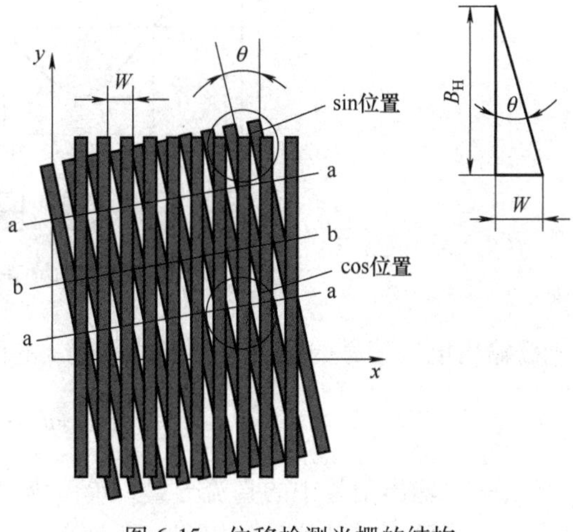

图 6-15　位移检测光栅的结构

当指示光栅和标尺光栅的线纹相交一个微小的夹角 θ 时，在刻线的重合处，光从缝隙透过形成 a-a 亮带。两光栅刻线彼此错开处，光栅相互档光形成 b-b 暗带。由于挡光效应（当线纹密度≤50 条/mm 时）或光的衍射作用（当线纹密度≥100 条/mm 时），在与光栅线纹大致垂直的方向上（两线纹夹角的等分线上）产生出亮、暗相间的条纹，这些条纹称为莫尔条纹。莫尔条纹有如下的重要特征：

1）莫尔条纹由大量的光栅刻线共同形成，对线纹的刻划误差有平均抵消作用，能在很大程度上消除短周期误差的影响。

2）在两光栅沿刻线的垂直方向作相对移动时，莫尔条纹在刻线方向移动。两光栅相对移动一个栅距 W，莫尔条纹也同步移动一个间距 B_H，固定点上的光强则变化一周。而且当光栅反向移动时，莫尔条纹移动方向也随之反向。

3）莫尔条纹的间距与两光栅线纹夹角 θ 之间的关系为

$$B_{\mathrm{H}}=\frac{W}{2\sin\dfrac{\theta}{2}}\approx\frac{W}{\theta} \tag{6-2}$$

式中 W——光栅栅距，单位为 mm；

θ——两光栅刻线间的夹角，单位为 rad。

从式（6-2）可知，当 W 一定时，θ 越小，则 B_{H} 越大。这相当于把栅距放大了 $1/\theta$ 倍，提高了测量的灵敏度。一般 θ 很小，W 可以做到约 0.01mm，而 B_{H} 可以到 6~8mm。采用特殊电子线路可以区分出 $B_{\mathrm{H}}/4$ 的大小，因此可以分辨出 $W/4$ 的位移量。例如 $W=0.01\mathrm{mm}$ 的光栅可以分辨 0.0025mm 的位移量。

若用光电元件接收莫尔条纹移动时光强的变化，则光信号被转换为电信号（电压或电流）输出，如图 6-16 所示。

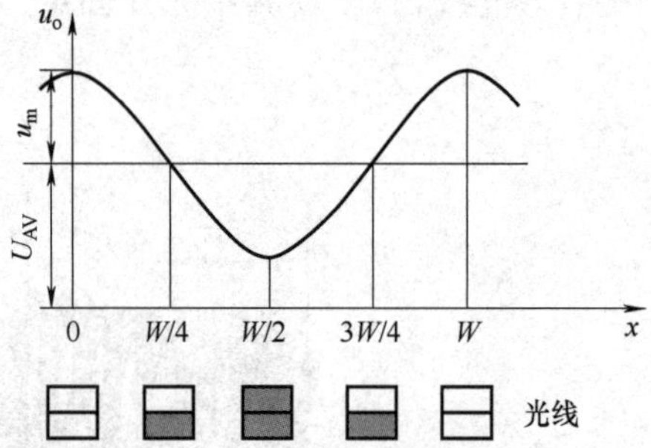

图 6-16 光栅位移与光强及输出电压的关系

光栅输出电压信号的幅值为光栅位移量 x 的函数，这就是光栅的光电信号转换原理。即

$$u_{o}=U_{\mathrm{AV}}+u_{\mathrm{m}}\sin\left(\frac{2\pi x}{W}\right) \tag{6-3}$$

式中 U_{AV}——输出信号中的直流分量，单位为 V；

u_{m}——输出正弦信号的幅值，单位为 V；

x——两光栅间的瞬时相对位移，单位为 mm。

从式（6-3）可知，当 W、U_{AV} 和 u_{m} 一定时，x 越大，则 u_{o} 越大。

2. 光栅位移传感器测量系统

光栅位移传感器测量系统由放大与整形电路、辨向与细分电路、可逆计数器和数字显示电路组成，如图 6-17 所示。转换元件把位移量转换成电压信号 u_{o} 后，由放大与整形电路将光电元件的电压信号 u_{o} 进行放大整形，转换成方波信号 u'_{o}。然后再由辨向与细分电路转换成脉冲信号 u'_{z}，经过可逆计数器计数后，在显示器上实时地以数字形式显示出位移量的大小。位移量是脉冲数与栅距的乘积，当栅距为单位长度时，所显示的脉冲数则直接表示出位移量的大小。

3. 辨向原理

图 6-18 所示为光栅位移传感器的辨向电路。由光栅位移传感器的转换元件的原理可知，若传感器只安装一套光电元件，那么可动光栅片无论是向左或向右移动，在固定点观察时，

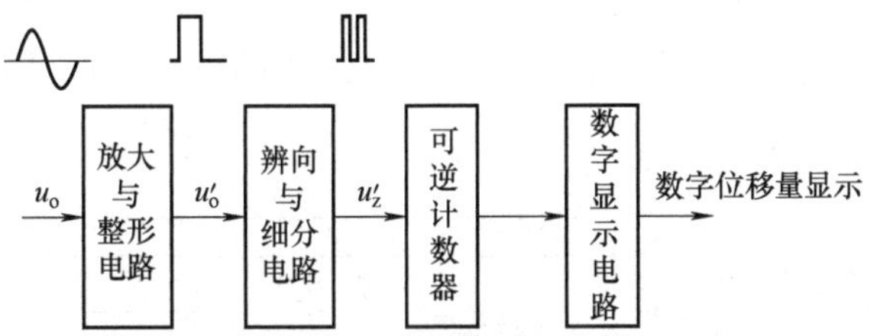

图 6-17　光栅位移传感器测量系统

莫尔条纹同样都是做明暗交替的变化，后面的数字电路都将发生同样的计数脉冲，从而无法判别光栅移动的方向，也不能正确测量出有往复移动时位移的大小。因而，必须在检测电路中加入辨向电路。图 6-18 中 RC 微分电路将方波电信号转换成脉冲电信号，使 IC 与门产生计数脉冲，并送到可逆计数器进行计数，再由数字显示器显示被测位移量。

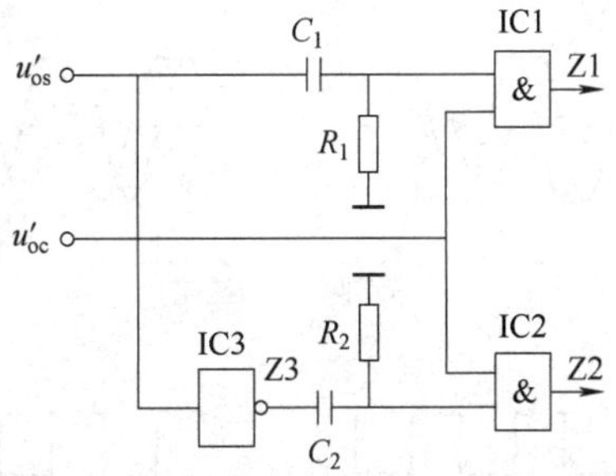

图 6-18　辨向电路

如图 6-19 所示，两个相隔 $B_H/4$ 的光电元件，将各自得到相差 $\pi/2$ 的电信号 u_{os} 和 u_{oc}。它们经整形电路转换成两个方波信号 u_{oc}' 和 u_{os}'。从图 6-19b 的波形的对应关系可看出，当光栅沿 x 正方向移动时，u_{os}' 经微分电路后产生的脉冲（充填的脉冲）正好发生在 u_{oc}' 处于“1”电平，从而经 IC1 输出计数脉冲 u_{z1}，送入加法计数器；而 u_{oc}' 经反相并微分后产生的脉冲则与 u_{os}' 的“0”电平相遇，与门 IC2 被阻塞，没有脉冲输出。当光栅沿 x 反方向移动时，u_{os}' 的微分脉冲发生在 u_{oc}' 为“0”电平时，与门 IC1 无脉冲输出；而 u_{os}' 的反相微分脉冲则发生在 u_{oc}' 的“1”电平时，与门 IC2 输出计数脉冲 u_{z2}，送入加法计数器。u_{oc}' 的电平状态实际上是与门的控制信号，移动方向不同，u_{os}' 所产生的计数脉冲的输出路线也不同。于是可以根据运动方向正确地给出加计数脉冲或减计数脉冲，再将其输入可逆计数器，即可实时显示出相对于某个参考点的位移量。

4. 细分技术

若以移过的莫尔条纹的数量来确定位移量，其分辨率为光栅栅距。为了提高分辨率和测得比栅距更小的位移量，可采用细分技术。细分技术是在莫尔条纹信号变化的一个周期内，给出若干个计数脉冲来减小脉冲当量的方法，这种技术也称为电子细分法，常用四倍频细分电路来实现。

在辨向原理中已知，在相差 $B_H/4$ 位置上安装两个光电元件，得到两个相位相差 $\pi/2$ 的电信号。若将这两个信号反相就可以得到四个依次相差 $\pi/2$ 的信号，从而可以在移动一个栅距的周期内得到四个计数脉冲，实现四倍频细分。也可以在相差 $B_H/4$ 位置上安放四个光电元件来实现四倍频细分。电子细分法不可能得到高的细分数，因为在一个莫尔条纹的间距内不可能安装更多的光电元件。优点是对莫尔条纹产生的信号波形没有严格要求。

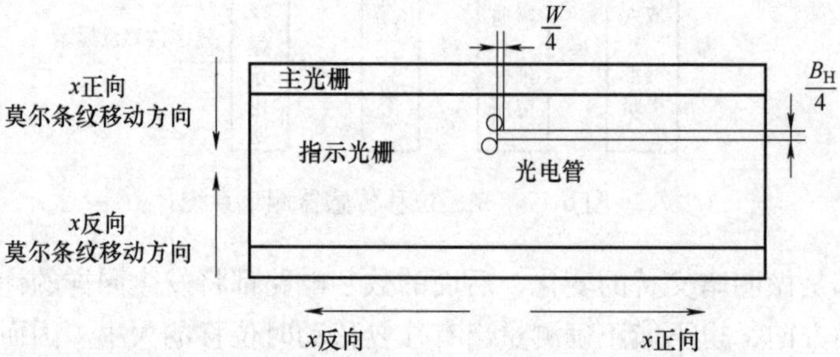

a) 光电元件的位置与x的莫尔条纹移动方向的关系

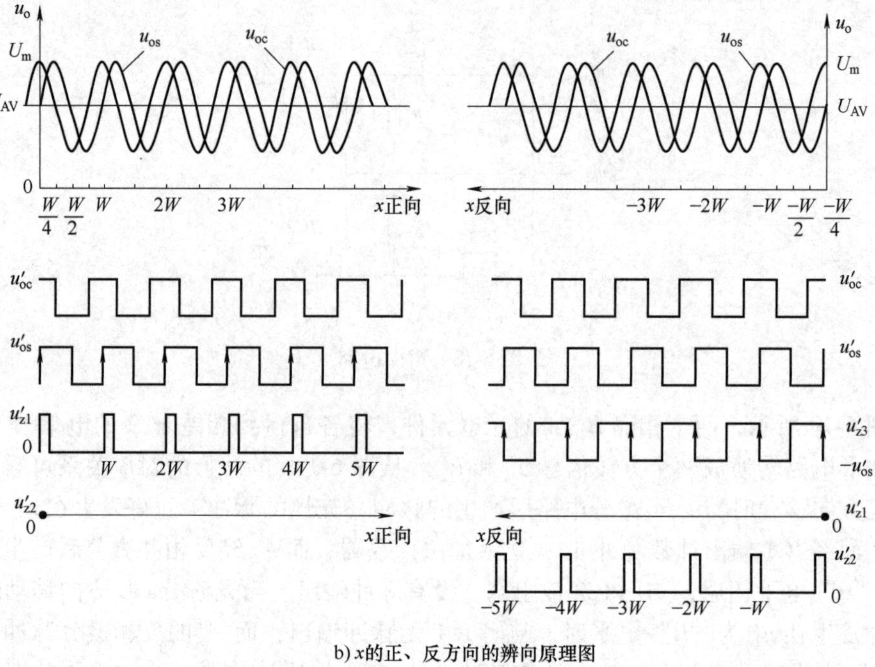

b) x的正、反方向的辨向原理图

图 6-19 辨向电路的原理图

三、光栅位移传感器的应用

光栅位移传感器是改造旧机床、装备新机床以及改进长度计量仪器的重要配套件。图 6-20所示为光栅位移传感器的外形及尺寸。

光栅位移传感器分为光栅尺和数字显示表两部分。光栅尺上固定有五个精确定位的微型滚动轴承，并沿导轨运动，保证副光栅（即指示光栅）与主栅尺（即标尺光栅）在运动时能够保持准确的夹角和正确的间隙。数字显示表为智能式仪表，用于显示位移测量结果和相关参数设置等。

BG1 型光栅位移传感器具有精度高、便于数字化处理、体积小、重量轻等特点，适用于机床与仪器的长度测量、坐标显示和数控系统的自动测量等。

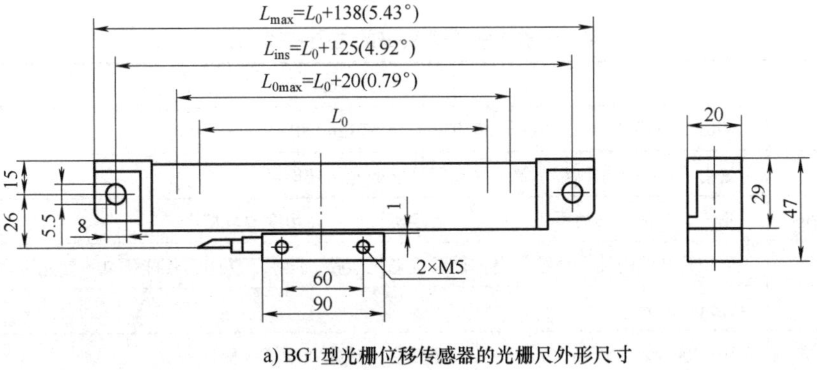

a) BG1型光栅位移传感器的光栅尺外形尺寸

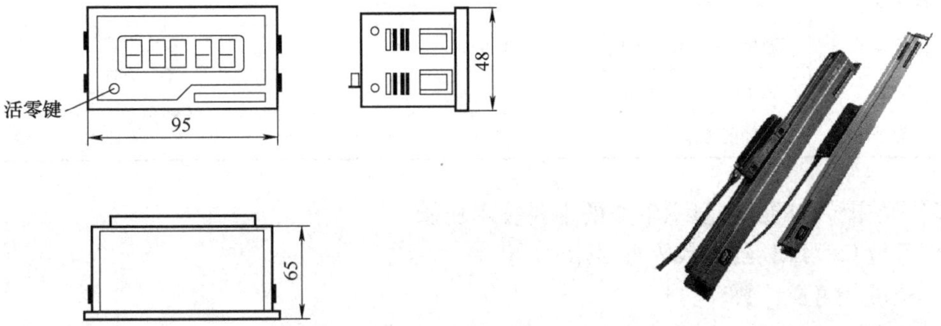

b) BG1光栅位移传感器的数字显示表外形及尺寸

图 6-20 光栅位移测量系统外形及尺寸

四、学习使用光栅位移传感器

1. 实训目的

通过紧密结合生产实际地进行光栅位移传感器检测系统的实训，进一步提高学生现场的分析判断能力、动手能力和操作技能，掌握光栅位移传感器系统的安装工艺、调试步骤和维修方法。

2. 实训原理

光栅位移传感器是由一对光栅副中的主光栅（即标尺光栅）和副光栅（即指示光栅）进行相对位移时，在光的干涉与衍射共同作用下产生黑白（或明暗）相间的规则条纹图形，称之为莫尔条纹。经过光电元件使黑白（或明暗）相间的条纹转换成正弦波变化的电信号，再经过放大器放大，整形电路整形后，得到两路相差为 90°的方波，经辨向与细分电路处理后得到脉冲，送入光栅数显表计数并显示。

3. 准备工具、仪表和器材

（1）实训工具 尖嘴钳、螺钉旋具和电烙铁（20~35W）等电工工具一套。

（2）实训仪表 万用表、信号发生器、绝缘电阻表、毫伏表和万用电桥等各一台。

（3）实训器材 BG1 型光栅位移检测系统一套。

4. 光栅位移检测系统的主要技术指标和、功能连接信号的引脚

（1）光栅位移检测系统的主要技术指标　光栅位移检测系统的主要技术指标见表6-3。

表6-3　光栅位移检测系统的主要技术指标

型号	BG1
光栅栅距	40μm（0.040mm）、20μm（0.020mm）、10μm（0.010mm）
光栅测量系统	透射式红外光学测量系统，高精度性能的光栅玻璃尺
读数头滚动系统	垂直式五轴承滚动系统，优异的重复定位性，高精度测量精度
防护尘密封	采用特殊的耐油、耐蚀、高弹性及抗老化塑胶，防水、防尘，性能优良，使用寿命长
分辨率	1μm、2μm
有效行程	50~3000mm，每隔50mm一种长度规格（整体光栅不接长）
工作速度	>20m/min
工作环境	温度0~50℃，湿度≤90%（20±5℃）
工作电压	5V±5%，12V±5%
输出信号	TTL正弦波

（2）光栅位移的数字显示电路的主要技术功能

1）五位0.5″LED红色数码管显示。

2）全量程可逆计数。

3）任意位置清零。

4）显示表嵌入式结构。

（3）光栅位移的数字显示电路的连接信号引脚

1）JP3：P1：GND；P2：+5V。

2）JP25：P5：GND；P3：清零。

3）JP2：P1：GND；P2：光栅信号A；P3：光栅信号B；P4：NC空脚；P5：5V。

5. 根据使用要求选型

根据实训条件选择光栅位移检测系统的技术参数，依据设备的行程选择传感器的有效行程，传感器的有效行程应大于设备行程；依据检测精度选择位移传感器的光栅栅距。

6. 安装

1）根据阿贝误差的原理，传感器应尽量安装在靠近设备工作台的床身基面上。

2）根据设备的行程选择传感器的有效行程，传感器的有效行程应大于设备行程。

3）将传感器固定在设备工作台的基面上，确保主光栅上端面同正面与移动方向平行，误差≤0.1mm。

4）读数头固定于相对于主尺的另一基面上，读数头与主尺之间应保持0.8±0.15mm的间隙，尽量使读数头安装在非运动部件上，以方便电缆线的固定。

5）在安装传感器的设备导轨上应装限位装置。

6）在使用环境有油污、铁屑等情况时，建议采用防护罩，防护罩应将主尺全部防护。

光栅位移检测系统安装完毕后，可接通数显表和移动工作台，观察数显表计数是否正常。在机床上选取一个参考位置，来回移动工作点至该选取的位置，数显表读数应相同（或回零）。

7. 常见故障现象及判断方法

（1）接电源后数显表无显示

1）检查电源线是否断线，插头接触是否良好。

2）数显表电源保险丝是否熔断。

3）供电电压是否符合要求。

（2）数显表不计数

1）将传感器插头换至另一台数显表，若传感器能正常工作说明原数显表有问题。

2）检查传感器电缆有无断线、破损。

（3）数显表间断计数

1）检查光栅尺安装是否正确，光栅尺所有固定螺钉是否松动，光栅尺是否被污染。

2）插头与插座是否接触良好。

3）光栅尺移动时是否与其他部件刮碰、摩擦。

4）检查机床导轨运动副精度是否过低，造成光栅工作间隙变化。

（4）数显表显示报警

1）没有接光栅位移传感器。

2）光栅位移传感器移动速度过快。

3）光栅尺被污染。

（5）光栅位移传感器移动后只有末位显示器闪烁

1）A 或 B 相无信号或不正常，只有一相信号。

2）有一路信号线不通。

3）光电晶体管损坏。

（6）移动光栅位移传感器只有一个方向计数，而另一个方向不计数（即单方向计数）

1）光栅位移传感器两路信号输出短路。

2）光栅位移传感器两路信号移相不正确。

3）数显表有故障。

（7）读数头移动发出吱吱声或移动困难

1）密封胶条有裂口。

2）指示光栅脱落，标尺光栅严重接触摩擦。

3）下滑体滚珠脱落。

4）上滑体严重变形。

（8）新光栅位移传感器安装后，其显示值不准

1）安装基面不符合要求。

2）光栅尺和读数头安装不合要求。

3）严重碰撞使光栅副的位置变化。

单元小结

光栅位移传感器在工程实际领域得到了广泛应用，并且许多方面的性能都比传统的机电类传感器更稳定、更可靠、更准确。光栅位移传感器有如下特点：1）精度高。光栅位移传

感器在大量程测量长度或直线位移方面仅仅低于激光干涉传感器；在圆分度和角位移连续测量方面，光栅位移传感器属于精度最高的。2）大量程测量兼有高分辨率。感应同步器和磁栅传感器也具有大量程测量的特点，但分辨率和精度都不如光栅位移传感器。3）可实现动态测量，易于实现测量及数据处理的自动化。4）具有较强的抗干扰能力，对环境条件的要求不像激光干涉传感器那样严格，但不如感应同步器和磁栅式传感器的适应性强，油污和灰尘会影响它的可靠性，主要适用于实验室和环境较好的车间使用。

本单元介绍了光栅位移传感器的原理结构，以及实训操作方法。通过学习本单元内容，有助于理解光栅位移传感器在实际中的选型及使用。

单元四　容栅传感器

单元引入

容栅传感器是一种新型数字式位移传感器，它是一种基于变面积工作原理的电容式传感器。因为其电极排列如同栅状，故称为容栅传感器。容栅传感器相对于其他类型的传感器有量程大、分辨率高、结构简单和功耗极小等优点。此外，容栅测量属非接触式测量，因此不会因为测量部件的表面磨损而导致测量精度下降。而且价格上有很大优势，其性能价格比远高于同类传感器。

学习目标

1）了解容栅传感器的基本原理。

2）学会使用和维护数字式游标卡尺。

建议课时

2 学时

知识点

一、容栅传感器

容栅传感器是 20 世纪 70—80 年代研制出的一种新型、大位移传感器，安装在不同的设备上可以构成不同的测长仪器，现已成功地在量具（如电子数显卡尺、千分尺）、量仪（如高度仪、坐标仪）和机床数显装置（如机床行程测量）等方面得到应用。主要特点是测量精度高达 5mm，量程可达 1m。图 6-21 所示为容栅电子数显卡尺。

容栅传感器可实现直线位移和角位移的测量，根据结构形式，容栅传感器可分为直线形容栅（长容栅）和圆形容栅等。直线形容栅传感器的结构原理如图 6-22 所示。

直线形容栅传感器由两组条状电极群相对放置组成，一组为动尺，另一组为定尺；在它们的 A、B 面上分别印制（镀或刻划）一系列相同尺寸、均匀分布并互相绝缘的金属栅状极片。将动尺和定尺的栅极面相对放置，其间留有间隙，形成一对对电容，这些电容并联连接，当动尺沿 x 方向平行于定尺不断移动时，每对电容的相对遮盖长度 a 将周期性地变化，电容量也随之相应变化，经处理电路后，则可测得线位移值。

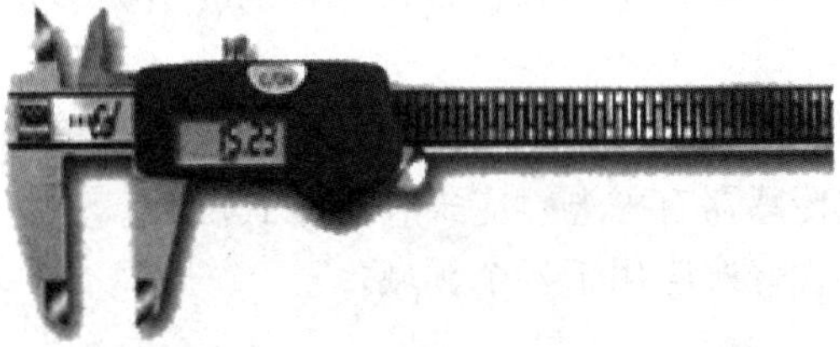

图 6-21　容栅电子数显卡尺

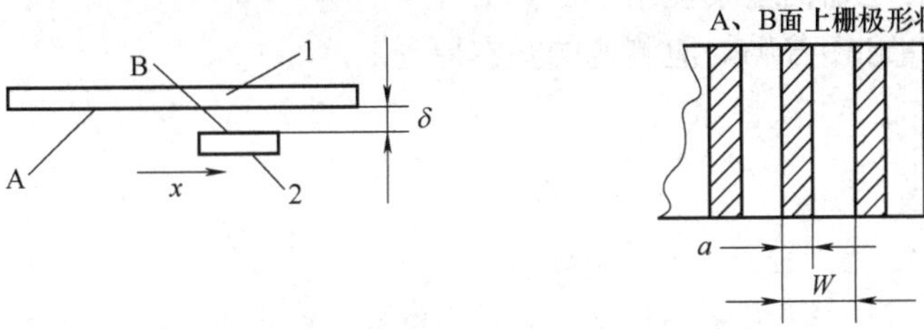

图 6-22　直线形容栅传感器的结构原理

1—定尺　2—动尺

二、容栅传感器与光栅、磁栅传感器的关系

容栅传感器与光栅、磁栅等传感器同属于大位移测量传感器。容栅传感器具有重复性好、精度高、抗干扰能力强、对环境要求不苛刻、易实现数字化等优点；相对于光栅传感器，容栅传感器具有结构简单、造价低、体积小、耗能少、安装使用方便、环境适应性强、分辨率高、动态范围宽等优越性；容栅传感器的可动部分无需通电，解决了光栅和容栅传感器连线不便等问题，因而适用于多种机械设备的位移量数字化自动显示。容栅传感器的缺点是成本高、安装和使用条件较苛刻。

单元小结

本单元简介容栅传感器的类型及测量应用。在工业检测中，由于其自身优势，容栅传感器被广泛应用于电子数显尺、千分尺、高度仪、坐标仪和机床行程的测量中。但是容栅传感器在稳定性和可靠性方面存在问题，例如，会受环境潮湿和外界电磁干扰的影响；作为准绝对式传感器在长期断电工作时，需要定期更换电池，所以较难用于长期自动测量。

单元五　速度和转速的测量

单元引入

速度是物体机械运动的重要参数。物体运动时单位时间内的位移增量就是速度，单位为

m/s。当物体运动的速度不变时称为等速运动。实际上，大多数物体的运动都不是完全的等速运动。速度测量在工业、农业、国防中应用较多，如汽车、火车、轮船、飞机等的行驶速度的测量。转速的测量在工程中经常用到，以每分钟的转数来表达，即 r/min。测量转速的仪表统称为转速仪。

磁电式传感器是利用电磁感应原理工作的，磁电式传感器可以将转速、位移、振动等参数转化成电信号。磁电式传感器有磁电感应式和霍尔式两种。这类传感器属于有源传感器，其输出功率大、性能稳定，普遍应用于各个领域。

学习目标

1）掌握磁电式传感器的基本使用方法。
2）了解霍尔测量和多普勒效应测速的基本原理。

建议课时

2 学时

知识点

物体的速度测量可以分为线速度测量和角速度测量；从运动速度的基准分类，可分为绝对速度测量和相对速度的测量；从速度的数值特征分类，可分为平均速度测量和瞬时速度测量；从获取物体运动速度的方式分类，又可以分为直接速度测量和间接速度测量等。

目前，工程应用中用到的测量速度和转速的方法有磁电感应式和霍尔式等。

一、磁电感应式传感器

1. 磁电感应式传感器的原理

电磁感应定律（法拉第电磁感应定律）是指因磁通量变化而产生感应电动势的现象。其中，当闭合电路的一部分导体在磁场里做切割磁感线的运动时，导体中就会产生电流，产生的电流称为感应电流，产生的电动势（电压）称为感应电动势。电磁感应定律中电动势的方向可以通过楞次定律或右手定则来确定，如图 6-23 所示。

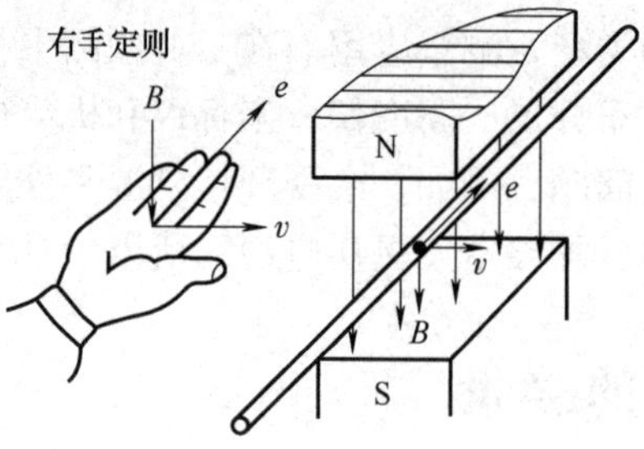

图 6-23　右手定则

磁电感应式传感器是把被测物理量转换为感应电动势的一种转换器。它一般是由软铁、永久磁铁、线圈及支撑弹簧等组成，线圈被安装在永久磁铁与软铁产生的均匀磁场上。由电

工知识可知，对于一个匝数为 N 的线圈，当穿过该线圈的磁通量 ϕ 发生变化时，其感应电动势为

$$e=-N\frac{\mathrm{d}\phi}{\mathrm{d}t} \tag{6-4}$$

可见，磁通变化率与磁场强度、磁阻、线圈运动速度有关，改变其中一个因素，都会改变感应电动势。传感器中的线圈沿与磁场垂直的方向运动，线圈中会产生相应的感应电动势，最终得到与速度成正比的输出电压。

根据上述原理，磁电感应式传感器式又被设计为恒磁通式和变磁通式两种形式，如图 6-24所示。变磁通式传感器又称为磁阻式传感器，主要用来测量旋转物体的角速度。

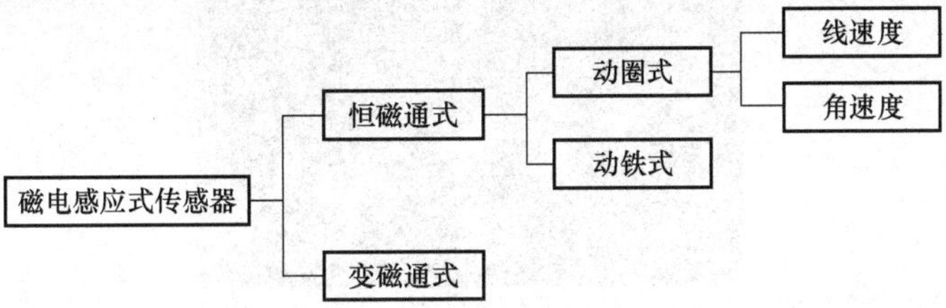

图 6-24　磁电感应式传感器分类

（1）恒磁通式传感器　恒磁通式传感器又分为动圈式与动铁式。传感器在工作时，动圈式传感器是线圈运动，而动铁式传感器是永久磁铁运动。动圈式传感器原理图如图 6-25 所示。

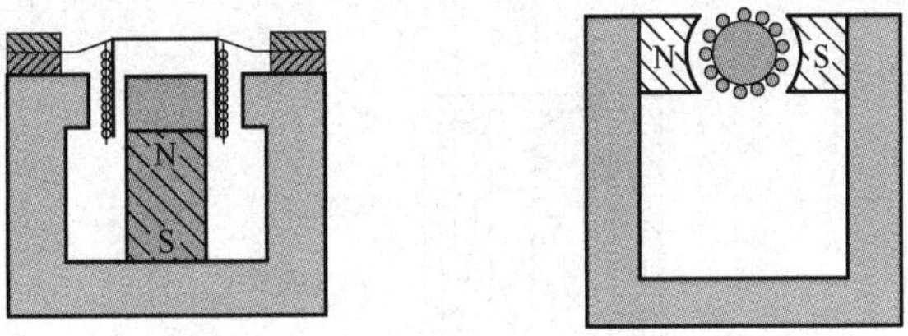

a) 线速度型　　b) 角速度型

图 6-25　动圈式传感器原理图

1）动圈式。动圈式传感器又可以分为线速度型和角速度型（见图 6-25）。其中，线速度型动圈式传感器利用永久磁铁产生恒定磁场，在这个磁场内放置一个可动线圈，线圈在磁场中与磁铁产生相对线性运动速度，并切割磁力线从而产生感应电动势。感应电动势为

$$e=NBlv \tag{6-5}$$

式中　B——磁感应强度，单位为 T；

l——线圈导线长度，单位为 mm；

v——线圈/磁铁相对线性运动速度，单位为 m/s。

角速度型动圈式传感器是线圈做旋转运动，从而得到切割磁力线产生的感应电动势。感应电动势为

$$e=NBS\omega \tag{6-6}$$

式中　B——磁感应强度，单位为 T；

S——线圈面积，单位为 m^2；

ω——线圈/磁铁相对旋转角速度，单位为 rad/s。

工业现场常使用动圈式传感器测量设备的转速。如图 6-26 所示，测速发电机是利用其输出电动势 E 和转速 n 成线性关系，即 $E=Kn$，K 是常数。当发电机的旋转方向改变时输出电动势的极性即相应改变。在被测机构与测速发电机同轴连接时，只要检测出输出电动势，就能获得被测机构的转速，因而又称速度传感器。

图 6-26　测速发电机

2）动铁式。如图 6-27 所示，动铁式传感器与动圈式传感器的原理一致，都是利用磁铁与线圈发生相对运动从而产生磁感应变化量，区别在于动铁式传感器是线圈不动，只有磁铁往复运动。

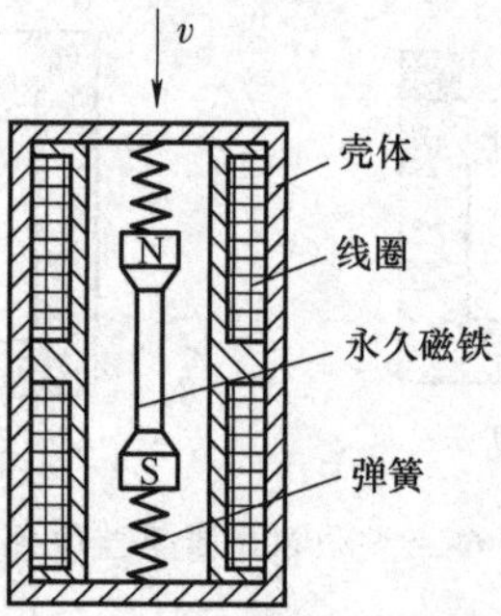

图 6-27　动铁式传感器原理图

动铁式传感器在工作时，壳体会随被测物体一起振动，但当被测物体振动频率足够大时，壳体由于质量大导致其惯性很大，从而来不及与被测物体一起运动，这时壳体接近静止不动，振动能量被弹簧吸收，永久磁铁与线圈之间的相对运动接近于被测物体的速度，磁铁与线圈的相对运动切割磁力线，从而产生感应电动势为

$$E=Bl\omega v \tag{6-7}$$

式中　B——磁感应强度，单位为 T；

l——每匝线圈平均长度，单位为 mm；

ω——线圈在工作气隙磁场匝数；

v——相对运动速度，单位为 m/s。

>> **小提示**

在故障诊断检测领域，广泛使用的测速度的振动速度传感器如图 6-28 所示，就是利用电磁感应原理将振动信号变化为电信号的。它主要由线圈、磁铁、圆形弹簧片等组成。在传感器壳体中刚性地固定有工作线圈，用弹簧元件将惯性质量（磁铁）悬挂于壳体上。将传感器安装在机器上，当机器开始振动时，传感器工作频率范围内，线圈与磁铁相对运动、切割磁力线，在线圈内产生感应电压，此电压值正比于振动速度值。

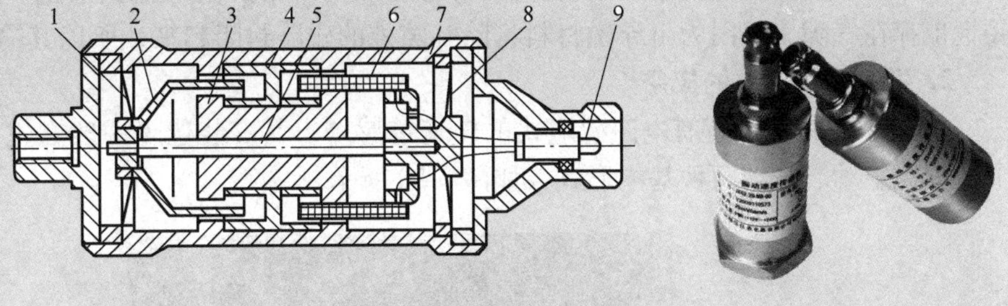

图 6-28　振动速度传感器

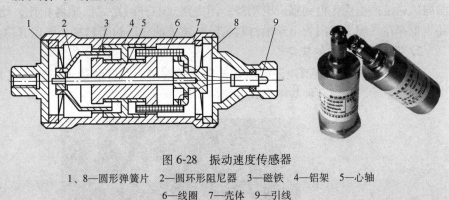

1、8—圆形弹簧片　2—圆环形阻尼器　3—磁铁　4—铝架　5—心轴
6—线圈　7—壳体　9—引线

（2）变磁通式传感器　变磁通式传感器与恒磁通式传感器的区别在于它的线圈和磁铁都静止不动，通过转动物体引起磁阻、磁通的变化，这类传感器常用来测量旋转物体的角速度。其原理是通过改变磁路的磁通量大小来进行测量的，即通过改变测量磁路中气隙的大小，从而改变磁路的磁阻实现测量。传感器按其结构可以分为开磁路式和闭磁路式两种，如图 6-29 所示。

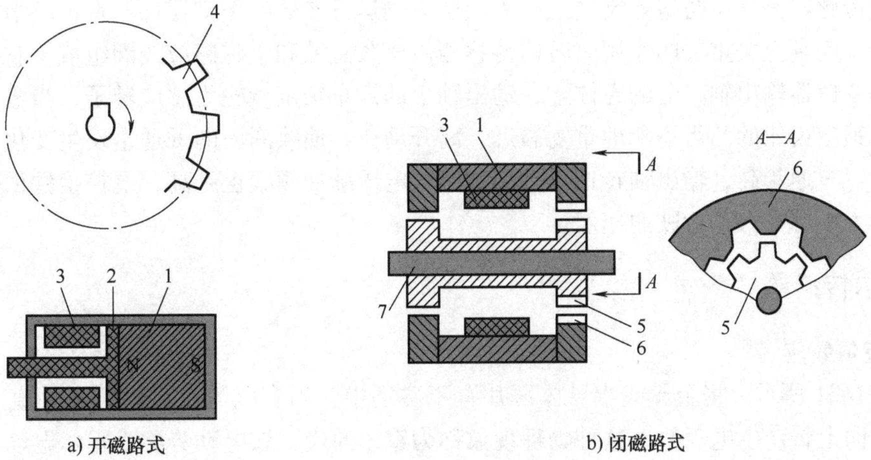

图 6-29　变磁通式传感器

1—永久磁铁　2—软磁铁　3—感应线圈　4—测量齿轮　5—内齿轮　6—外齿轮　7—转轴

其中，开磁路式传感器的线圈、磁铁保持不动，测量齿轮（安装在被测旋转体上）随着被测体运动。此时，每转过一个齿就会引起磁路磁阻变化一次，磁通也就会变化一次，线圈中就会产生相应的感应电动势，变化的频率等于被测体转速与测量齿轮齿数的乘积。开磁路式传感器的优点是结构简单，缺点是输出的信号较弱，一般需要配放大整形电路来工作。并且此类传感器不适合测量高速旋转的物体，具有一定的局限性。

闭磁路式传感器是由装在转轴上的内齿轮、外齿轮、永久磁铁和感应线圈组成，其内、外齿轮的齿数相等，当齿轮连接到被测转轴上时，外齿轮不动，内齿轮随着被测转轴转动，此时，内、外齿轮的相对转动使得气隙磁阻产生周期性变化，引起磁路磁通变化，最终使线圈内磁通量产生变化得到感应电动势。闭磁路式与开磁路式传感器相比，结构要复杂一些，并且也存在气隙，但因为由导磁材料将除气隙外的磁路封闭起来，所以其输出信号较强。

2. 磁电式传感器的应用

汽车 ABS 中都设置有电磁感应式的转速传感器，其安装位置一般在主减速器或变速器中，分为主动、被动两种基本形式，如图 6-30 所示。

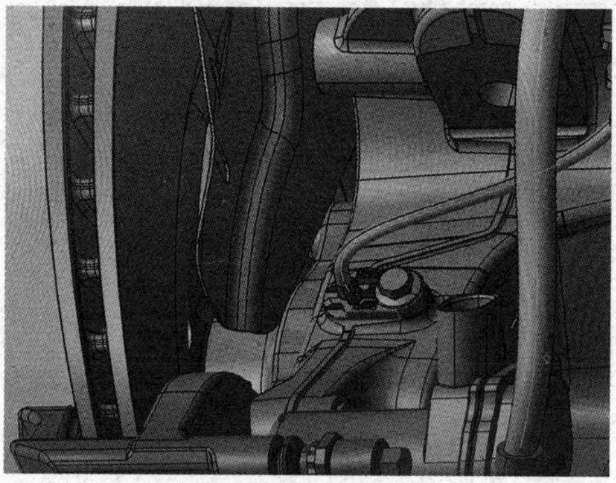

图 6-30　转速传感器

转速传感器是汽车防抱死制动系统中获取车辆运行参数的关键器件，在极端情况下对乘客生命安全起到至关重要的作用。转速传感器由永久磁铁和电磁感应线圈组成，它被固定安装在自动变速器输出轴附近的壳体上，输出轴上的停车锁定齿轮为感应转子，当输出轴转动时，停车锁定齿轮的凸齿不断地重复靠近、离开动作，使线圈内的磁通量发生变化，从而产生交流电。车速越高，输出轴转速也越高，感应电压脉冲频率也越高，电控组件根据感应电压脉冲的大小计算汽车行驶的速度。

二、霍尔传感器

1. 霍尔效应

如图 6-31 所示，将金属或半导体薄片置于磁场中，当有电流流过时，在垂直于电流和磁场的方向上将产生电动势，这种物理现象称为霍尔效应，该电动势称为霍尔电动势。设薄片的长、宽、厚分别为 L、W 和 d，薄片通过图 6-31 所示方向的电流 I，在磁场 B 的作用下，电子流（与电流反向，即向右）受洛伦兹力作用而向薄片的内侧积累，形成霍尔电动势 E_H，理论证明：霍尔电动势 E_H 与电流 I 和磁场 B 成正比，与薄片的厚度成反比，即

$$E_H = KIB/d \tag{6-8}$$

式中　K——霍尔系数，取决于薄片材料的性质。

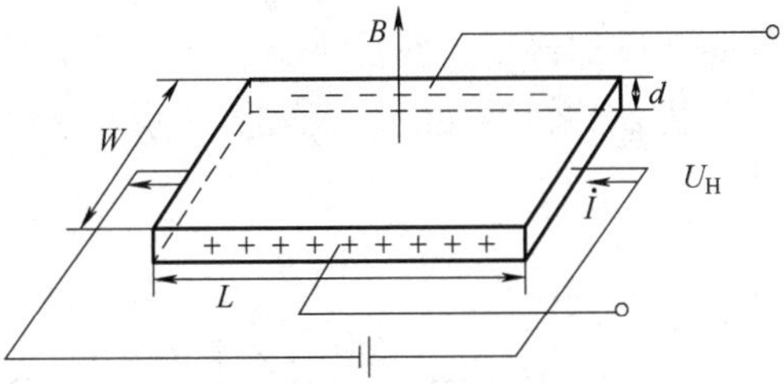

图 6-31　霍尔传感器原理图

2. 霍尔传感器结构原理及应用

霍尔传感器结构简单，它是由霍尔元件、激励电源、产生磁场装置和输出测量电路等组成。霍尔传感器的基本电路如图 6-32 所示，电源 E 为霍尔片提供激励电流 I，通过电阻来控制其电流的大小，R_L 为霍尔元件的输出端负载电阻，B 为磁感应强度，方向始终与霍尔元件表面垂直。

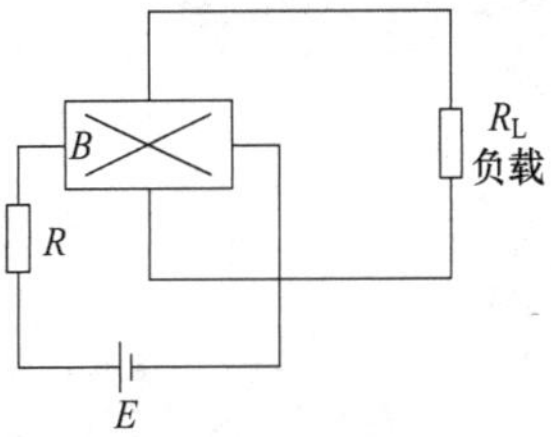

图 6-32　霍尔传感器的基本电路

霍尔转速传感器的各种不同结构如图 6-33 所示，它由霍尔传感器和磁性转盘等组成。磁性转盘的输入轴与被测转轴相连，当被测转轴转动时，磁性转盘便随之转动，固定在磁性转盘附近的霍尔传感器便会在每一个小磁铁通过时产生一个相应的脉冲，检测出单位时间的脉冲数，便可知被测对象的转速。再根据磁性转盘上的小磁铁数目的多少，确定传感器的分辨率。

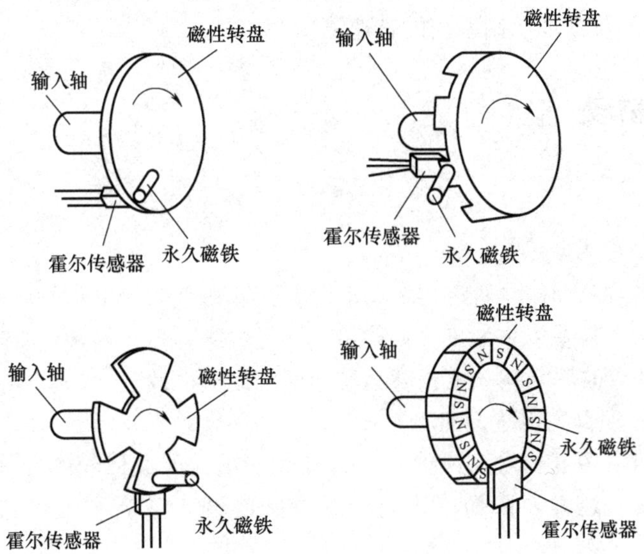

图 6-33　霍尔转速传感器的各种不同结构

以汽车车速检测系统中的霍尔转速传感器为例，霍尔转速传感器由传感头和齿圈组成，如图 6-34a 所示，其中传感头由磁铁、霍尔传感器等组成。利用霍尔效应原理，将霍尔元件作为汽车的车轮转速传感器，采用磁感应强度 B 作输入信号，通过磁感应强度随转速变化，产生霍尔电动势脉冲，经霍尔传感器内部电路放大、整形、功放后，向外输出脉冲序列，其空占比随转盘的角速度变化。齿盘的转动交替改变磁阻，引起磁感应强度变化，即可测取传感器输出的霍尔电动势脉冲。

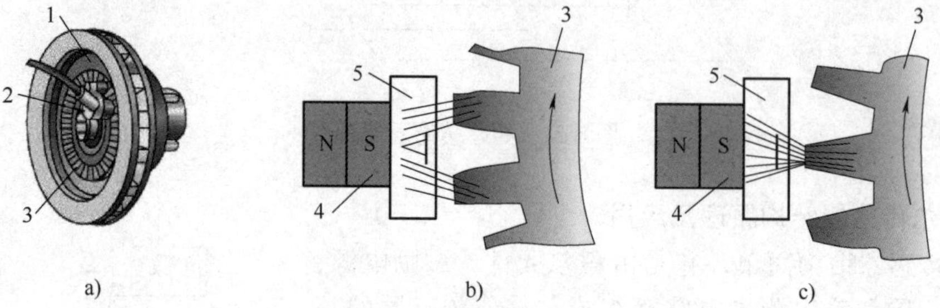

图 6-34 霍尔转速传感器原理图

1—车轮 2—传感头 3—齿轮 4—磁铁 5—霍尔传感器

永磁体的磁力线穿过霍尔传感器通向齿轮，齿轮相当于一个集磁器。当齿轮位于图 6-34b 所示位置时，穿过霍尔传感器的磁力线分散，磁场相对较弱。当齿轮位于图 6-34c 所示位置时，穿过霍尔传感器的磁力线集中，磁场相对较强。齿轮转动时，使得穿过霍尔传感器的磁力线密度发生变化，从而引起霍尔电压的变化，霍尔传感器将输出一个毫伏级的准正弦波电压，此信号经过电子电路，最终转换成标准的脉冲电压。脉冲的频率反映了车轮旋转的快慢，通过脉冲的频率可以得到转速和汽车的参考速度。

霍尔转速传感器输出信号不受转速影响，响应频率高，抗电磁波干扰能力强。因此，被广泛应用于转速检测及其他控制系统的转速测量中。

知识拓展

多普勒效应及其测速应用

1. 多普勒效应

当波源和接收机有相对运动时，接收机接收到的信号频率与发射信号的频率不同，其差值称为多普勒频移，此现象称为多普勒效应。理论证明，多普勒频移随着波源与接收机相对运动速度的改变而改变。

2. 多普勒雷达测速

利用多普勒效应原理，根据接收的雷达回波信号的频移就可以计算出车辆速度。这种多普勒雷达测速的方法已经广泛应用于检测汽车行驶速度的领域。

小知识

1. 自适应巡航控制（ACC，Adaptive Cruise Control）系统

ACC 是一种基于传感器识别技术而诞生的智能巡航控制系统，相比只能根据驾驶者设置的速度进行恒定速度巡航的传统巡航控制系统，ACC 可以对前方车辆进行识别，从而实现“前车慢我就慢，前车快我就快”的智能跟车的效果。它主要利用毫米波雷达技术，通过发射毫米波段的电磁波，利用障碍物反射波的时间差确定障碍物距离，利用反射波的频率偏移确定相对速度及位置，由车载系统对采集数据进行分析，判断出车辆下一秒的行驶路线和行驶速度，从而实现自适应巡航功能。毫米波雷达具有穿透雾、烟、灰尘的能力强，全天候（大雨天除外）全天时的优点。毫米波雷达 ACC 的应用如图 6-35 所示。

图 6-35　毫米波雷达 ACC 的应用

此外，根据多普勒效应可知，毫米波雷达的频率变化与本车及跟踪目标的相对速度是紧密相关的，根据反射回来的毫米波频率的变化，可以得到前方实时跟踪的障碍物目标和本车的相对运动速度。因此，当传感器发出安全距离报警时，若本车继续加速、前方监测目标减速以及监测目标突然静止，毫米波反射回波的频率将会越来越高，反之则频率越来越低。

毫米雷达测速的具体步骤如下：

（1）距离测量　判断与前方车辆之间的距离，如果前方没有车辆（一般为毫米波雷达可探测的 200m 距离内），那么车辆就开始按照设定的速度行驶。

（2）确定前车速度　确定前车速度的目的在于获得相对速度，通过第一步中的距离，可以推算出抵达前车所需要的时间，这个时间就可以和 ACC 设定的期望车距进行比较。

（3）确定前车位置　毫米波雷达的视场角虽然较小，但对于探测远距离的物体，如探测宽度超过三条车道，加上弯道等情况，雷达会判断到前方多辆不同位置的车。

（4）确定针对某辆车来调节　前一步是确定车辆和位置，此时就需要确定跟随车辆的情况。这是一个重要的判断决策，也是ACC安全保障的关键，需要协调车内其他控制单元一起来判断，比如车道识别单元和其他功能单元等。

2. 激光二维传感器

在铁路领域常使用激光二维传感器测量位移、速度等信息。例如限界检测系统，采用搭载在测试车辆上的高精度激光二维传感器对线路周边的建筑物及设备进行快速自动检测与动态分析，生成线路断面轮廓线及三维效果图，依据测试区段的标准限界，判定实测限界是否符合标准及设计要求；轨道刚度检测，用于检测重载铁路轨道刚度分布，通过车辆动态加载方式实时测量钢轨轨顶、轨距的位移变化量，计算轨道刚度，查看整条重载线路轨道刚度分布情况。图6-36为激光二维传感器。

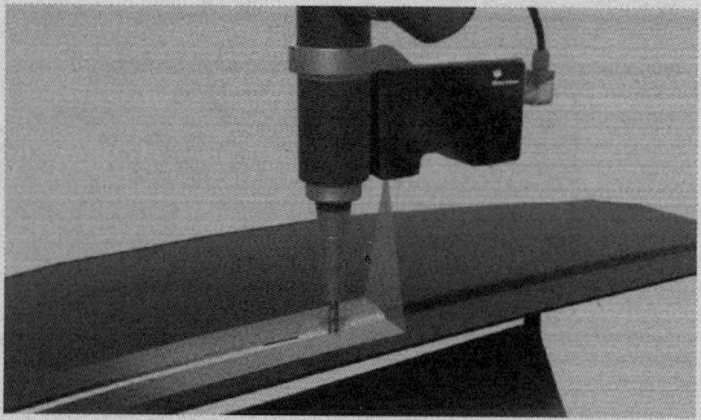

图6-36　激光二维传感器

激光雷达（激光探测及测距系统的简称）与毫米波雷达的工作原理具有相似之处，都是利用回波成像来构显被探测物体的。二者区别是，毫米波雷达发射出的电磁波是锥状波束，这个波段的天线主要以电磁辐射为主，而激光雷达主要是向目标发射探测信号（激光束），将接收到的从目标反射回来的信号（目标回波）与发射信号进行比较，做适当处理后，就可获得目标的有关信息，如目标距离、方位、高度、速度、姿态甚至形状等参数。相比毫米波雷达，激光雷达在探测精度、探测范围及稳定性方面更具优势；但在抗干扰性上，毫米波雷达却优于激光雷达，因为毫米波雷达不受环境影响，可以在较恶劣天气中使用，而激光雷达则不行。总之激光雷达与毫米波雷达各有优劣，相互之间很难被取代。

单元小结

本单元介绍了磁电感应式传感器和霍尔传感器的原理及应用，并在知识拓展模块介绍了多普勒效应的原理、汽车ACC系统用到的毫米波雷达以及激光二维传感器的应用。通过本单元的学习，使学生对于位移和速度的测量知识有所了解。

模块总结

位移和速度的检测方法有许多种，其他模块介绍的传感器有许多都可用于检测位置与位移。市场上的位置及位移传感器主要分为模拟式传感器、数字式传感器和接近开关三大类。

模拟式传感器包括电位器、电阻应变片、电容式传感器、螺管电感、差动变压器、涡流探头、光电元件、霍尔器件等。

接近开关也称接近传感器，是一种能感知物体接近程度的器件。接近开关可分为电容式、涡流式、霍尔式、光电式、超声波式、热释电式、微波式等。接近开关的工作原理比较简单，有较大的带负载能力，可以控制并带动执行机构工作。由于不需要其他控制电路和装置，因而由它组成的控制系统简单可靠且成本低，广泛应用于自动生产线的各个环节。

磁电感应式传感器和霍尔传感器是基于电磁感应及霍尔效应原理制成的，常用于测量加速度、位移和速度量。工作时，不需要辅助电源就可以将被测对象的机械量转换成易于测量的电信号。霍尔传感器具有结构简单、动态特性好等优点，它不仅用于磁感应强度、有功功率及电能参数测量，也在速度和位移测量领域得到广泛应用。

模块测试

6-1　生产线上的接近开关一般有几种？图6-37所示接近开关是常开型还是常闭型？请画图完成接近开关的接线。

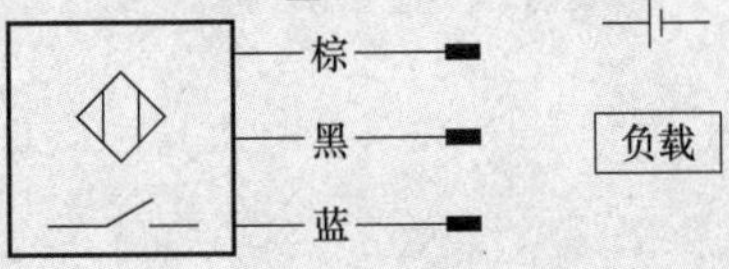

图6-37　题6-1图

6-2　三线制和四线制的接近开关功能上有什么不同？

6-3　为什么说电位器式位置传感器的带负载能力较差？

6-4　光电器件有哪些种类？分别具有什么特性？

6-5　光电开关有哪几种工作形式？

6-6　热释电传感器的特性是什么？使用热释电传感器有哪些注意事项？

6-7　磁电感应式传感器与霍尔传感器原理的主要区别是什么？

6-8　光栅位移传感器的工作原理是什么？莫尔条纹有哪些特点？

6-9　简述光栅位移传感器的主要组件和安装要点。

6-10　光栅传感器分为哪几种类型？

6-11 容栅传感器与光栅和磁栅相比有什么特点？

6-12 说明光栅位移传感器辨向和细分的意义及基本方法。

6-13 某光栅位移传感器的光栅常数为 100 条/mm，未细分时测得条纹计数为 1000，则被测位移是多少？此光栅的分辨力是多少？采用四倍频细分后，计数脉冲仍为 1000，问被测位移为多少？

6-14 某增量式光电编码器，其码道数 $n=10$，求其角分辨率。要使角分辨率优于 0.1°，码道数至少应是多少？

6-15 磁电感应式传感器有哪些结构类型？

6-16 归纳转速测量的方法和各传感器的应用特征。

模块七　新型传感器的应用

模块引入

传感器作为信息采集的重要工具与核心部件，是实现自动测量和自动控制的主要环节，是现代信息产业的源头和重要组成部分。目前传感器已远远超出简单测量仪表的功能，在现代检测系统中，往往需要多种类传感器组合、协同工作。

本模块学习现代检测技术中几种新型传感器的应用，包括RFID（Radio Frequency Identification，无线射频识别）技术、图像与视觉传感器、微机电系统以及智能传感器。

智能传感器及无线传感器网络

单元一　RFID 技术的应用

单元引入

在现代物流中，传统的条形码依靠光学扫描交换和存储信息，属于可视传播技术。条形码容易因磨损或皱折等而被拒读，而且条形码难以对某个单品进行唯一标识。RFID 智能标签可以克服条形码的缺点，它通过自身芯片来保证数据的安全性，并且提供的数据信息量更大。RFID 技术已被广泛用于工业与商业自动化、交通运输等领域，如物流自动化、高速路自动收费、门禁、仓储、车辆运行监控和防盗等。

学习目标

1）能独立描述 RFID 技术的特点和主要工作原理。

2）了解 RFID 物流系统的主要环节。

3）通过搜集资料，总结现代物流运输行业的特点。

建议课时

4 学时

知识点

一、RFID 技术概述

RFID 技术是一种无线自动识别技术，它通过射频信号自动识别目标对象，获取相关数据。其主要特点有非接触操作、读写速度快、距离远、信息存储量大、可批量读取信息、环境适应能力强等。

1. 系统组成

典型的 RFID 系统由电子标签、读写器和后台管理系统组成，如图 7-1 所示。

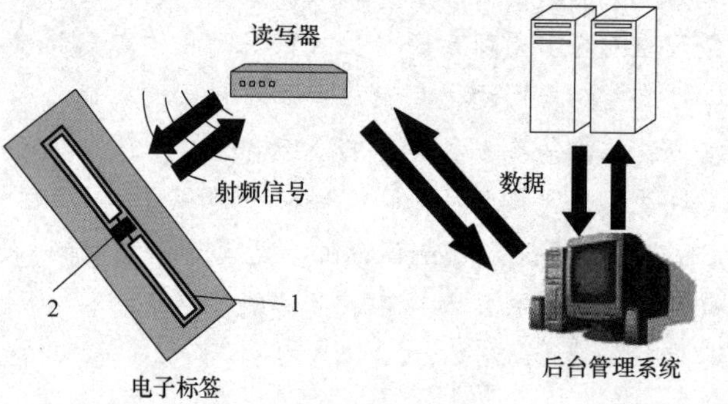

图 7-1 RFID 系统基本组成
1—天线 2—芯片

电子标签用于保存一定格式的数据，也称为射频标签或应答器，它由芯片及天线组成，每个标签具有唯一的电子编码，一般附着在被标识物体表面。按照能源的供给方式不同，电子标签分为无源式、有源式以及半有源式。无源式电子标签读写距离近（20～40cm），标签内没有电源且信息容量较小，它接收读写器的电磁信号后整流为直流电供给芯片；有源式电子标签可实现更远的读写距离（可达 100m）且信息容量大，但是需要电池供电，成本高，适用于远距离读写的场合。

读写器通过电磁耦合与电子标签进行数据通信，同时还能向上位机提供一些的必要信息以实现与后台管理系统的数据交换。

后台管理系统用于存储和处理 RFID 系统的相关信息。图 7-2 所示为电子标签和两种读写器。

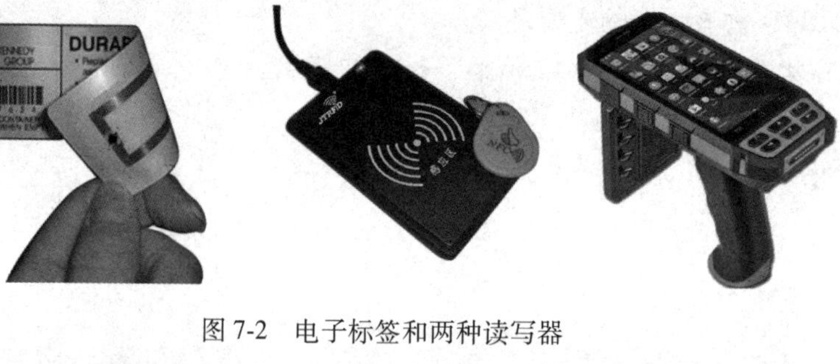

图 7-2 电子标签和两种读写器

2. 工作原理

当附有电子标签的物体进入读写器的有效区域时，读写器发出的信号激活标签，同时读写器接收到标签反射的微波信号后，将电子标签内的识别代码信息识别出来。信息作为物体的特征数据被传送到后台管理系统进一步处理，最终完成物体信息的查询管理。

3. 技术优势

与条形码相比，RFID 技术的主要优势有以下几点。

（1）扫描速度快 RFID 技术可同时辨别和读写许多 RFID 标签，而条形码扫描每次只能扫描一个条形码。

（2）形状多样化和体积小型化 RFID 在读写上不受尺寸大小与形状的限制，RFID 标签可向小型化和多样化发展，以应用于不同产品。

（3）耐久性和抗污染 由于条形码是附着于产品外包装塑料袋或纸箱上的，因此易受折损，RFID 标签将数据存于芯片中，可免受污损。

（4）可重复使用 普通条形码印刷后无法更改，而 RFID 标签内存储的数据可以新增、修改或删除，信息更新方便。

（5）无屏障阅读和穿透性 在被覆盖的情况下，RFID 能穿透纸张、木材和塑料等非金属或非透明的材料，并能进行穿透性通信。

（6）安全性非常好 RFID 标签中信息以电子方式存储在芯片中，可以对数据进行密码保护，保证数据安全性。另外，标签不但可以帮助企业大幅提高管理效率，还可以使制造企业和销售企业之间的信息互联，从而更加准确地接受反馈信息，优化供应链。

二、RFID 物流系统的基本环节

商品物流系统一般分为生产、入库、库存管理、出库等四个环节，引入 RFID 标签后，可以使四个环节紧密衔接。RFID 技术在每个环节中都发挥强大的作用，使得物流环节高效、准确和安全运行。

1. 生产环节

传统物流系统的起点在入库或出库，但在 RFID 物流系统中，所有商品在生产环节已实现 RFID 标签，大部分的 RFID 标签都以不干胶标签形式使用，RFID 标签的信息经过标准化流程录入。信息的录入分为以下四步。

1）描述商品信息，包括生产部门、工序的负责人、使用期限、项目编号、安全级别等，RFID 标签信息的全面录入有力地支持了过程追踪。

2）在数据库中将商品的信息录入到相应的 RFID 标签中。

3）将商品与对应的信息进行编辑整理，得到商品的原始信息和数据库。这是物流系统运行的第一步，也是 RFID 技术开始介入的首个环节，需要绝对保证此环节中的信息和 RFID 技术的准确性。

4）完成信息录入后，使用阅读器进行信息确认，检查 RFID 标签对应的信息是否与商品信息一致；同时进行数据录入，显示每件商品的 RFID 标签信息录入的完成时间和经手人。一般将相同产品的信息进行排序编码，这样方便相同商品的清查。

2. 入库环节

传统物流系统的入库有三个严格控制的要素：经手人员、物品、记录。这个过程需要耗费大量人力和时间，且须多层检查才能保证准确性。在 RFID 的入库系统中，通过 RFID 的信息交换系统，这三个环节得到高效和准确的控制。

在 RFID 的入库系统中，通过在入库口处的读写器识别商品的标签，从而在数据库中找到相应商品的信息并自动输入到 RFID 的库存管理系统。系统记录入库信息并进行核实，若合格则录入库存信息，若有错误则提示错误信息。在 RFID 的库存信息系统中，可直接指引叉车上的射频终端，选择空货位并找出最佳路径抵达空位。读写器确认商品就位后，随即更新库存信息。商品入库完毕后，可以打印入库清单，责任人进行确认。

3. 库存管理环节

商品入库后还需要利用 RFID 系统进行库存检查和管理。这个环节包括通过读写器对商品进行定期的盘查，分析库存变化情况；商品移位时通过读写器自动采集商品的 RFID 标签，在数据库中找到对应信息并自动录入管理系统，检查是否出现异常情况。RFID 系统大大减少了管理人员的工作量，实现安全高效的库存管理。

4. 出库环节

在 RFID 的出库系统管理中，系统按照商品的出库订单要求，自动确定最优提货路径和提货区域，同时更新库存信息。商品经出库口通道时，通过自动读取 RFID 标签，调出数据库内信息与订单对比，若正确则放行出库和更新库存数据；若异常则系统提示信息帮助工作人员进行处理。

三、物流系统中 RFID 的使用特点

普通 RFID 系统的工作频率有低频（LF100~135kHz）、高频（HF13.56MHz）、超高频（UHF433MHz 及 800/900MHz）、微波（MW2.4GHz，5.8GHz）等几个波段。我国 RFID 技术起步较晚但发展很快，频率主要在 UHF 800/900MHz 的频段。由于此频段还包括公共通信、广播传输等行业，为了保证电子标签信息的安全性，RFID 系统的频率设计需考虑发射频率与占用带宽，一般多选用 2~4 倍 EIRP 的 UHF 频段发射功率，其中 EIRP 是“有效全向发射功率”的英文缩写。与全向天线相比，EIRP 可由发射机获得在最大天线增益方向上的发射功率。在占用带宽方面，常用 RFID 系统的带宽一般为 200~250kHz，各国使用的带宽有所不同。

在 RFID 的物流系统中，每一项工作的实现都必须依赖高效的计算机系统，包括硬件、软件及数据库的支持。硬件实现了计算机的跟踪，RFID 的物流系统中每一个环节都需要独立的、保证信息安全的计算机。软件系统要对 RFID 系统的识别信息进行存储和处理，同时还要求将数据库的信息进行核对以得到确认结果，后台管理的存储和计算量取决于整个 RFID 物流系统的需求。强大的数据库功能可以更好地主持每个环节，提高物流工作的速度和准确性。

四、RFID 技术的其他应用情况

RFID 技术为数据采集的应用带来重大的变革，与条形码相比，RFID 技术显现了突出的优势，它的应用可以归纳为以下各方面。

1）在零售业中，RFID 技术的应用使得数以万计的商品种类、价格、产地、批次、货架、库存、销售等各环节被管理得井然有序。

2）采用车辆自动识别技术，使得路桥、停车场等收费场所避免了车辆排队通关现象，减少了时间浪费，从而极大地提高了交通运输效率及交通运输设施的通行能力。

3）在自动化生产线上，所有生产流程的各个环节均被置于严密的监控和管理之下。

4）在粉尘、污染、寒冷、炎热等恶劣环境中，远距离 RFID 技术的运用改善了卡车司机必须下车办理手续的不便。

5）在公交车的运行管理中，RFID 系统准确记录车辆在沿线各站点的到发站时刻，为车辆调度及全程运行管理提供实时可靠的信息。

6）在设备管理中，RFID 系统可将设备的具体位置与 RFID 读写器绑定，当设备移动出读写器的指定区域时，RFID 系统进行记录和提示。

小知识

无线电通信中的天线

有效的全向发射功率是无线电通信领域的一个概念，它指的是卫星或地面站在某个指定方向上的辐射功率，理想状态下的全向发射功率等于功放的发射功率乘以天线的增益。

天线在空间不同方向具有不同的辐射或接收能力，这就是天线的方向性。根据方向性的不同，天线分为全向和定向两种。

全向天线没有方向性，即在水平方向图上表现为 360° 均匀辐射。一般情况下波瓣宽度越小（波束集中），增益越大。全向天线一般用于近距离通信，它的覆盖范围大，价格便宜，天线增益相对较小。

定向天线有明显的方向性，在水平方向图上表现为一定角度范围的辐射。定向天线一般用于远距离通信，它的覆盖范围小、目标密度大、能量利用率高。

单元二　图像与视觉传感器的应用

单元引入

试用手机的拍照功能或探究任何一款数码相机，结合使用说明书中资料，用以下问题引出本单元的知识：手机或相机的拍摄总像素数是多少？有效像素数是多少？使用的是哪种图像传感器？

人类依靠视觉获取的信息占获得信息总量的 80% 以上。数码照（摄）相机、各种摄像头、平板电脑、智能手机等电子产品以高质量的图像获取和方便的图像处理功能，极大地提升了人们认识记录世界的能力。每个数码照（摄）相机都有一套完整的图像检测系统，都能感受外界环境传递过来的光线，利用转换电路将其转化成数字信号，经加工处理后得到清晰的数字图像，其中作为“感官”的图像传感器起到了至关重要的作用。

学习目标

1）了解常见图像传感器的结构和种类，能描述 CCD 和 CMOS 图像传感器的不同特点和主要原理。

2）读懂常见产品中图像传感器的类型、像素数、存储容量等参数。

3）通过媒体资料，总结归纳视觉传感器或智能图像传感器的应用。

建议课时

2 学时

知识点

一、CCD 图像传感器

CCD（Charge Coupled Device，电荷耦合器件）图像传感器的核心是 CCD 芯片，是固态图像传感器的一种。1969 年由贝尔实验室发明了一种图像传感器，它是在 MOS 集成电路基础上发展起来的，具备光电转换、信息存贮和传输等功能，具有集成度高、功耗小、分辨率高、动态范围大等优点，因而被广泛应用。CCD 图像传感器的基本功能是把光信号转变成电荷，其成像方式与传统的光电管（真空管）有本质区别，所以也称之为固态图像传感器，其外观如图 7-3 所示。

图 7-3 CCD 图像传感器外观

1. CCD 的结构

CCD 是按一定规律排列的 MOS（金属-氧化物-半导体）电容器组成的阵列，其结构如图 7-4 所示。

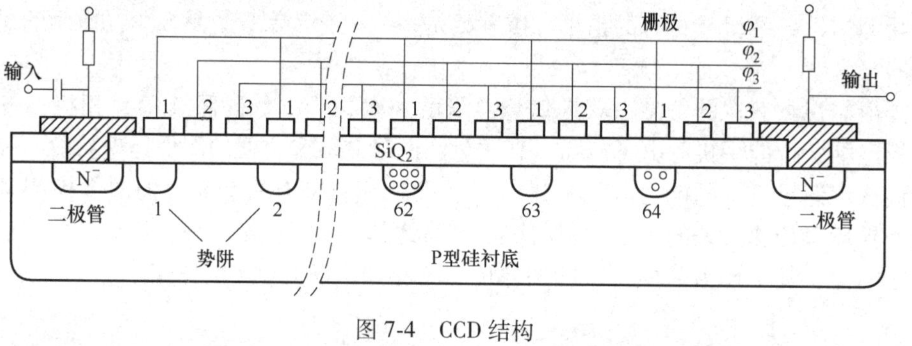

图 7-4 CCD 结构

在 P 型或 N 型硅衬底上生长一层很薄（约 120nm）的 SiO_2，再在 SiO_2 薄层上依次序沉积金属或掺杂多晶硅栅极，形成规则的 MOS 电容器阵列，再加上两端的输入及输出二极管就构成了 CCD。每一个 MOS 电容器就是一个光敏元件，也称光敏元，俗称“像素”。MOS 电容光敏元的显微图如图 7-5 所示。

图 7-5　MOS 电容光敏元的显微图

当光照射到 MOS 电容的 P 型硅衬底上时，由光生伏特效应而产生电子-空穴对，电子被栅极吸引存储于势阱中。入射光越强则光生电子-空穴对越多，势阱中收集到的电子就越多，光弱则反之，无光时则无光生电荷。这样就把光的强度转换为与之成比例的电荷量。势阱中的电子有一定的存储时间，在存储时间（周期）内即使停止光照，势阱电子也不会消失，即实现了对光照的记忆。MOS 电容器可以制成线阵（一维）或面阵（二维），分别用于检测一条光线和一个平面图像。

随着电子电路集成工艺的进步，CCD 的集成度越来越高。在一片半导体硅片上可以集成成千上万个光敏元，这些感光元件有规律地排成阵列，如面阵 CCD 内的光敏元做成2048×2048，则 CCD 内的光敏元总数约为 4×10^6 个，即 400 万像素。现在一般民用 CCD 图像传感器的像素数已做到 5 千万甚至更高，某些专用 CCD 图像传感器的单片像素数已达到 1 亿以上。

2. CCD 图像传感器的工作原理

完整的 CCD 图像处理器件由光电转换单元、电荷-电压转换单元及信号处理电路组成，如图 7-6 所示。

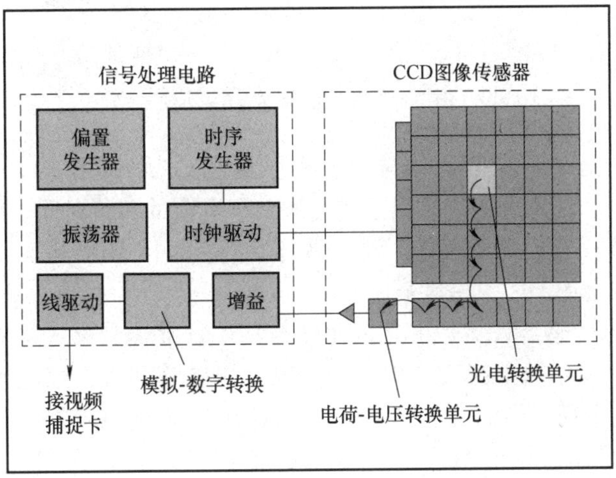

图 7-6　CCD 图像处理器件结构图

CCD 工作时，在设定的存储时间内，光敏元件对光信号进行取样，将光的强弱转换为各光敏元件的电荷量。取样结束后，各光敏元件的电荷在转移栅信号驱动下，转移到 CCD 内部的移位寄存器相应单元中。移位寄存器在驱动时钟的作用下，再将信号电荷顺次转移到输出端。输出信号连接显示器或其他信号处理设备，实现图像信号的存储或再现等处理。图 7-7所示为 CCD 图像传感器的光电转换原理示意图。

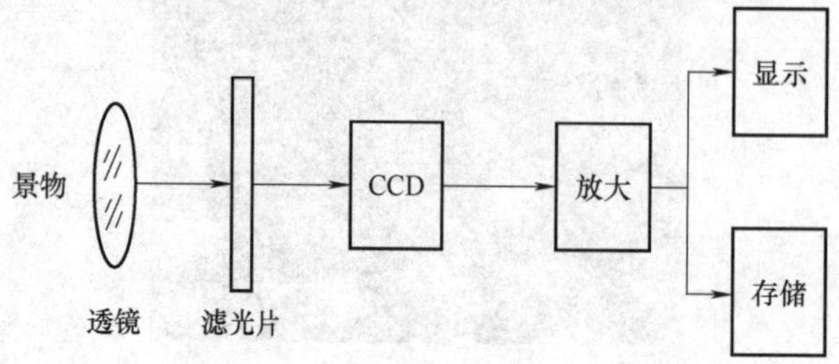

图 7-7 CCD 图像传感器的光电转换原理示意图

3. CCD 图像传感器分类和特性

按照扫描方式的不同，CCD 图像传感器可分为线阵固态图像传感器和面阵固态图像传感器，它们的外观如图 7-8 所示。线阵固态图像传感器可以直接将接收到的一维光信号转换为时序电信号，输出一维的图像信号。线阵固态图像传感器非常适合对匀速运动物体进行扫描成像，扫描仪、传真机等设备均采用这种传感器。面阵固态图像传感器实际上就是由若干行线阵固态图像传感器排列在一起组成的，它可以将二维图像直接转换为视频信号输出，主要用于数字式照（摄）相机、监视摄像头、平板电脑及少数智能手机产品。

a) 线阵　　b) 面阵

图 7-8 CCD 图像传感器外观

MOS 电容器实质是一种光敏元件与移位寄存器合二为一的结构，称为光积蓄式结构。这种结构构造简单，但是光生电荷的积蓄时间远大于电荷的转移时间，所以再现图像时往往因产生“拖尾”现象而造成图像模糊不清。另外，直接采用 MOS 电容器感光虽然有不少优点，但它对蓝光的透过率差，灵敏度低。

现在的 CCD 图像传感器大多是用光敏元件与移位寄存器分离式结构，又分为单读式和双读式两种。图 7-9a 所示的单读式结构采用光电二极管阵列作为感光元件，光电二极管受到光照时产生相应的电荷，经输入电路将这些电荷引入 MOS 电容器阵列的势阱中。这种结构的传感器灵敏度很高，在低照度下也能获得清晰的图像，在强光下也不会灼伤感光面。MOS 电容器阵列在这里只起移位寄存器的作用。图 7-9b 所示的双读式结构中，移位寄存器分配在光电二极管线阵的两侧，奇偶数位的光电二极管分别与两侧移位寄存器的相应单元对应。与同尺寸的单读式相比较，双读式可以获得高出一倍的分辨率，同时还可以降低CCD传感器的电荷转移损失率，在同等性能下，双读式可以缩小器件尺寸。鉴于这些优点，双读式已成为线阵固态图像传感器的主要结构形式。

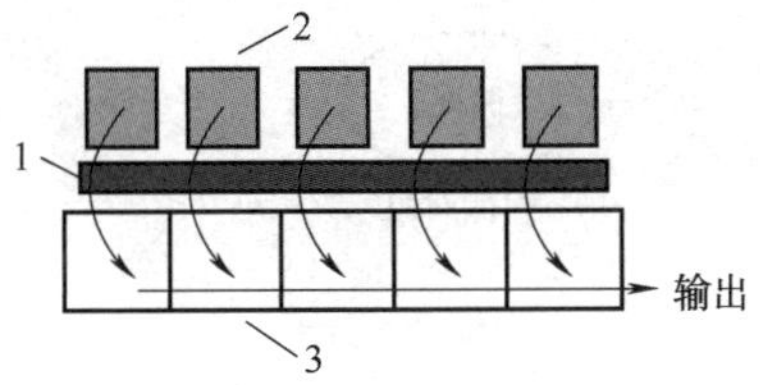

a) 单读式结构

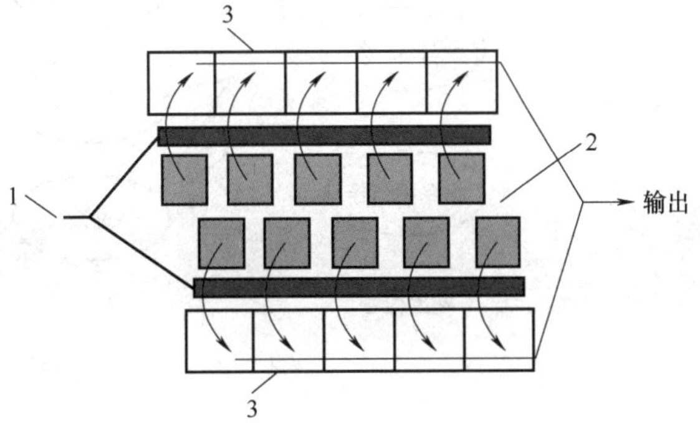

b) 双读式结构

图 7-9　光敏元件与移位寄存器分离式结构

1—转移栅　2—光电二极管　3—移位寄存器

CCD 图像传感器的基本特性参数有光谱响应、动态范围、信噪比、CCD 芯片尺寸等。在像素数目相同的条件下，像素点（MOS 电容器的面积）大的 CCD 芯片可以获得更好的拍摄效果。大的像素点有更好的电荷存储能力，因此可提高动态范围及其他指标。

4. CCD 图像传感器的应用范围

CCD 图像传感器的光敏元件集成度很高，成像分辨率高，信噪比和动态范围都很大，可以在微光下工作。彩色 CCD 图像传感器用三个光电二极管组成一个像素，被测景物图像的每一个光点由彩色矩阵滤光片分解为 R、G、B（红、绿、蓝）三个分量，分别照射到每一个像素的三个光电二极管上，光电二极管各自产生的光生电荷分别代表该像素的 R、G、B 三个光点的亮度。信号输出后，可在显示器上显示出每个像素的原始色彩。CCD 彩色图像传感器具有高灵敏度和良好的色彩还原性。

CCD 图像传感器输出信号有如下特点：

1）与光图像位置对应，即能输出时间序列信号。

2）串行的各个脉冲可以表示不同信号，即能输出模拟信号。

3）能精确反映焦平面信息，即能输出焦平面信号。

根据这三个特点，将不同的光源对象或光学元件灵活组合，可以实现 CCD 图像传感器的各种用途，如图 7-10 所示。

由图 7-10 可以归纳 CCD 图像传感器的主要应用如下。

1）测量物位、工件尺寸、工件损伤等。

2）传真技术、文字识别、图像识别、摄像等。

3）自动流水线、机床、自动售货机、自动监视装置等。

4）机器人视觉。

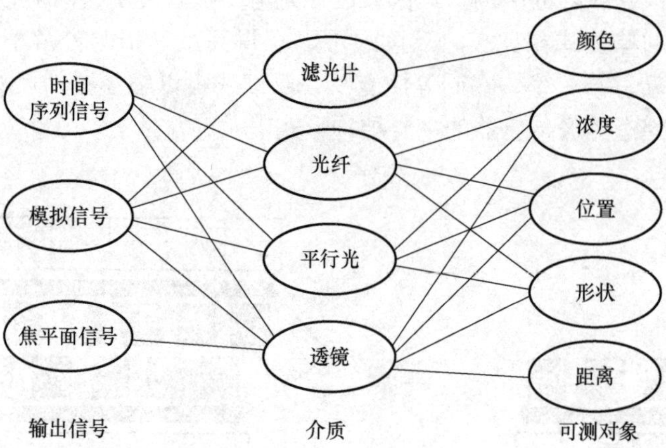

图 7-10 CCD 图像传感器的用途

二、CMOS 图像传感器

CMOS（Complementary Metal-Oxide Semiconductor，互补性氧化金属半导体）图像传感器是按一定规律排列的 MOS 场效应晶体管（MOSFET）组成的阵列。

1. CMOS 图像传感器的光电转换器件

CMOS 型放大器是由 NMOS 场效应晶体管和 PMOS 场效应晶体管组合而成的，NMOS 场效应晶体管作为共源极放大管，PMOS 场效应晶体管组成的镜像电流源作为有源负载。由于与放大管互补的有源负载具有很高的输出阻抗，因而电压增益很高。

CMOS 型光电转换器的工作原理如图 7-11 所示，与 CMOS 型放大器源极相连的 P 型半导体衬底充当光电转换器的感光部分。当 CMOS 型放大器的栅源电压为零时，CMOS 型放大器关闭，P 型半导体衬底受光信号照射产生并积蓄光生电荷，可见 CMOS 型光电转换器也有存储电荷的功能。当积蓄电荷过程结束，栅极之间加开启电压时，源极通过漏极负载电阻对外接电容器充电形成电流，即光信号转换为电信号输出。

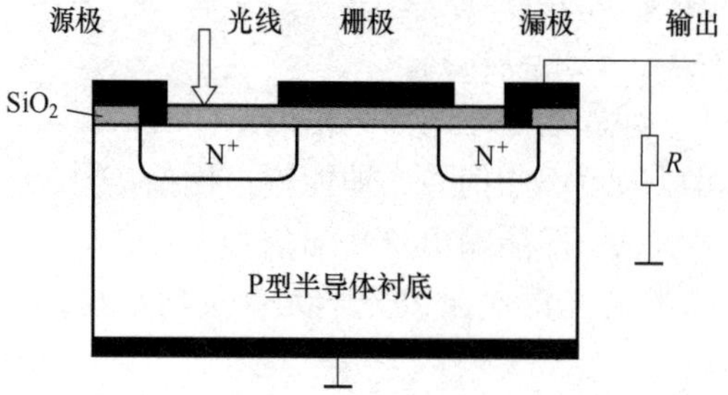

图 7-11 CMOS 型光电转换器的工作原理

2. CMOS 图像传感器的结构和原理

利用 CMOS 型光电转换器可以组成 CMOS 图像传感器。图 7-12 所示为 CMOS 图像传感器，它由水平移位寄存器、垂直移位寄存器和 CMOS 光敏元阵列组成。

各 MOS 场效应晶体管在水平和垂直扫描电路的脉冲驱动下起开关的作用。水平移位寄

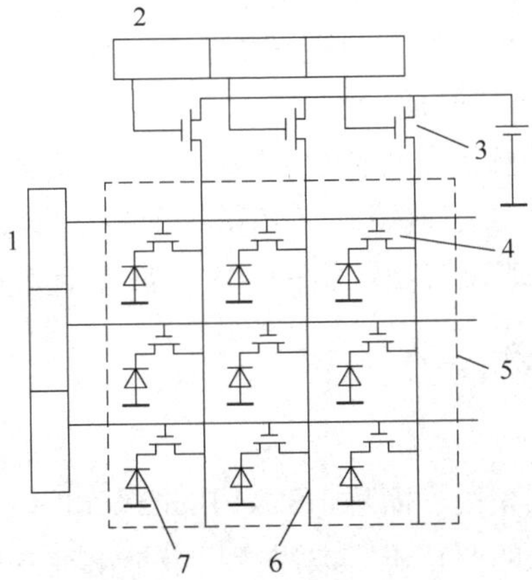

图 7-12　CMOS 图像传感器

1—垂直移位寄存器　2—水平移位寄存器　3—水平扫描开关

4—垂直扫描开关　5—光敏元阵列　6—信号线　7—光电二极管

存器从左至右顺次地接通起水平扫描作用的 MOS 场效应晶体管，也就是寻址列的作用，垂直移位寄存器顺次地寻址列阵的各行。每个光敏元由光电二极管和起垂直开关作用的 MOS 场效应晶体管组成，在水平移位寄存器产生的脉冲作用下顺次接通水平开关，在垂直移位寄存器产生的脉冲作用下接通垂直开关，于是顺次给光电二极管加上参考电压（偏压）。被光照的二极管产生载流子使结电容放电，这就是积分期间信号的积累过程。而上述接通偏压的过程同时也是信号读出的过程。在负载上形成的视频信号大小正比于该光敏元上的光照强弱。

图 7-13 所示为常见 CMOS 图像传感器的外观。

图 7-13　常见 CMOS 图像传感器的外观

3. CMOS 图像传感器的应用特点

CMOS 图像传感器与 CCD 图像传感器一样，可用于自动控制、自动测量、摄影摄像及图像识别等领域。

CMOS 图像传感器优越于 CCD 图像传感器的主要原因是非常省电，它的耗电量只有 CCD 图像传感器的 1/3 左右。

CCD 图像传感器存储的电荷信息需在同步信号控制下逐位实施转移后读取，电荷信息转移和读取输出需要有时钟控制电路和三组不同的电源相配合，整个电路较复杂，运行速度较慢。CMOS 图像传感器经光电转换后直接产生电压信号，信号读取简单，还能同时处理各单元的图像信息，运行速度比 CCD 图像传感器快很多。

CMOS 图像传感器主要问题是在处理快速变化的影像时，由于电流变化过于频繁而使芯片过热，如果对暗电流抑制不好就容易出现图像噪点。因此 CMOS 图像传感器的对光源要求较高，分辨率也比 CCD 图像传感器低。

新型背照式 CMOS 图像传感器是将传统 CMOS 图像传感器表面的电子电路布线层移至芯片感光面背部，使感光面前移接近透镜，以获得约两倍于传统正照射式的光通量，从而使 CMOS 图像传感器可在低光照或夜视环境使用，大大提高低光照时的对焦能力。

三、图像传感器的应用举例

1. 数码相机

数码相机全称是数字式照相机，简称 DSC（Digital Still Camera），是一种利用图像传感器把光学影像转换成电子数据的照相机。数码相机最早出现在美国，当时用于卫星图片的传送，后来数码相机逐渐发展为民用，并不断拓展应用范围。

在数码相机发展的早期，绝大部分数码相机都采用 CCD 图像传感器。近年来 CMOS 图像传感器发展迅猛，逐步取代了部分数码相机中的 CCD 图像传感器，另外在手机中，CMOS 图像传感器占据了绝大部分。

CCD 图像传感器的优点是色彩饱和度好、图像较锐利、质感真实，特别是在较低感光度下的表现很好；但 CCD 图像传感器的制造成本高、功耗较大、在高感光度下表现较差。

CMOS 图像传感器的色彩饱和度和质感比 CCD 图像传感器略差，但可以用信号处理技术弥补这些差距。CMOS 图像传感器具备硬件降噪机制，在高感光度下成像质量较好。背照式 CMOS 图像传感器又弥补了传统 CMOS 图像传感器在低感光度成像质量差的缺陷，此外 CMOS 图像传感器的读取速度也更快，耗电非常少。因此目前单反数码相机大多采用 CMOS 图像传感器。图 7-14 所示为单反数码相机结构示意图。

a) 实物图

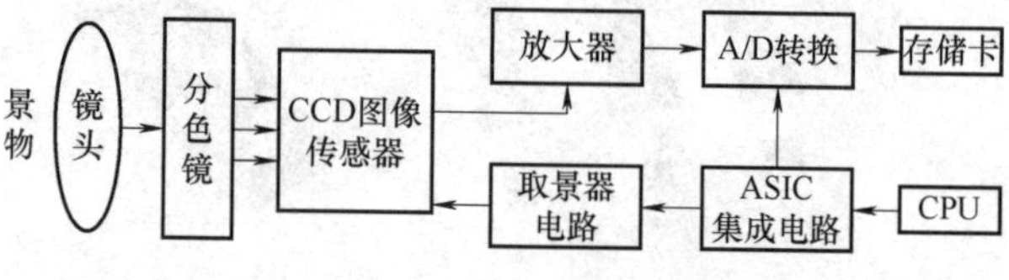

b) 结构框图

图 7-14　单反数码相机结构示意图

2. 数码摄像机

（1）CCD 摄像机　CCD 摄像机的工作原理是被摄图像经过镜头聚焦至 CCD 图像传感上，CCD 图像传感器根据光的强弱积累相应比例的电荷，各个像素积累的电荷在视频时序的控制下，逐点转移，经滤波、放大处理后，输出视频信号。当 CCD 图像传感器的所有像素感光后，对应电荷全部经过一个放大器进行转换，因此存在制约图像处理速度的“瓶颈”，当数据量大时会发生信号阻塞，而高质量摄像恰恰需要在短时间内处理大量数据，所以在民用产品中单使用 CCD 图像传感器无法满足高速读取高清数据的需要。

CCD 图像传感器对近红外光较敏感，光谱响应可延伸至 1.0μm 左右。夜间隐蔽监视时，可以用近红外灯照明，人眼看不清的环境情况在监视器上却可以清晰成像。由于结构特性，CCD 图像传感器对紫外光不敏感。

（2）CMOS 摄像机　CMOS 图像传感器的每个像素点都有一个单独的放大器转换输出，因此 CMOS 图像传感器没有 CCD 图像传感器的“瓶颈”问题，能在短时间内处理大量数据，输出高清影像，因此能都满足高清数码摄像机的需求。

另外，CMOS 图像传感器工作电压比 CCD 图像传感器低很多，功耗很小。这就使摄像机的体积可能更小。又由于 CMOS 图像传感器有单独的数据处理能力，利于减小集成电路的体积，CMOS 图像传感器可以将所有逻辑和控制环都集成在同一个芯片上，使高清数码摄像机得以实现小型化，可以使摄像机变得简单并易于携带。

（3）摄像机类型的选择　根据使用场合和成像要求，选择 CCD 或 CMOS 摄像机的一般原则如下：

1）低照度环境下宜使用 CCD 摄像机。在低照度环境下，如灯光较暗的停车场、楼梯间、封闭通道和暗室等，宜选用感光灵敏的 CCD 摄像机。

2）隐蔽环境中使用 CMOS 摄像机。位于道路、门口等地方的摄像机易受意外损坏，宜选用 CMOS 摄像机来达到隐蔽、避免攻击的作用。

3）图像质量要求高的场合选用 CCD 摄像机。对画质要求苛刻的场合宜选用 CCD 摄像机。CCD 内的每行仅有一个 ADC，信号放大比例一致，所以图像还原真实自然、噪点低。

4）高帧摄像时选用 CMOS 摄像机更佳。CMOS 传感器直接将光电信号转换成数字信号，处理速度快。CMOS 图像传感器的摄像速度能达到 400~2000 帧/s。

3. 手机摄像头

手机摄像头由光学镜头组、红外滤色片、固定装置、图像传感器和 PCB 板等组成。图 7-15 所示为手机摄像头的基本结构。

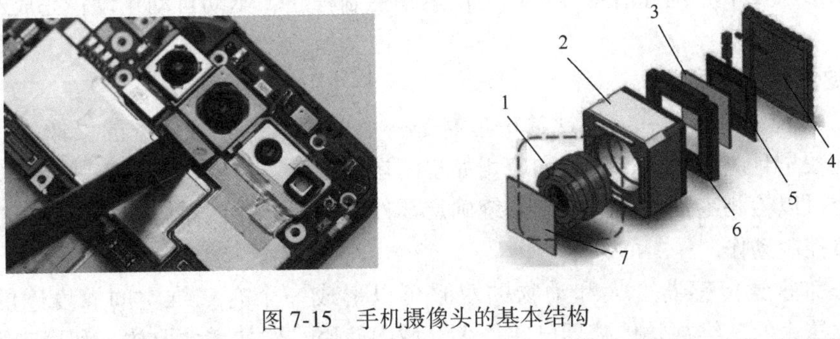

图 7-15　手机摄像头的基本结构

1—镜头　2—自动对焦系统　3—红外滤光片　4—PCB　5—CMOS 图像传感器　6—支架　7—防护玻璃

手机摄像头的工作原理为被拍摄的景物通过光学镜头组，将生成的光学图像投射到图像传感器上，光学图像被转换成电信号，电信号再经过 A/D 转换变为数字信号，数字信号经加工处理，再被送到手机处理器中进行处理，最终转换成手机屏幕上的图像。

光学镜头组通常由几片透镜组成。透镜按材质可分为塑胶透镜和玻璃透镜。玻璃透镜的透光性以及成像质量都具有较大优势，但玻璃透镜成本也高，因此一个摄像头品质的好坏，与光学镜头有一定关系。镜头的主要参数是光圈和焦距。光圈控制通过镜头到达传感器的通光量，光圈还能控制景深，光圈越大，景深越小。焦距是从镜头的中心点到传感器平面上所形成的清晰影像之间的距离。根据成像原理，镜头的焦距决定了该镜头拍摄的物体在传感器上所形成影像的大小。

图像传感器是摄像头组成的核心，也是最关键的技术，绝大多数手机使用CMOS图像传感器。可以把图像传感器看作是传统相机用的胶片，图像传感器的感光器件面积越大，捕获的光子越多，感光性能越好，信噪比越低。

四、视觉传感器

1. 视觉传感器的功能

机器视觉系统依靠视觉传感器收集视觉信息。典型的机器视觉系统主要由一至两个图像传感器组成，有时还要配以光投射器及其他辅助设备。视觉传感器的主要功能是获取足够的原始图像信息，再将图像信息传送至处理单元，经数字化处理后，根据像素分布和亮度、颜色等信息判别目标的尺寸、形状或颜色，最终根据判别结果控制生产设备的工作。所以视觉传感技术实质是一种电子图像技术。

视觉传感器的工作过程可以分为图像检测、图像分析、图像绘制和识别四个步骤。视觉传感器具有从一幅图像中捕获数以千计像素的能力。

2. 视觉传感器的图像处理

目前使用比较多的视觉传感器是光接收装置及其各种摄像机，如光电二极管与光电转换器件、位置敏感探测器（PSD）、CCD图像传感器、CMOS图像传感器及其他的摄像元件。通过对拍摄到的图像进行处理，来计算对象物体的特征量（面积、重心、长度、位置、颜色等），并输出数据和判断结果。

图像处理的基本原理是由摄像机采集视频信号，将视频信息转化为数字化图像，然后通过视频处理卡及视频处理程序对数字图像进行灰度化、边缘检测、轮廓坐标重建等操作，最终将目标物形状及中心位置信息传输给上位运动控制程序，驱动自动化设备完成对目标物的操作。

3. 视觉传感器的类型

（1）二维视觉传感器　二维视觉传感器是一个可以执行多种任务的摄像头。这种视觉传感器出现较早且应用较多，典型的应用如检测运动物体、传输带上的零件定位等。许多智能相机已经可以检测零件并协助控制系统确定零件的位置，控制系统就可以根据接收到的信息适当调整控制动作。

（2）三维视觉传感器　人和动物的双眼可以形成一个有三维空间深度感的视觉。利用三维视觉技术的三维视觉传感器已在许多领域中使用，例如零件取放，利用三维视觉技术检测物体并创建三维图像，分析并选择最好的拾取方式。

三维视觉传感器又分为被动传感器和主动传感器两大类。被动传感器通过摄像机等对目标进行拍摄，获取目标物图像；主动传感器通过传感器向目标投射光图像，接收返回信号，对距离进行测量。

（3）其他视觉传感器　除了按照视觉维度划分的视觉传感器，还有以下几种视觉传感器：功能性视觉传感器，如人工视网膜传感器，它的图形处理能力强，使用灵活、快速、成本低；时间调制图像传感器，能把光检测器生成的入射光量，以及全体像素共同参照信号的时间相关值并行存储，以类似图像传感器那样输出，主要用在振动模态测量、图像特征提取、立体测量等方面；生物视觉传感器，通过模拟动物或人的眼睛的结构获取周围的信息，把获取的视觉信息传送给脑神经细胞进行处理，这类传感器的研究尚在探索阶段，未达到工业化应用阶段。

4. 视觉传感器的应用举例

（1）汽车车身视觉检测系统　汽车制造流程中需要对车身进行100%的检测。传统的车身检测是利用三坐标测量机，其操作复杂、速度慢、工期长，只能进行抽检。

利用视觉传感器技术，将视觉传感器分布于车身待检测位置附近，测量其相应结构的空间位置尺寸。车身定位后，根据需要的测量点安装相应的视觉传感器，传感器包括双目立体视觉传感器、轮廓传感器等多种类型。

测量系统工作过程如图7-16所示，生产线运送车身到测量工位进行准确定位，然后传感器按要求顺序开始工作，计算机采集检测点图像并进行处理，计算出被测点的空间三维坐标，计算值与标准值比对，得出检测结果，并将车身送出测量工位。

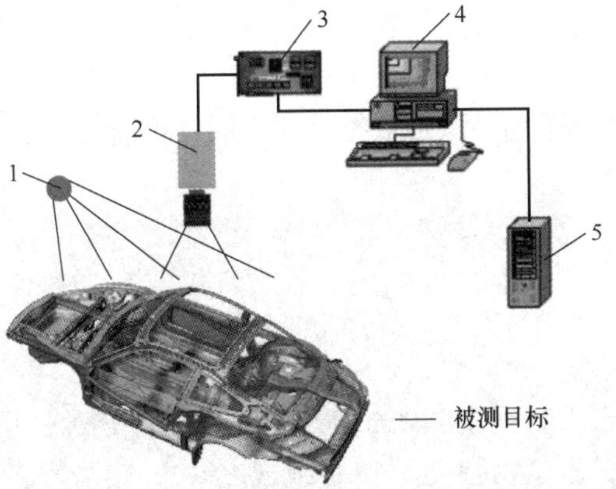

图7-16　测量系统工作过程

1—光照系统　2—CCD摄像机　3—图像采集卡　4—工业计算机　5—控制器

（2）车牌自动识别　车牌识别系统（Vehicle License Plate Recognition，VLPR）是计算机视频图像识别技术在车辆牌照识别中的一种应用。车牌识别技术已经应用于公路收费、停车管理、称重系统、交通诱导、交通执法、公路稽查、车辆调度及车辆检测等各种场合。图7-17所示为车牌自动识别系统在停车场的应用场景。

图7-17　车牌自动识别系统在停车场的应用场景

车牌自动识别是一项利用车辆的动态视频或静态图像进行牌照号码、牌照颜色自动识别的模式识别技术。其硬件基础一般包括触发设备（监测车辆是否进入视野）、摄像设备、照明设备、图像采集设备、识别车牌号码的处理机（如计算机）等，其软件核心包括车牌定位算法、车牌字符分割算法和光学字符识别算法等。车牌识别系统还能通过视频图像判断是否有车，称为视频车辆检测。完整的车牌识别系统包括车辆检测、图像采集、图像预处理、车牌定位、字符分割、字符识别等几部分，车牌识别系统的工作流程如图 7-18 所示。

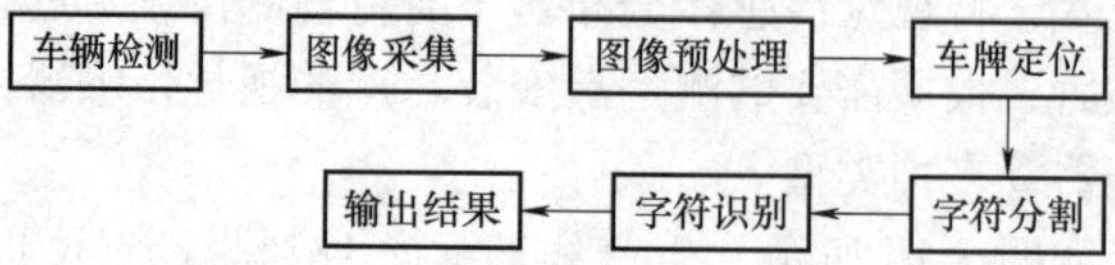

图 7-18 车牌识别系统的工作流程

当车辆检测部分检测到车辆到达时触发图像采集单元，采集当前的视频图像。图像预处理单元对图像进行处理，定位出牌照位置，再将牌照中的字符分割出来进行识别，然后组成牌照号码输出。

车牌识别过程中，牌照颜色的识别依据算法不同，可能在上述不同步骤实现，通常与车牌识别互相配合、互相验证。

小知识

视觉传感器与计算机视觉

视觉源于生物界获取外部环境信息的一种方式，是自然界生物获取信息的最有效手段，是生物智能的核心组成之一。人类感知外界信息的 80% 都是依靠视觉获取的，基于这一启发，研究人员开始为机械安装“眼睛”，使得机器跟人类一样通过“看”获取外界信息，由此诞生了一门新兴学科——计算机视觉，人们通过对生物视觉系统的研究从而模仿制作机器视觉系统，尽管与人类视觉系统相差很大，但这对传感器技术而言是突破性的进步。

视觉传感技术的实质就是图像处理技术，通过截取物体表面的信号绘制成图像，从而呈现在研究人员的面前。视觉传感技术的出现解决了其他传感器因场地大小限制或检测设备庞大而无法操作的问题，由此广受工业制造业界的欢迎。

单元三 微机电系统的应用

单元引入

微机电系统（Micro Electro-Mechanical System，MEMS）技术是高科技发展的热点之一。MEMS 是指在一个硅基片上集成敏感元件、电子元件和机械零件，这种微型系统可以对声、光、热、磁、运动等自然信息进行检测，并有信号处理甚至执行器的功能。

学习目标

1）了解微机电系统的发展简史，能描述微机电系统的特点和基本形态。

2）了解微机电系统的典型应用。

建议课时

2 学时

知识点

一、微机电系统

微机电系统的尺寸在几毫米以下，其内部结构一般在微米甚至纳米量级，是一个独立的智能系统。微机电系统涉及物理学、半导体学、光学、电子工程学、化学、材料工程学、机械工程学、医学、信息工程学及生物工程学等多种学科和工程技术，应用在智能系统、可穿戴设备、智能家居等很多领域。常见微机电系统产品包括 MEMS 加速度计、MEMS 麦克风、微马达、MEMS 压力传感器、MEMS 陀螺仪等。

一个完整的微机电系统由微传感器、微处理器、微执行器等部件组成，如图 7-19 所示。图 7-20 所示为 MEMS 的局部显微照片。

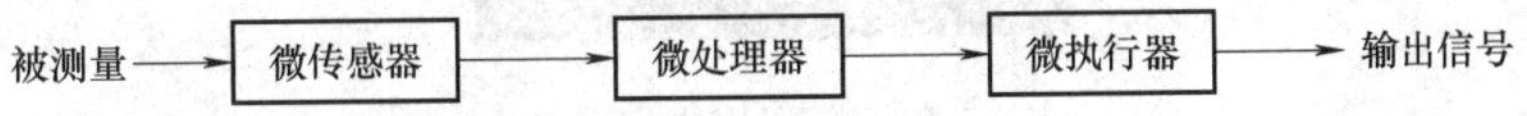

图 7-19　MEMS 结构框图

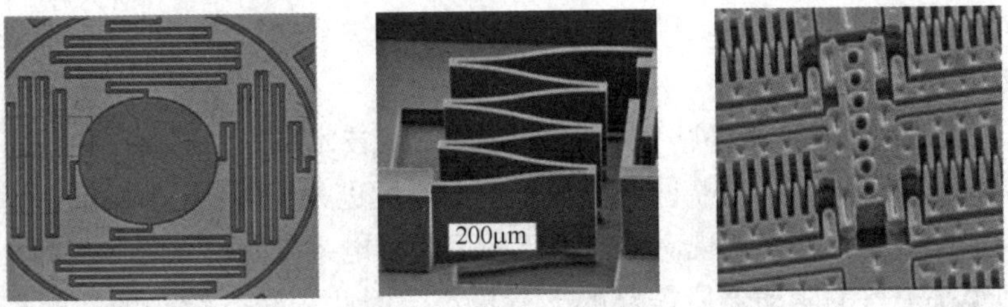

图 7-20　MEMS 局部显微照片

二、微机电系统的特点

微机电系统的突出特点是微型化，在器件制作工艺和技术上与传统大器件（宏传感器）的制作有很多不同。微机电系统通常具有以下典型的特性：①微型化零件，可以完成传统大器件所不能完成的任务；②所用材料主要是半导体，但也越来越多地使用塑料；③结构零件大部分是二维的、扁平的；④机械和电子被集成为相应独立的子系统，如传感器、执行器等；⑤利用集成电路工艺，便于大批量生产而降低成本。

微机电系统中的传感器有微热传感器、微辐射传感器、微力学传感器、微磁传感器、微生物（化学）传感器等。其中微力学传感器是微机电系统最重要的一种传感器，因为微机电系统涉及的力学量种类繁多，不仅涉及位移、速度、加速度这样的静态和动态参数，还涉及材料的物理性能，如密度、硬度和黏稠度等。叉指换能器式微传感器是微力学传感器的一种重要类型。

三、微机电系统的应用实例

在数码产品领域，MEMS 技术也已经有了很广泛的应用。

（1）手机中的应用　有很多手机已经在使用 MEMS 技术，最典型的例子就是手机的动作感应功能，由于使用了 MEMS 技术的三轴陀螺仪，手机可以通过感应三个维度的方向变化来和应用互动，大幅度提升了手机动作感应类游戏的可操控性，目前很多手机上使用的加速计、电子罗盘、光感应器等部件，也均得益于 MEMS 技术。手机中的 MEMS 加速度传感器如图 7-21 所示，其左上部长方形框内为微机电系统结构。

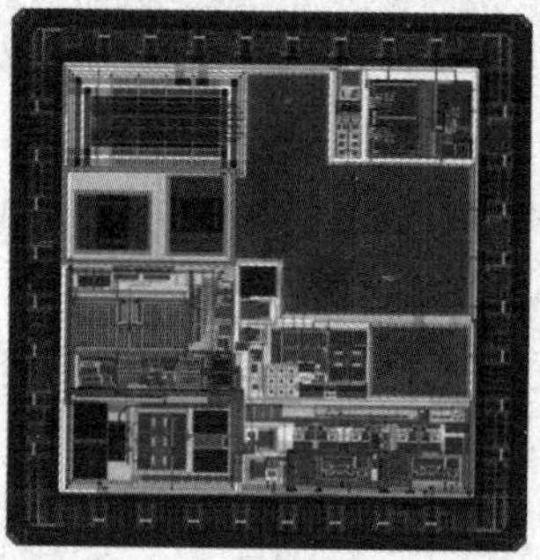

图 7-21　手机中的 MEMS 加速度传感器

手机 MEMS 镜头是一种采用微机电系统来实现对焦成像的镜头组件。与传统的镜头组件相比，MEMS 镜头集成度更高，对焦速度比常规镜头快至少七倍，对焦更准确、功耗也要低得多（耗电量仅为传统镜头的 1%）。

图 7-22 所示为手机中的 MEMS 镜头。采用 MEMS 技术的镜头模块的厚度仅为 5mm 左右，比常规镜头模块减少 33%的空间，可使手机的厚度进一步降低。MEMS 摄像头的机械组件通过镜头模块的微小位移来实现对焦。由于使用微机电系统的感光器体积微小，精度以微米级计算，而镜头模块的驱动器所需要的能量极小，因此 MEMS 镜头的功耗相当低，可以有效提高电池的使用寿命。

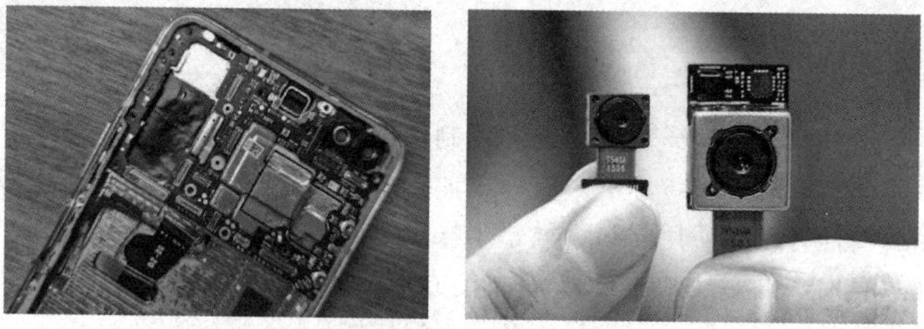

图 7-22　手机中的 MEMS 镜头

（2）电子血压计中的应用　血压计的基本功能是测量人的动脉壁压力。电子血压计常使用一种 MEMS 压力传感器，也称压阻式微压传感器。这种传感器用单晶硅作材料，采用 MEMS 技术在硅片上制作成力敏膜片，然后在膜片上扩散杂质形成四只应变电阻，再以电桥方式将应变电阻连接成电路，获得很高的测量灵敏度。

如图 7-23 所示，电子血压计包括主控制器、电源、传感器、电动机、显示屏、按键及臂带等，其中传感器为 MEMS 压力传感器。测量时电动机驱动气泵向臂带加压，臂带压力施加在人的上臂，当压力达到一定值（收缩压）时，传感器进行测量，采集后的压力和脉搏（频率）数据传输给主控制器，数据处理结果由显示屏显示出来，通过按键选择不同的功能或数据。

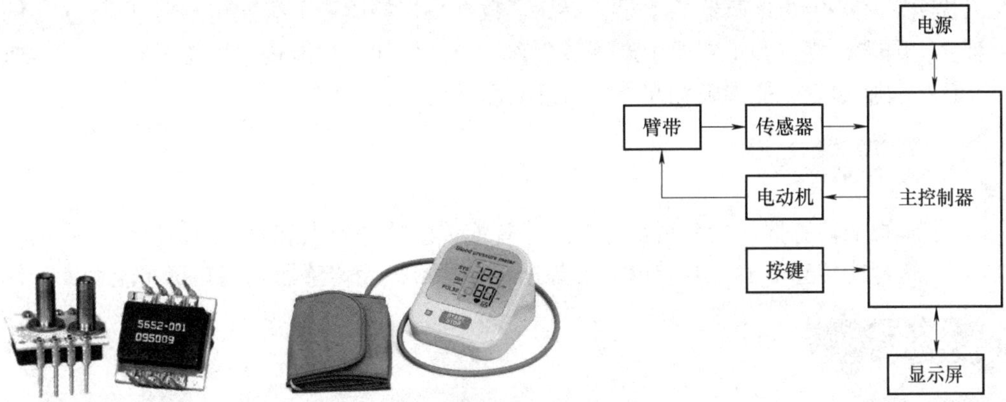

a) 压力传感器　　b) 电子血压计　　c) 原理框图

图 7-23　电子血压计及其原理框图

（3）汽车中的应用　微机电系统正在逐渐取代汽车中很多传统的传感装置，使汽车传感器空间缩减、成本降低、可靠性提升。汽车中 MEMS 传感器包括压力传感器、加速度计、陀螺仪及流量传感器等四类。

汽车安全气囊控制是汽车中 MEMS 传感器较为经典的应用。安全气囊控制单元的核心是内部加速度传感器，如图 7-24 所示。外部加速度传感器连续测量汽车的加速度，当汽车加速度超过预定阈值时，微处理器计算出加速度的积分值，以确定是否发生了相当大的速度变化（如碰撞事故），从而控制气囊模块使安全气囊释放。

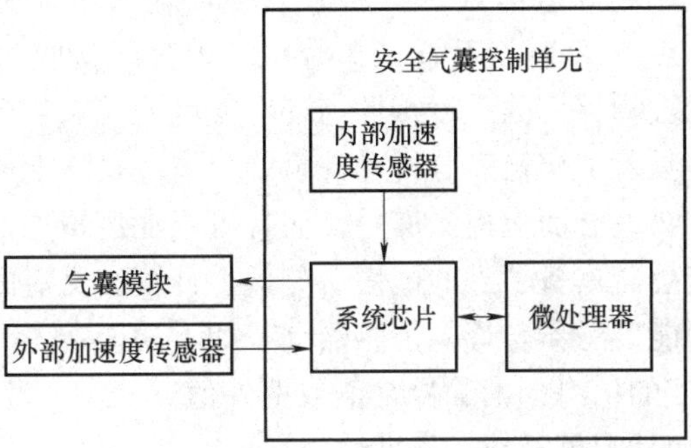

图 7-24　安全气囊控制单元

随着电子技术的发展，微机电系统已经在太空卫星、运载火箭、航空航天设备、飞机、车辆、生物医学及消费电子产品等领域中得到广泛应用。

单元四 智能传感器的应用

单元引入

智能传感器是基于人工智能、信息处理技术实现的，具有分析、判断、量程自动转换、自动补偿及自我学习等功能。智能传感器将传统的传感器与微处理器有机结合，实现了一定的人工智能，弥补传统传感器的不足，提高了数据采集的质量。智能传感器已广泛应用于航天、航空、国防、科技和工农业生产等各个领域中，例如，智能传感器使机器人具有类似于人的五官和大脑功能，能准确感知外界信息从而完成各种动作。

学习目标

1）了解智能传感器的主要特征，能描述智能传感器的特点和基本组成。

2）了解智能传感器的主要应用，具备进一步学习智能传感器相关知识的能力。

建议课时

2 学时

知识点

一、智能传感器

随着信息技术、测控技术的迅速发展，人们对传感器提出更高的要求，促使传统的传感器向智能化方向发展。IEEE（电气与电子工程师协会）定义的智能传感器是：“除产生一个被测量或被控量的正确表示之外，还具有简化换能器的综合信息，以用于网络环境的传感器”。

图 7-25a 所示为智能红外测温仪原理框图，图 7-25b 所示为智能红外测温仪外观。红外传感器将被测目标的温度转换为电信号，经 A/D 转换后输入单片机；同时温度传感器还将环境温度转换为电信号，经 A/D 转换后输入单片机。单片机接收的数据经计算处理，消除非线性误差后，可转换成被测目标的温度特性与环境温度的关系供记录或显示，且可存储备用。可见，智能传感器是具备了记忆、分析和计算能力，能输出期望值的传感器。

智能传感器不仅能在物理层面上检测信号，而且可以在逻辑层面上对信号进行分析、处理、存储和通信。智能传感器具备了人的记忆、分析、计算和交流的能力，即具备了人类的部分智能，所以被称为智能传感器。智能传感器具有如下功能：

1）提供更全面、真实的信息，消除异常值或例外值。

2）进行信号处理，包括温度补偿、线性化等。

3）随机调整和自适应功能。

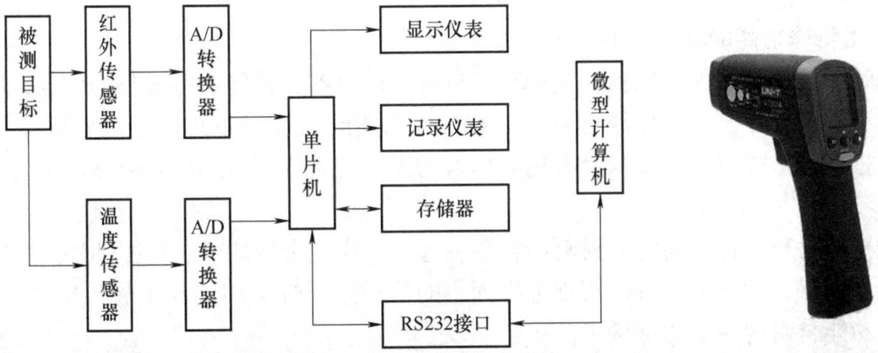

a) 原理框图　　b) 外观

图 7-25　智能红外测温仪

4）存储、识别和自诊断功能。

5）有特定算法并可根据需要改变算法。

二、智能传感器的实现

人类的智能是以多重传感信息的融合为基础，再把融合的信息与人类积累的知识结合起来，加以归纳综合。人类智能的构成如图 7-26 所示。

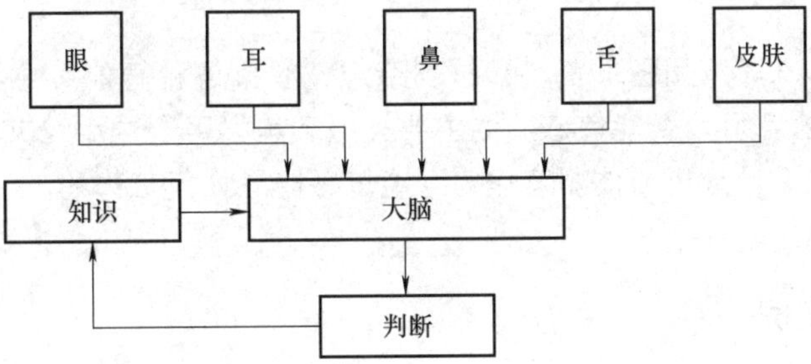

图 7-26　人类智能的构成

与人类智能对外界反应的原理相似，智能传感器也应该由多重传感器或不同类型传感器，从外部目标以分布和并行方式收集信息，通过信号处理，将多重传感器的输出或不同类型传感器的输出结合起来或集成在一起，实现传感器信号融合或集成，最后再根据拥有的关于被测目标的知识，进行智能信息处理，将信息转换成知识和概念以供使用。由此可见，智能传感器应该有三个结构层次：底层，分布并行传感过程，实现被测信号的收集；中间层，将收集到的信号融合或集成，实现信息处理；顶层，集中抽象过程，将融合或集成后的信息转换为知识。

传感器实现智能化，有以下三种途径。

1. 利用计算机合成（智能合成）

利用计算机合成的途径是最常见的，前面所述智能红外测温仪即为一个例子。其结构形式通常是传感器与微处理器的结合，利用模拟、数字电路和传感器网络实现实时并行操作，采用优化、简化的特性提取方法进行信息处理，具有多功能适应性。这种智能传感器也称为计算机型智能传感器。

2. 利用特殊功能的材料（智能材料）

利用特殊功能材料的传感器，结构形式表现为传感器与特殊功能材料的结合，增强了检测输出信号的选择性。其工作原理是用具有特殊功能的材料（也称智能材料）来对传感器输出的模拟信号进行辨别，仅选择有用的信号输出，对噪声或非期望效应则通过特殊功能进行抑制。

把传感器材料和特殊功能的材料结合在一起，做成一个智能传感功能部件。特殊功能的材料与传感器材料的合成，可以实现近乎理想的信号选择性。固定在生物传感器顶端的酶，就是特殊功能材料的一个典型例子。

3. 利用功能化几何结构（智能结构）

功能化几何结构是将传感器做成某种特殊的几何结构或机械结构，通过传感器的几何结构或机械结构，实现对传感器检测的信号的处理。信号处理一般指信号辨别，即仅选取有用信号，对噪声等信号则通过特殊几何结构或机械结构来抑制，增强了传感器检测输出信号的选择性。

例如，光波和声波从一种媒质到另一种媒质的折射和反射传播，可以通过不同媒质之间表面的特殊状态来控制。凸透镜或凹透镜是最简单的例子，只有来自目标空间某一定点的光才能被投射在图像空间的一个点上，而影响该空间点发射光投射结果的其他点的散射光投射效应，可由凸透镜或凹透镜在图像平面滤除。

小提示

1）查阅图书资料和报刊杂志，收集各种智能传感器的实例，写成一篇题目为“智能传感器的主要类型及其应用”的小论文。

2）分析人体器官作为智能传感器是如何工作的。

三、智能传感器实例

通过两个实例来进一步了解智能传感器系统构成。

1. 气象参数测试仪

气象参数测试仪是一种计算型智能传感器，其结构组成框图和外观如图 7-27 所示。

气象参数测试仪将风速、风向、温湿度等数字传感器的信号输入数字信号处理接口电路，处理后接入单片机。大气压力由 MPX4115A 高灵敏度扩散硅压阻式气压传感器测量，其输出信号是模拟信号，经模拟信号处理接口电路 A/D 转换后输入单片机。经单片机处理的各种信息（温湿度、大气压力、风向、风速、键盘输入、控制指令、仪器状态等）在 LCD 液晶屏上显示。气象参数测试仪采用 RS232 与 RS485 两种异步串行通信接口与上位机（微型计算机）通信，由设置跳线开关选择使用哪一种串行接口通信方式。

气象参数测试仪的数字信号处理接口电路上留有扩展数字接口，模拟信号处理接口电路也留有扩展模拟接口，供其他传感器使用。气象参数测试仪有如下功能：

1）实现风向、风速、温湿度、气压等传感器信号采集。

2）对采集的信号进行处理和显示。

3）实现与微型计算机的数据通信，传送仪器的工作状态、气象参数数据。

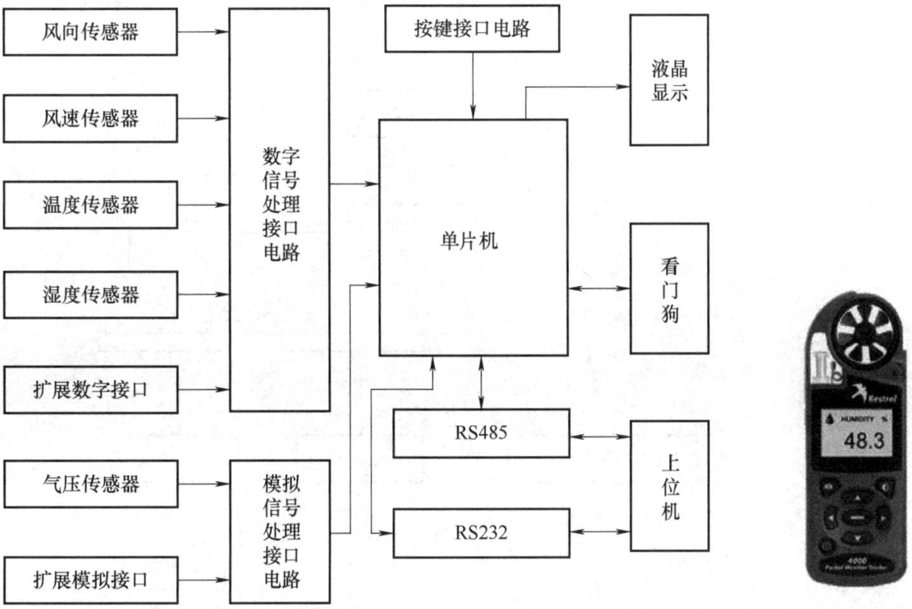

a) 结构组成框图　　b) 外观

图 7-27　气象参数测试仪结构组成框图和外观

2. 车载信息系统

车载信息系统以微处理器（工控机）为核心，对汽车的各种信息状态，如燃油液位、电池电压、水温、机油压力、车速等，进行采集、处理、显示和报警，同时接收 GPS（全球卫星定位系统）信息进行显示。驾驶员可根据显示和报警提示进行相应的操作和处理，以保证行车安全。图 7-28 所示为车载信息系统。

图 7-28　车载信息系统

车载信息系统由多种传感器、数据采集卡（A/D 转换接口）、计数卡（数据输入接口）、总线、声光显示和报警、GPS、工控机和管理控制软件等组成，如图 7-29 所示。

燃油液位、电池电压、水温、机油压力、车速等各种信息由相应的传感器进行检测，通过数据采集卡转换为调制在不同频率上的数字信号。计数卡由多路计数器组成，将这些调制在不同频率上的数字信号分别存储在各路计数器里。工控机在软件的控制下，巡回读取各路计数器的数字信号，运算处理后，将其所表征的物理量以图形方式显示在液晶显示屏上，以便驾驶员观察。当某物理量超出安全范围值时，即发出声光报警信号，警示驾驶员尽快采取措施以保证安全行车。

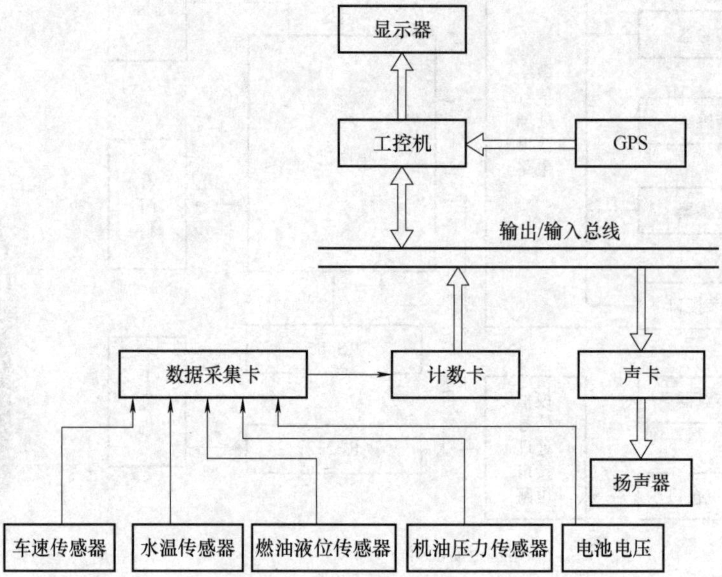

图 7-29　车载信息系统工作原理框图

GPS 根据三颗以上不同卫星发来的数据，实时计算和在液晶屏上显示汽车所处的地理位置（经度和纬度）。

单元五　可穿戴设备的应用

单元引入

可穿戴设备是一种可以方便地穿着于人或者其他动物体身上，可以提供信息感知、交互等功能的电子设备。常见的可穿戴设备有智能手环、智能眼镜、智能服饰、智能鞋袜等。可穿戴设备可以与手机联合使用，提供个性化的服务。MEMS 传感器是可穿戴设备的核心元件。随着生物科技以及传感器微型化与智能化的发展，可穿戴设备必将为人们的生活创造前所未有的新体验。

学习目标

1）了解可穿戴设备的主要特征，能描述可穿戴设备的类型和应用。
2）通过媒体实践，培养进一步学习应用传感器前沿技术的能力。

建议课时

2 学时

知识点

可穿戴技术（Wearable Technology）最早由麻省理工学院媒体实验室提出，该技术可以把多媒体、传感器和无线通信等技术嵌入人们的衣物中，可支持手势和眼动操作等多种交互方式。利用该技术可制造出可以直接穿戴的智能设备。随着计算机软硬件和互联网技术的高速发展，可穿戴式智能设备的形态开始多样化，逐渐在工业、医疗健康、军事、教育、娱乐等领域表现出广阔的应用潜力。

可穿戴技术具有轻便易用、可免手持、智能传感、即时提醒、永远工作等诸多特点。

一、可穿戴设备传感器的类型和实现原理

1. 运动传感器

运动传感器包括加速度传感器、陀螺仪、地磁传感器（电子罗盘）、大气压（海拔高度）传感器等。运动传感器主要实现运动探测、导航、娱乐、人机交互等，如电子罗盘传感器用于测量方向，实现或辅助导航。通过运动传感器实时测量、记录和分析人体活动情况，用户可以知道跑步步数、各类运动周期数、骑车距离、能量消耗和睡眠时间，甚至可以分析睡眠质量等。

运动传感器主要包括（MCU）微控制单元、三轴加速度计、三轴陀螺仪、三轴磁力计、控制器域网（CAN）和电源接口等，系统的硬件框图如图 7-30 所示。MCU 控制节点的一系列操作，节点为有线供电。MCU 控制三种传感器的数据采集、姿态角解算和 CAN 收发。

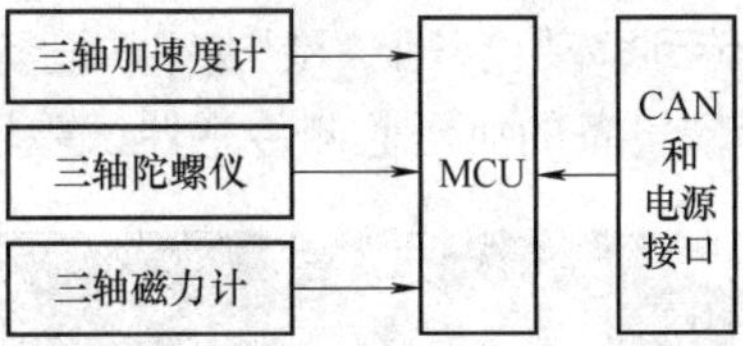

图 7-30　运动传感器系统的硬件框图

2. 生物传感器

生物传感器是将生物敏感物质的浓度转换为电信号的一种传感器，其中生物敏感物质包括酶、抗体、抗原、微生物、细胞、核酸等生物活性物质。转换过程中通常需要适当的理化换能器才能输出电信号，理化换能器包括氧电极、光敏管、场效应晶体管、压电晶体等，还需要信号放大和分析单元，所有这些单元组合起来成为标准化的生物传感器。

生物传感器的应用范围已经涉及医疗诊断、食品毒性检测、农业检测、工业过程控制和环境污染控制等方面。目前最流行的领域是医疗诊断，其中即时检测（POCT）是生物传感器应用最多的领域。

3. 环境传感器

环境传感器包括土壤温度、空气温湿度、雨量、光照、风速风向传感器等，不仅能精确测量相关环境信息，还可以和上位机实现联网，满足用户对被测物数据的测试、记录和存储需求。

以颗粒物空气质量检测功能为例，检测系统采集待测气体，待测气溶胶在系统内分流成

为两部分，一部分被过滤为干净空气作为标样气体，另一部分气溶胶作为待测样品直接进入传感器室。利用光的散射原理，测得入射光通过待测样品气体浓度场的相对衰减率，从而计算出待测气体的颗粒物含量。

4. 皮电传感器

人对外界刺激的心理反应转化成生理反应的过程，可以通过皮电传感器探测出来。皮电传感器是由早期测谎仪的主要组成部分发展而来的，它的测量原理实际上就是对生物电流的测量。严格地说，皮电传感器不能测试出人或动物的喜怒哀乐，只能感受到被测试者心理状态是否变化，而通过这种变化可以得到一些心理反应的判断。例如，有研究表明，在一天的活动中，早晨刚醒以及晚上睡觉时人体皮电反应水平较低，而上午和下午的某一个时段的皮电水平相对较高，而这一时段正是我们学习或者工作效率最高的时段。

5. 心率和血压传感器

心率传感器可以通过监测心率来追踪运动强度、运动模式等，并可以根据数据推算人的睡眠周期等健康行动数据。血压传感器可以实时监测人的血压数据。

心率传感器有两种类型，一种是通过光反射测量的光电心率传感器，它的测量准确度欠佳，但优势在于体积小，所以目前所有的移动终端都用该种方式测量。另一种是利用人体不同部位电势测量的电极式心率传感器，医院的心电图检测就属于此类，它的特点是测量精准，但须同时监测人体两个部位，所以在手机等单手接触产品中无法做到持续监测。

血压传感器采用高准确度和稳定性的力敏芯片，经严格精密的温度补偿和特殊设计制成。系统通过微压力传感器检测人体动脉血管壁震动引起的压力的微小变化（振荡法），经过放大、滤波、A/D 转换、中央处理器控制等环节，得出血管壁的收缩压、舒张压等数据。监测数据可通过蓝牙等方式上传到移动设备上，制成穿戴设备可为使用者提供全天候的血压监控。图 7-31 所示为用于可穿戴设备的血压监测传感器试验场景。

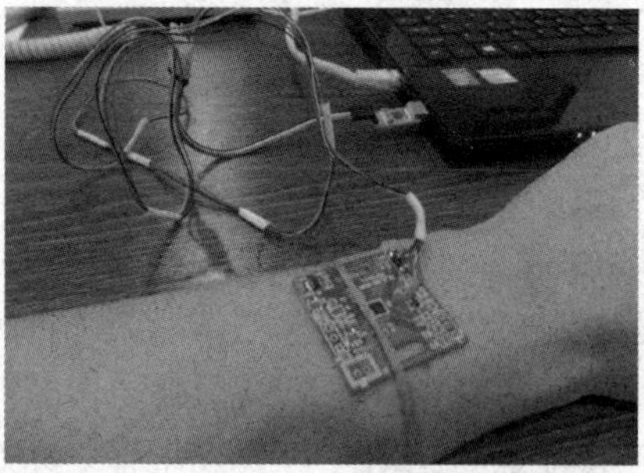

图 7-31　用于可穿戴设备的血压监测传感器试验场景

6. 气压计

气压计能够测量气压数据，通过该数据还可以计算海拔高度。气压计可以使运动者了解自己所在的高度。气压的精确检测，还可能使导航系统地图监测到人员所在的楼层。

7. 汗液感知传感器

汗液感知传感器通常分析汗液中的电解质，用于医疗保健和其他领域。汗液是汗腺作用的产物，它含有丰富的生化数据，包括电解质（如钾离子和钠离子）和代谢物（如葡萄糖和乳酸）等。用于测量汗液的传感器主要是电化学传感器。研究人员目前开发出一种由膜组成的贴剂，可以从汗液中检测电解质成分，从而测量出人体的皮质醇水平。

二、可穿戴设备的功能

可穿戴设备的产品种类日益增多，各类可穿戴设备功能及技术成熟度各不相同。目前可穿戴设备有以下功能。

1. 生物认证类

新型生物传感器可以捕捉更复杂和特定的生物认证信息，可以完成诸如指纹认证等功能。如手机上实现指纹支付认证，某些手环和智能手表也具备了特定的支付功能，给人们的移动支付带来方便。

2. 移动健康监测类

可穿戴健康监测设备可收集并监测体重、血压、血糖、心律、睡眠和皮电反应等生理指标，然后将这些数据上传给移动应用程序和云服务进行监测、分析和反馈。若可穿戴设备具备医疗认证和用户协议，所收集的数据还可以发送给医生，用于监测和改善患者护理。

3. 能量采集类

利用能量采集技术获取能量，以增强电池功率并延长充电后设备使用时间，称为能源提升技术。利用无线电波、温差、太阳能和机械振动作为能量来源，可以产生额外电力来延长可穿戴设备的电池使用寿命，减少设备成本并改进用户体验。

4. 智能教练类

智能教练功能与可穿戴健身设备的相关性最大，这类设备包括手环、智能服装、运动手表和其他健康监测仪等。智能教练可收集多种生物认证数据，并通过智能软件和分析工具向用户发送健身建议和反馈，进一步提升了可穿戴设备的普及。

5. 适型电子技术类

适型电子技术是指封装在柔性和弹性聚合物材料中的跟踪和电子元件技术，基于此技术制造出了生物皮肤、电子皮肤、智能手环、手表等。适型电子技术将聚合物印刷与蚀刻相结合，利用真实导线进行连接，并整合了印刷、蚀刻与专为电子技术制造的细小真实导线元件。在可穿戴设备领域，此类技术可以让柔软的适型计算元件舒适地包裹或贴附在身体的不同部位，从而实现非侵入的精确测量或触诊。

6. 可穿戴设备处理器

可穿戴设备处理器是一种面向应用的标准产品或集成电路，它是一种芯片级系统或封装系统。不同于传统的微控制器（MCU），可穿戴设备处理器整合了处理及其他必要功能。

7. 虚拟现实（VR）与增强现实（AR）

虚拟现实与增强现实被用于可穿戴设备，也称为沉浸式技术。沉浸式技术更加关注人们感官的实际感受。大量环境信息必须实时地与使用者交互反馈，这就需要高效能的运算能力。利用手机的运算功能和其他设备，实现虚拟现实与增强现实。高档设备往往需要搭配高档 PC 来实现各种功能。

8. 精确动作识别

以微陀螺仪、加速计和磁强计等各种动作传感器为基础，可以实现运动/动作的跟踪。可穿戴设备的微传感器与数据融合算法相结合，才能确定和区分不同类型的动作。复杂度更高的传感器和数据融合算法可使检测误差大为降低，最终使可穿戴设备的功能远远多于简单计步。

三、可穿戴技术的发展趋势

随着电子消费的发展以及 AI、VR、AR 等技术的逐渐普及，可穿戴设备已从过去的单一功能迈向多功能，同时具有更加便携实用的特点。智能可穿戴设备在医疗保健、导航、社交网络、商务和媒体等领域有许多开发应用，并能通过不同场景的应用给未来生活带来改变。可穿戴技术有如下发展趋势：

（1）隐形化　设备体积越来越小，同时其效能越来越广（摩尔定律），设备功能也会更强大。

（2）个性化　用户将可以自主挑选个性化的可穿戴设备产品，可能像选择首饰那样选择适合自己的可穿戴设备。新技术让可穿戴设备既是一种科技配件，也是一种时尚产品。

（3）高能效　新的供电（充电）方式应用到可穿戴设备中，提高产品续航性能。如用嵌入式太阳电池的布料来为设备充电，或利用人体热为指环类设备提供能量等。

（4）高精度　随着综合技术发展，检测精度越来越高，可穿戴产品将可能给出设备的准确率保障。

（5）智能化　与人工智能等技术相关联，可穿戴设备必将进化，如具有学习、分析等能力，能为使用者做出合理的建议和规划。

四、可穿戴设备实例——电子皮肤

电子皮肤是一种可以产生触觉的超薄电子设备，它是一种像皮肤一样柔软的材料，可被加工成各种形状，用途十分广泛，例如，能依附在机器人表面充当外衣，还可以应用在遭遇严重皮肤创伤的人体修复手术中。电子皮肤可以感受外界压力、温度等的变化，通过电路向人的大脑发送信号，从而产生近乎真实的触觉。电子皮肤的灵敏度极高，目前的技术可以使其感知到 20mg 蚂蚁的重量。

电子皮肤的外观和结构框图如图 7-32 所示，其结构由微传感器、信号转换与传输电路、具有特殊蛋白的神经细胞三部分构成，通过这三类元件，电子皮肤实现触觉信号的接收、转换和传递。

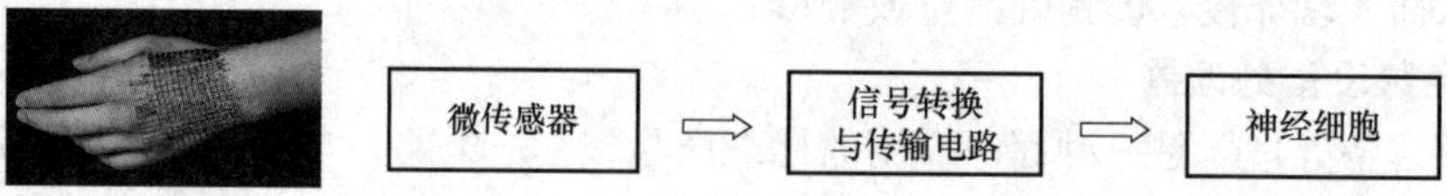

a) 外观　　b) 结构框图

图 7-32　电子皮肤的外观和结构框图

1. 微传感器

微传感器是电子皮肤的感受器，由不同的传感器感受各种外部环境，常见的传感器为电阻式和电容式。

电阻式微传感器的原理如图 7-33 所示。电阻式微传感器的测力机制有两种：一是利用内部材料的压电效应；二是利用结构化导体与电极间的接触电阻效应。在第一个机制中，施加压力可以改变半导体的能带结构或改变聚合物组份中导电填料的分布，从而导致电阻率变化。这种机构的缺点是测量滞后较大且灵敏度不高；第二个机制利用受调制的接触电阻原理，导体与电极间接触面积变化引起接触电阻变化。这种结构受温度影响小，且由于接触电阻是一种表面效应，设备可以非常薄，从而提高灵活性和延展性。

图 7-33　电阻式微传感器的原理

2. 信号转换与传输电路

信号转换与传输电路将电阻转换成脉冲信号，用电脉冲控制感知区域的感觉和反应。信号转换与传输电路的结构如图 7-34 所示。放大器放大传感器阵列输入的信号，振荡器用于调制信号波形，信号经由边缘检测器的转换，输出激励信号去刺激感觉神经元。

图 7-34　信号转换与传输电路的结构

3. 神经细胞

用纤维耦合激光器等方法将电信号转换为光信号，传输到一种特殊的含有光敏蛋白质的神经细胞上，神经细胞吸收光信号并转换为神经电信号，在接口和神经元（如脑皮层感觉神经元）引发光刺激，从而实现神经信号的传导。图 7-35 所示为电子皮肤神经信号的传导示意图。

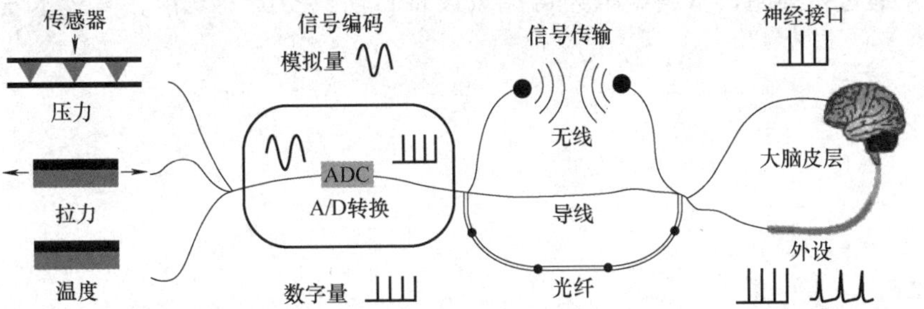

图 7-35　电子皮肤神经信号的传导示意图

完成了以上三个步骤，电子皮肤就实现了“触觉”的传递过程。科技人员还在致力于研究电子皮肤并赋予它更多的功能，如柔韧性、耐用性、舒适性、与人体组织的相容性等，以便为人类提供更自然的电子皮肤功能延伸。

模块总结

运用现代科学原理、新型功能材料和先进制造技术实现的新型传感器件，已经越来越多地应用到各行各业，进入到人们日常生活当中。

新型传感器研发和应用涉及物联网、环境检测、RFID 技术、可穿戴设备、光学图像检测、印刷、超声波技术、无源红外检测、微机电系统、纳米机电系统（NEMS）等行业或技术。

新的传感器变得越来越智能，提供更高的精度、灵活性和易于集成到分布式系统中的能力。随着技术的进步，包括物联网和可穿戴设备在内的新型传感器技术可能在未来彻底改变人们的生活。

模块测试

7-1 简要分析 RFID 系统的工作原理。

7-2 简述 RFID 物流系统的构成环节。

7-3 分析 RFID 技术对现代物流行业的影响。

7-4 查找资料，说明你的数字照相机或手机使用的是哪一种图像传感器。

7-5 平板电脑和手机的摄像头为什么一般都采用 CMOS 图像传感器？CMOS 图像传感器用什么方法提高暗环境下的清晰度？

7-6 简述手机摄像头组件的成像原理。

7-7 微机电系统一般由哪几部分组成？

7-8 举例说明微机电系统的主要特点。

7-9 智能传感器有哪些特点？实现智能传感器有哪些途径？

7-10 通过搜集阅读资料，描述可穿戴设备目前具有哪些功能，其技术发展趋势有哪些。

模块八　传感器信号处理与显示

模块引入

传感器信号通常需要处理后才能进行传输、显示或与控制设备（计算机）连接。各类处理电路也称为传感器接口电路。处理电路对于传感器检测系统至关重要，其性能直接影响测量系统的精度和灵敏度。根据传感器输出信号的不同特点，处理电路可能是一个放大器，也可能是复杂的信号转换电路或与计算机连接的接口电路。

信号的显示、记录、控制由检测仪表完成。检测仪表包括传感器、显示与调节仪表和执行器。仪表的选择使用直接关系到检测和控制能否达到预期的目的。

本模块学习传感器信号的典型处理电路、常用模拟式仪表，以及数字式仪表的组成、原理和基本使用方法。

单元一　传感器信号调理电路

单元引入

工业现场的被测量多样而复杂，传感器采集各种物理量得到的输出信号，往往是微小的电压或电流等模拟信号，必须经信号调理电路转换为数字信号数据。信号调理电路的作用是把来自传感器的模拟信号转换为数字信号，以便于数据采集、处理和系统的控制等。信号调理电路包括电桥、放大器、调制解调器和滤波器等。

学习目标

1）能独立总结常用传感器输出信号的特点，描述典型处理电路的原理。

2）了解常见干扰源及其抗干扰技术，能针对干扰源选择常见的电磁兼容技术。

3）善于总结信号处理知识和关键技能。

建议课时

4 学时

知识点

一、传感器信号的特点和处理方法

1. 传感器信号的特点

按照输出信号的特点，将所学全部传感器（模块二~模块七）进行分类，例如，哪些传感器输出电压信号或电流信号；哪些传感器输出模拟信号或数字信号；哪些传感器输出开关量（开关信号）。可以采取不同的分类原则，看一看有哪些不同思路，并进行交流。

传感器种类繁多，其输出信号的形式也多种多样。例如，同是温度传感器，热电偶输出毫伏级的电压信号，热敏电阻输出电阻信号，而双金属温度传感器则输出开关信号（通、断）。

传感器的输出信号具有以下特征：

1）输出信号一般比较微弱，有的传感器输出电压最小仅为 0.1μV。

2）输出阻抗都比较高，这样会使信号送入测量电路时产生较大的衰减。

3）输出信号范围很宽，如电压可以从 10^{-8}~10V 量级。

4）输出信号随着输入物理量的变化而变化，但它们之间的关系往往是非线性比例关系。

5）输出信号一般还要受到环境温度的影响。

2. 传感器输出信号的处理方法

传感器信号处理的主要目的是根据归纳的传感器输出信号特点，采取不同的信号处理方法，来提高测量系统精度和线性度。传感器在测量过程中常掺杂许多噪声信号，直接影响测量系统的精度。因此，抑制噪声也是传感器信号处理的重要内容。

传感器输出信号的处理主要由传感器接口电路完成。传感器接口电路应具有一定的信号预处理功能。经过预处理的信号，成为可供测控使用及便于输入计算机的信号形式。不同的传感器的接口电路是完全不同的。

二、传感器信号的处理电路

1. 电桥电路

传感器信号处理电路

电桥电路是传感器检测电路中经常使用的电路，主要用来把传感器输出的电阻、电容或电感量转换为电压或电流，根据电桥供电电源不同，电桥可分为直流电桥和交流电桥。直流电桥主要用于电阻式传感器，如电位器、热敏电阻等。交流电桥主要用于电容式和电感式传感器。电阻应变式传感器大都采用交流电桥，因为电阻应变式传感器输出信号微弱，需经放大器进行放大，若使用直流放大器容易产生零点漂移，交流电桥可以消除应变元件与桥路之间的连接引线分布电容的影响。直流电桥的工作过程详见模块三的内容。以下介绍交流电桥原理。

图 8-1 所示为电感式传感器配接的交流电桥，其中 Z_1、Z_2 为阻抗元件，它们可以同时

是电感或电容，电桥两臂为差动方式，又称为差动交流电桥。初始状态时，$Z_1=Z_2=Z_0$，电桥平衡，输出电压 $U_o=0$。测量时一个元件阻抗增加，另一个元件阻抗减小，设 $Z_1=Z_0+\Delta Z$，$Z_2=Z_0-\Delta Z$，则电桥的输出电压为

$$U_o=\left(\frac{Z_0+\Delta Z}{2Z_0}-\frac{1}{2}\right)U=\frac{\Delta ZU}{2Z_0} \tag{8-1}$$

设 $Z_1=Z_0-\Delta Z$，$Z_2=Z_0+\Delta Z$，则电桥的输出电压

$$U_o=-\frac{\Delta ZU}{2Z_0} \tag{8-2}$$

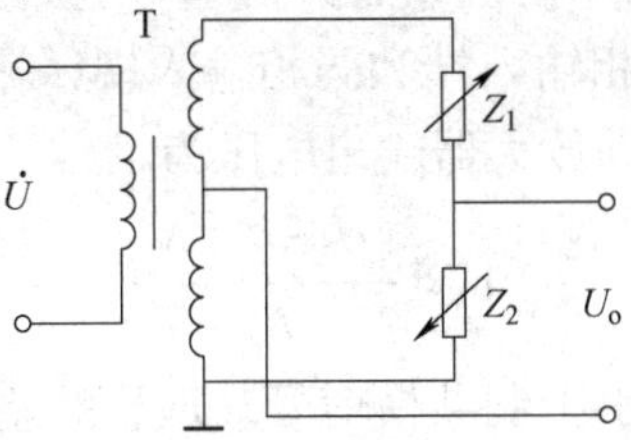

图 8-1　电感式传感器配接的交流电桥

2. 放大电路

传感器的输出信号一般比较微弱，大多数情况下都需要放大电路。放大电路主要是将传感器输出的直流信号或交流信号进行放大处理，为后续电路或系统提供高精度的模拟输入信号，放大器对检测系统的精度起着关键作用。

除特殊情况外，目前检测系统都使用由运算放大器构成的放大电路。根据电子技术应用知识，运算放大器可以有不同的放大组态。

（1）反相放大器　图 8-2a 所示为反相放大器基本电路。输入电压 U_i 通过电阻 R_1 加到反相输入端，同相输入端接地，输出电压 U_o 通过电阻 R_F 接至反相输入端（反馈）。反相放大器的输出电压为

$$U_o=-\frac{R_F U_i}{R_1} \tag{8-3}$$

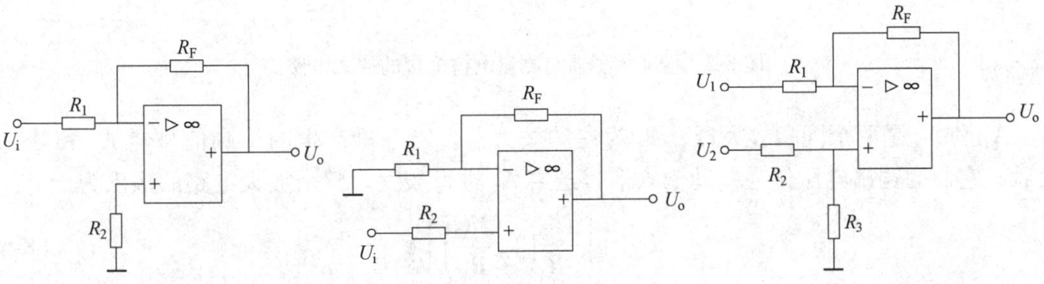

a) 反相放大器基本电路　　b) 同相放大器基本电路　　c) 差动放大器基本电路

图 8-2　由运算放大器构成的放大电路

式中负号表示输出电压与输入电压反相，反相放大器的增益取决于 R_F 与 R_1 的比值，反相放大器广泛用于各种比例运算中。

（2）同相放大器　图 8-2b 所示为同相放大器基本电路。输入电压 U_i 直接从同相输入端接入，输出电压 U_o 通过 R_F 反馈到反相输入端。同相放大器的输出电压为

$$U_o=\left(1+\frac{R_F}{R_1}\right)U_i \tag{8-4}$$

从式（8-4）看出，同相放大器的增益只取决于 R_F 与 R_1 的比值，这个数值为正，表明输出电压与输入电压同相。

（3）差动放大器　图 8-2c 所示为差动放大器基本电路。两个输入信号 U_1 和 U_2 分别经 R_1 和 R_2 输入到运算放大器的反相输入端和同相输入端，输出电压则经 R_F 反馈到反相输入端。电路中 $R_1=R_2$、$R_F=R_3$，差动放大器输出电压为

$$U_o=\frac{(U_2-U_1)R_F}{R_1} \tag{8-5}$$

差动放大器的突出优点是能够抑制共模信号。理想的差动放大器对共模输入信号的增益为零，零点漂移最小。来自传感器外部的干扰信号属于共模信号，所以说差动放大器的抗干扰能力很强。

图 8-3 所示为应变传感器与测量电桥配接的放大电路。一个应变片作为电桥的一个桥臂（单臂工作状态），电桥输出端连接一个高输入阻抗、共模抑制作用好的放大器。当应变片电阻变化时，电桥的输出电压随之变化，实现电阻值转换成电压值，其输出电压值一般为毫伏级，所以必须加接放大器。

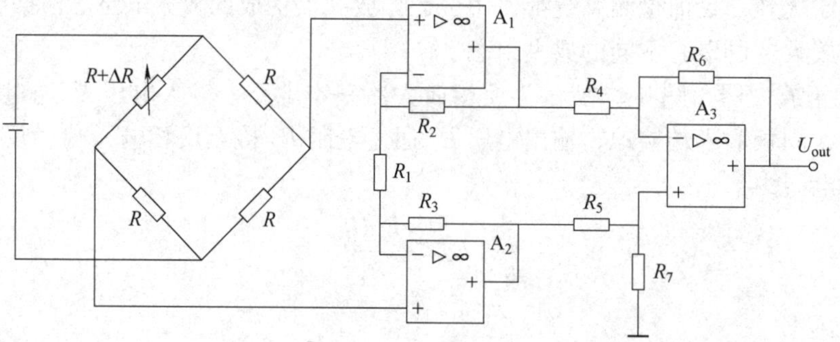

图 8-3　应变传感器与测量电桥配接的放大电路

A_1 和 A_2 是两个同相放大器，A_3 为差动放大器。当电桥产生的检测信号经 A_1 和 A_2 放大后，它们的输出电压作为差动输入信号送给 A_3 进行放大。整个放大电路的输出为

$$U_{out}=\left[-\frac{R_6}{R_4}\left(1+\frac{2R_2}{R_1}\right)\right]U_i \tag{8-6}$$

为满足测量精度、减小误差，差动放大器 A_3 中的四个电阻精度要求很高。实际应用电路中，常在 R_1 支路串联一个电位器，通过调节电位器，使当 A_1 和 A_2 输出相等时，输出电压 U_{out} 为零。此外，电桥电路与放大电路之间往往以电缆连接，应采取一定的抗干扰措施来抑制干扰信号。

3. 调制与解调电路

> **小提示　调制与解调在生活中的应用**
>
> 收音机和手机等信号都属于无线电波，那么信号是怎样传输的？信号又是如何被收音机或手机收到的？我们常听到的如调频 103.9 兆赫（MHz）广播电台，含义是什么？家用电脑连接网络所用的调制解调器（俗称“猫”），它的作用是什么？请查阅相关书籍找到答案。

以广播电台为例，电台要将节目信号发送到空中成为无线电波，方法是把节目信号（调制信号）“叠加”在一个较高频率的交变信号（载波）上，使交变信号的参数随节目信号的变化而变化，此过程称为调制。然后将这个叠加后的信号（已调制波）发送到空中。从已调制波中恢复出节目信号的过程，称为解调。

根据载波被调制的参数不同，调制可分为调幅（AM）、调频（FM）和调相（PM），分别是使载波的幅值、频率和相位随调制信号的变化而变化。它们的已调制波分别称为调幅波、调频波和调相波。

下面通过学习电容式和电感式传感器常见的测量电路，来了解传感器信号的调制与解调。

（1）调制电路　调幅是将一个高频简谐信号（载波）与测试信号（调制信号）相乘，使高频信号的幅值随测试信号的变化而变化。

调制过程如图 8-4 所示，以高频余弦信号作载波，把信号 $x(t)$ 与载波相乘，其结果相当于把原信号的频谱图形由原点平移到载波频率 f_0 处，其幅值减半。

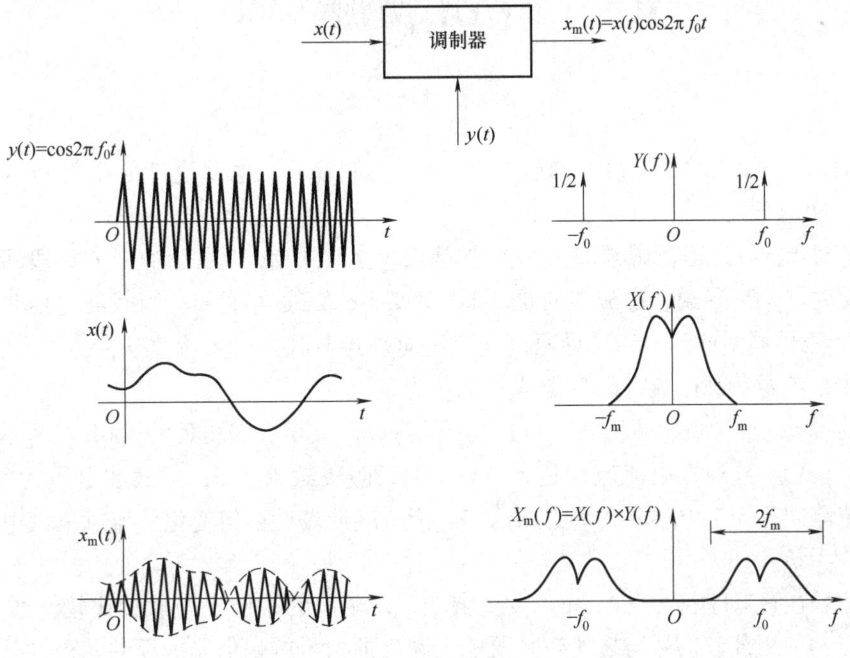

图 8-4　调制过程

从图 8-4 可以看出，载波频率 f_0 必须高于原信号中的最高频率 f_m，才能使已调制波仍保持原信号的频谱图形不重叠。为减小放大电路可能引起的失真，信号的频宽 $2f_m$ 相对中心频率越小越好。实际的载波频率常至少数倍于调制信号频率。

幅值调制器实质上是一个乘法器。霍尔元件就是一种乘法器，差动变压器和交流电桥在本质上也是乘法器，若以高频振荡电源供给电桥，则输出为调幅波。

（2）解调电路　解调是为了恢复原信号。可以用调幅波与载波相乘，然后通过低通滤波即可恢复原信号。常用的相敏检波电路可以对调幅波进行解调，如图 8-5 所示，利用二极管将电路的输出极性换向。

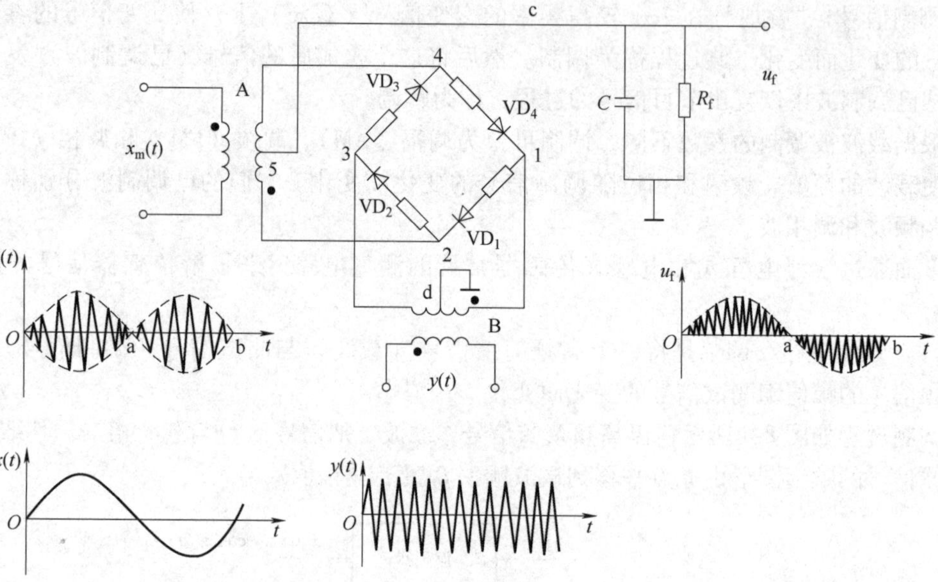

图 8-5　相敏检波

图中 $x(t)$ 为原信号，$y(t)$ 为载波，$x_m(t)$ 为调幅波。电路设计使变压器 B 二次电压大于 A 的二次电压。

若原信号 $x(t)$ 为正，调幅波 $x_m(t)$ 与载波 $y(t)$ 同相，如图 8-5 中 O-a 段所示。当载波电压为正时，VD_1 导通，电流流向是 d-1-VD_1-2-5-c-负载 R_f-地-d；当载波电压为负时，变压器 A 和 B 极性同时改变，VD_3 导通，电流流向是 d-3-VD_3-4-5-c-负载 R_f-地-d。无论载波极性如何变化，流过负载电流方向总是从 c-地，为正。

若原信号 $x(t)$ 为负，调幅波 $x_m(t)$ 与载波 $y(t)$ 反相，如图 8-5 中 a-b 段所示。当载波电压为正时，VD_2 导通，电流流向是 5-2-VD_2-3-d-地-负载 R_f-c-5；当载波电压为负时，VD_4 导通，电流流向是 5-4-VD_4-d-地-负载 R_f-c-5。无论载波极性如何变化，流过负载电流方向总是从 c-地，为负。

交变信号在过零时符号（+、-）发生突变，调幅波的相位（与载波比较）也发生 180° 的相位跳变。利用载波信号与之比较，既能反映出原信号的幅值又能反映其极性。

电阻应变仪就是采用电桥调幅与相敏检波解调的。如图 8-6 所示，电桥由振荡器供给等幅高频振荡电压（一般为 10~15kHz），被测（应变）量通过电阻应变片调制电桥输出调幅波，经放大、相敏检波与低通滤波取出所测信号。

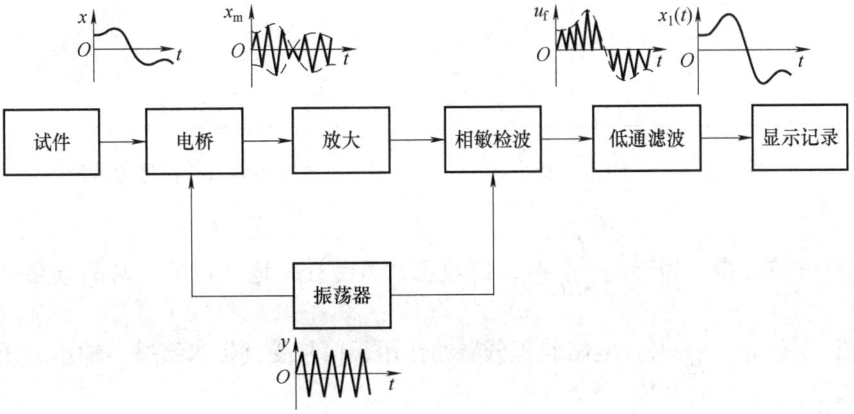

图 8-6　电阻应变仪原理框图

4. 滤波电路

滤波器是一种选频装置，可以使信号中特定的频率成分通过，同时阻止（衰减）其他频率成分。利用滤波器的选频特性，可以滤除干扰信号及进行频谱分析。

根据滤波器的选频作用，一般将滤波器分为低通、高通、带通和带阻滤波器四类。图 8-7 所示为四种滤波器的幅频特性曲线。

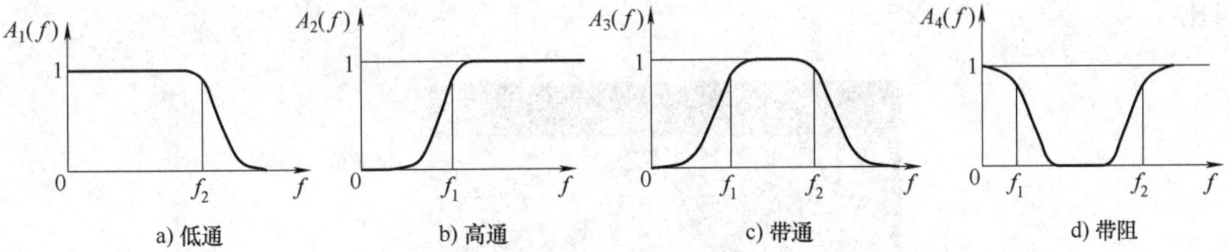

图 8-7　四种滤波器的幅频特性曲线

（1）四种滤波器的基本特征

1）低通滤波器。频率 $0\sim f_2$ 之间为其通频带，在通频带内幅频特性平直。它可以使信号中低于 f_2 的频率成分几乎不受衰减地通过，而高于 f_2 的频率成分受到很大衰减。

2）高通滤波器。与低通滤波器相反，频率 $f_1\sim\infty$ 之间为其通频带，其幅频特性平直。它使信号中高于 f_1 的频率成分几乎不受衰减地通过，而低于 f_1 的频率成分受到极大地衰减。

3）带通滤波器。频率 $f_1\sim f_2$ 之间为其通频带。它使信号中介于 f_1 和 f_2 之间的频率成分不受衰减通过，而其他成分成分受到很大衰减。

4）带阻滤波器。与带通滤波器相反，其阻带在频率 $f_1\sim f_2$ 之间。它使信号中介于 f_1 和 f_2 之间的频率成分受到极大衰减，其余频率成分几乎不受衰减地通过。

（2）RC 调谐式滤波器　实际处理电路中常使用 RC 调谐式滤波器，因为在测试领域里信号频率相对较低，而 RC 调谐式滤波器电路简单，抗干扰性强，有较好的低频性能，且电路容易实现。图 8-8 和图 8-9 所示分别为 RC 低通滤波器和 RC 高通滤波器。

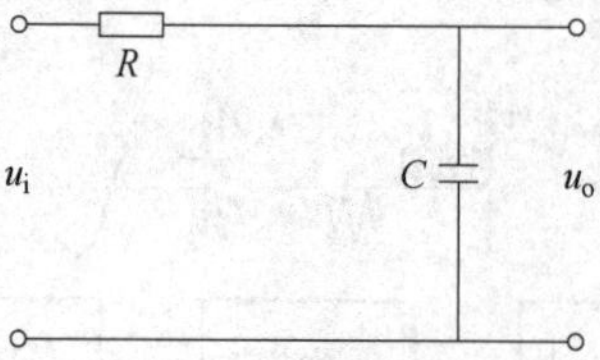

图 8-8 RC 低通滤波器

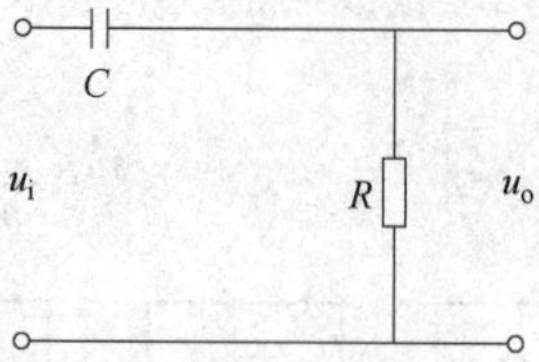

图 8-9 RC 高通滤波器

RC 低通滤波器中，当$f \leqslant \dfrac{1}{2\pi RC}$时，信号几乎不受衰减地通过，此时的电路是一个不失真传输系统。当$f \geqslant \dfrac{1}{2\pi RC}$时，电路起积分器的作用，信号受到极大衰减，输出电压与输入电压的积分成正比。

RC 高通滤波器中，当$f \geqslant \dfrac{1}{2\pi RC}$时，信号几乎不受衰减地通过，此时的电路是一个不失真传输系统。当$f \leqslant \dfrac{1}{2\pi RC}$时，电路起微分器的作用，信号受到极大衰减，输出电压与输入电压的微分成正比。

将低通滤波器和高通滤波器串联起来，即可构成 RC 带通滤波器。传感器系统中使用最多的是 RC 低通滤波器，图 8-10 所示为压电式传感器振动测量中低通滤波器滤波前后的波形对比。

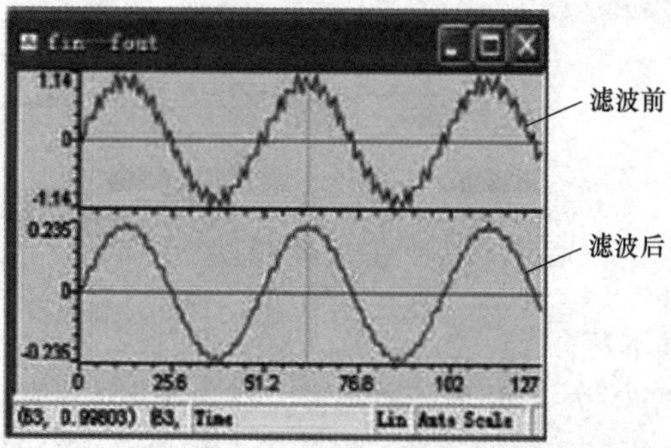

图 8-10 低通滤波器滤波前后的波形对比

三、传感器系统的抗干扰

检测系统中的无用信号叫做干扰，也称为噪声。工业生产中检测的环境往往是非常恶劣的，声、光、电、磁、振动以及化学腐蚀、高温、高压等的干扰都可能存在。这些干扰，轻则影响测量精度，重则使检测系统无法正常工作。

抗干扰也称为噪声抑制。在传感器信号处理中，抗干扰是重要内容之一。

1. 干扰的种类

根据干扰的来源和形式干扰可分为外部干扰和内部干扰两大类。

（1）外部干扰　外部干扰由传感器检测系统外部人为或自然原因引起，主要为电磁辐射，当电动机、开关及其他电子设备工作时会产生电磁辐射，雷电、大气电离等自然现象也会产生电磁辐射。在检测系统中，由于元器件之间或电路之间存在分布电容或电磁场，容易产生寄生耦合，它们产生的噪声进入检测系统，干扰电路的正常工作。

（2）内部干扰　内部干扰是由传感器或检测电路元件内部带电粒子的无规则运动产生的，例如热噪声、散粒噪声及接触不良引起的噪声等。表 8-1 列出了常见干扰的分类。

表 8-1　常见干扰的分类

<table>
<tr><td rowspan="10">干扰</td><td rowspan="6">外部干扰</td><td rowspan="3">放电噪声干扰</td><td>电晕放电噪声</td></tr>
<tr><td>火花放电噪声</td></tr>
<tr><td>放电管噪声</td></tr>
<tr><td rowspan="3">电气设备干扰</td><td>工频干扰</td></tr>
<tr><td>射频干扰</td></tr>
<tr><td>电子开关干扰</td></tr>
<tr><td rowspan="4">内部干扰</td><td rowspan="4">固有噪声干扰</td><td>热噪声</td></tr>
<tr><td>散粒噪声</td></tr>
<tr><td>低频噪声</td></tr>
<tr><td>接触噪声</td></tr>
</table>

2. 干扰的传输途径

干扰的传输途径有“路”和“场”两种形式，见表 8-2。图 8-11 为电吹风机干扰电视机的示意图。电吹风机产生的电磁波干扰以两种途径到达电视机：一是通过共用的电源插座（“路”的途径），二是以空间电磁场传输（“场”的途径）的方式由电视机的天线接收。

表 8-2　干扰的传输途径

<table>
<tr><th>干扰传输途径</th><th>实例</th></tr>
<tr><td rowspan="3">通过“路”的干扰</td><td>泄漏电阻</td></tr>
<tr><td>共阻抗耦合干扰</td></tr>
<tr><td>电源线引入干扰</td></tr>
<tr><td rowspan="3">通过“场”的干扰</td><td>电场干扰</td></tr>
<tr><td>磁场干扰</td></tr>
<tr><td>辐射电磁场干扰</td></tr>
</table>

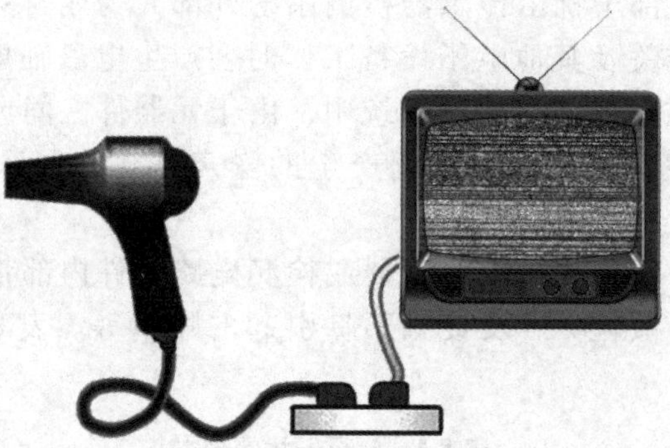

图 8-11 电吹风机干扰电视机的示意图

3. 干扰的作用方式

外部噪声源对测量装置的干扰一般都作用在输入端，根据其作用方式及与有用信号的关系，可分为串模干扰和共模干扰两种形态。

干扰信号和有用信号以串联的形式作用在输入端，这种干扰称为串模干扰。其等效电路如图 8-12 所示。串模干扰也称差模干扰，它使测量装置的两个输入端电压发生变化，所以影响很大。

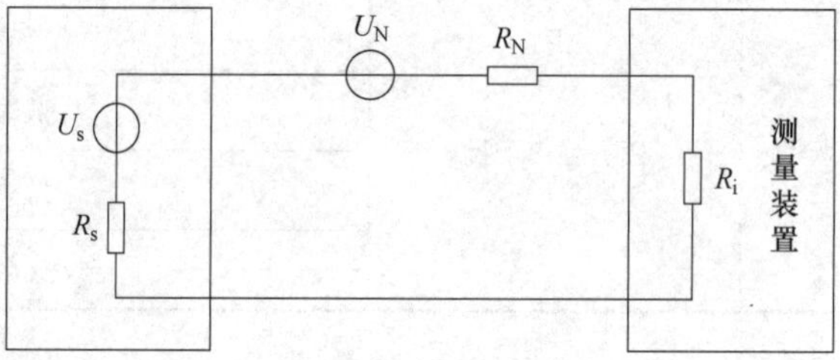

图 8-12 串模干扰等效电路

干扰信号使两个输入端的电位相对于某一公共端一起变化，这种干扰称为共模干扰。共模干扰本身不会使两个输入端电压变化，但在一定条件下会转化为串模干扰。共模电压一般都比较大，所以有时对测量的影响更为严重。

共模噪声只有转换成差模噪声才能形成干扰，这种转换是由测量装置的特性决定的。常用共模抑制比（CMRR）衡量测量装置抑制共模干扰的能力。

4. 常用抗干扰技术

干扰的环节包括干扰源、干扰途径和干扰接收器（测量装置），抗干扰措施也就包括抑制干扰源、阻断干扰途径、降低设备接收干扰的灵敏度等几个方面。具体的抗干扰措施有以下几种。

（1）屏蔽　屏蔽就是利用低电阻材料或磁性材料把元器件、输出导线、电路及单元包围起来，隔离内外电磁场的相互干扰。屏蔽分为三种，即电场屏蔽、磁场屏蔽及电磁屏蔽。电场屏蔽主要用于防止元器件或电路间因分布电容耦合形成的干扰。磁场屏蔽主要用于消除元器件或电路间因磁场寄生耦合产生的干扰，磁场屏蔽的材料一般是高磁导率的磁性材料。电磁屏蔽主要用于防止高频电磁场的干扰，电磁屏蔽的材料应选用低电阻率的材料，如铜、银等，利用电磁场在屏蔽金属内部产生涡流而起到屏蔽作用。电磁屏蔽的屏蔽体可以不接地，但一般为防止分布电容的影响，可以使屏蔽体接地，从而兼有电场屏蔽的作用。电场屏蔽体必须可靠接地。

（2）接地　电路或传感器系统中的“地”是指一个等电位点，它是电路或传感器系统的基准电位点，与基准电位点相连接就是接地。传感器系统或电路接地是为了清除电流流经公共地线阻抗时产生的噪声电压，也可以避免系统受磁场或地电位差的影响。把接地和屏蔽结合起来，可以抑制大部分的噪声。

（3）隔离　前后两个电路信号端直接连接，容易形成环路电流，引起噪声干扰。这时常采用隔离方法，把两个电路的信号端从电路上隔开。隔离的方法是采用变压器或光耦合器。隔离变压器可以切断两个电路之间的地环路，实现前后电路的隔离，变压器隔离仅适用于交流电路。在直流或超低频检测系统中，常采用光耦合的方法实现电路的隔离。

（4）滤波　滤波器是一种能使某一频率信号顺利通过而滤除其他频率信号的装置。传感器输出信号大多是缓慢变化的，因而对传感器输出信号的滤波常采用有源低通滤波器。典型的方法是在运算放大器的同相输入端接入 RC 有源低通滤波器，使高频的干扰信号被滤除，而有用的低频信号顺利通过。

单元小结

传感器输出信号分为开关型、模拟型和数字型等。针对不同信号类型，需要调理电路将采集的现场信息转换成控制器（计算机）能接收的信号。常用的信号调理电路有电桥、放大器、滤波电路等。为了解决传感器系统的信号干扰问题，经常采用屏蔽、接地、滤波等技术。

单元二　传感器与计算机的接口

单元引入

工业检测和自动控制系统的传感器与计算机结合实现了自动化和智能化。检测系统中介于传感器和计算机之间的部分，统称为输入接口，其作用是将传感器采集的模拟量转换成计算机所能接受的数字量。传感器与计算机的输入接口电路主要由信号预处理电路、数据采集系统和计算机接口电路组成。

学习目标

1）能描述输入接口电路的组成。

2）能理解和查询典型传感器输入接口模块的参数。

3）可以利用资料和查询媒体信息获取新知识。

建议课时

2 学时

知识点

工业检测和自动控制系统的传感器与计算机结合实现了自动化和智能化。图 8-13 所示为传感器与计算机的接口示意图。输入接口电路主要由信号预处理电路、数据采集系统和计算机接口电路组成。输入接口电路的作用是将传感器的模拟量转换成数字量，并按一定程序输入计算机。传感器与计算机的接口是计算机化检测与控制系统的关键环节。下面简单介绍输入接口电路的各个部分的作用。

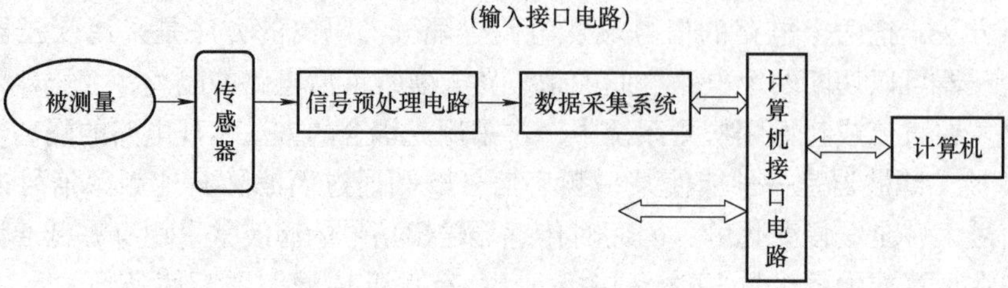

图 8-13　传感器与计算机接口示意图

一、传感器信号的预处理

传感器输出的信号多种多样，绝大多数不能直接 A/D 转换，必须先通过各种预处理电路将传感器得到的信号转换成统一的电压信号，此过程称为预处理。根据传感器类别不同，预处理分为开关量信号预处理、模拟脉冲信号预处理、模拟连续信号预处理、频率式信号预处理和数字信号预处理等。

检测信号在输入计算机前，需根据传感器信号的不同类别进行预处理。除了数字信号输出的传感器，其他输出类型的传感器都需要进行预处理，其信号才能输入计算机。

1. 有触点开关型传感器

这类传感器的输出信号是由开关接点的通断形成的，信号送入计算机时会有接点的抖动现象（即一个开关动作实际会出现多次通、断的过程），这是机械开关最普遍的问题。可以采用硬件处理或软件处理的方法消除抖动。硬件方法最常见的是使用一个 RS 触发器，如图 8-14所示，根据触发器的特性，可以在输出端得到不抖动的开关信号。软件处理通常是设定一个延迟时间，一般为几十毫秒。

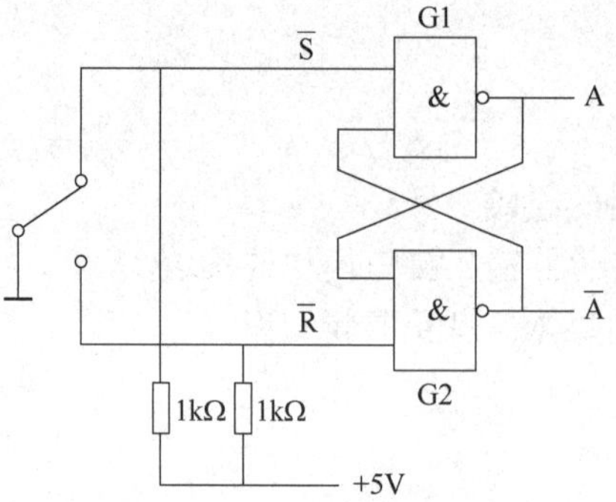

图 8-14　硬件方法消除抖动

2. 无触点开关型传感器

这类传感器输出的开关信号不存在抖动问题，但信号仍属于模拟信号类型而非数字信号，所以也需要预处理后才能输入计算机。一般是在计算机输入电路中设置比较器，根据传感器信号与基准信号比较的结果，来判断开关的状态，然后将比较结果输入给计算机。

3. 模拟输出型传感器

模拟输出型传感器输出的是计算机不能接受的模拟信号，必须先把模拟量转换为数字量才能输入计算机。最常见的模拟输出型传感器的输出有电压输出型、电流输出型和阻抗输出型等。

对于阻抗输出型传感器，一般使用 LC 振荡器或 RC 振荡器，将传感器输出的阻抗变化的信号转换为频率的变化的信号，再经输入口送入计算机。

二、数据采集

1. 模/数转换器

传感器信号经过预处理后成为模拟电压，需再经模/数转换器（即 A/D 转换器）转换成数字信号，通过输入口输入给计算机。模/数转换电路的作用是将预处理后的模拟信号转换成适合计算机处理的数字信号，然后再输入给计算机。

A/D 转换的方法有多种，最常见的是比较型和积分型两种。此外还有并行比较型、逐次逼近型、计数器型等。比较型是将模拟输入电压与基准电压比较后，直接得到数字信号输出。积分型是先将模拟信号电压转换成时间间隔或频率信号，再把时间间隔或频率信号转换成数字信号输出。

A/D 转换器的主要特性有分辨率、响应类型、误差、采样率等。

知识链接

A/D 转换器的主要技术指标

A/D 转换器的主要技术指标有转换精度和转换时间两类。单片集成 A/D 转换器的转换精度用分辨率和转换误差来描述。

（1）分辨率　分辨率用输出二进制数的位数来表示，它说明 A/D 转换器对输入信号的分辨能力。n 位输出的 A/D 转换器，能区分输入电压的最小值为满量程输入的 $1/2^n$。当最大输入电压一定时，输出位数愈多，分辨率愈高。

（2）转换误差　转换误差是指 A/D 转换器实际输出的数字量和理论上输出的数字量之间的差别。

（3）转换时间　转换时间是指 A/D 转换器从转换控制信号到来开始，到输出端得到稳定的数字信号所经过的时间。转换时间与转换电路的类型有关，不同类型转换器的转换速度相差甚远。

选择 A/D 转换器时，除考虑以上技术指标外，还应注意满足其输入电压的范围、输出数字的编码、工作温度范围和电压稳定度等方面的要求。

2. V/F 转换器

当传感器与计算机距离较远时，为了提高输出信号的抗干扰能力和减少信号线数目，预处理后的传感器信号还要经过 V/F 转换器，将模拟电压转换为频率变化的信号。频率变化的信号属于数字信号，所以可以不经过 A/D 转换器，直接经输入口输送给计算机。

电压/频率转换电路也称 V/F 转换器，它是模/数转换接口电路的一种，它将电压或电流转换成脉冲序列，该脉冲序列的瞬时周期精确地与模拟量成正比关系。虽然 V/F 转换器是一种模/模转换电路，但由于频率可用数字方法进行测量，因而也可以实现模/数的转换，所以它是一种准数字式电路。

V/F 转换器的主要特点是对共模干扰抑制能力强，分辨率高，输出信号适用于远距离串行输出。其主要缺点是转换速率低，必须由外加计数器将串行的脉冲输出转换为并行形式，因此它适用于低速率信号的转换。

V/F 转换器的输出跟踪输入信号，直接响应输入信号的变化，不需要与外部时钟信号同步。另外，在用 V/F 转换器实现 A/D 转换时，也不必加采样保持电路，因为它的输出总是对应于输入信号的平均值。

三、传感器数据采集系统实例

传感器输出的信号经预处理变为模拟电压信号后，还需转换成数字量才能进行数字显示或送入计算机，这种将模拟信号数字化的过程称为数据采集。

典型的数据采集系统由传感器、模拟多路开关、放大器、采样保持器、A/D 转换器、计算机或数字逻辑电路组成。传感器数据采集系统如图 8-15 所示。

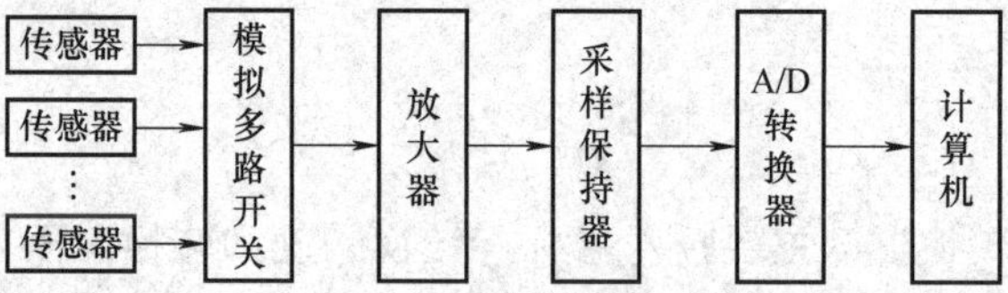

图 8-15 传感器数据采集系统

除了以上功能，由于检测系统中不可避免地存在非线性环节，数字显示方式不能进行非线性计数，因此在数字显示之前要对非线性特性进行线性校正。在多路数据采集系统中，各参数都有不同的量纲和数值，经变换和转换成数字量后，还必须把这些数字量转换成与被测量相应的量纲，称为标度变换。

图 8-16 所示为一个自动温度控制仪表原理框图。该系统主要由传感器（信号）、差分放大器、V/F 转换器、单片机 89C52、存储器、监视设置单元、显示电路、键盘、继电器无源输出电路及电源等组成。

温度信号的采集可以用热电偶、铜热电阻、铂热电阻、集成温度传感器等，视具体应用时对温度范围、精度、测量对象等的要求而选定。不同传感器需要不同的电路连接，可根据传感器的类型、技术参数来设计。

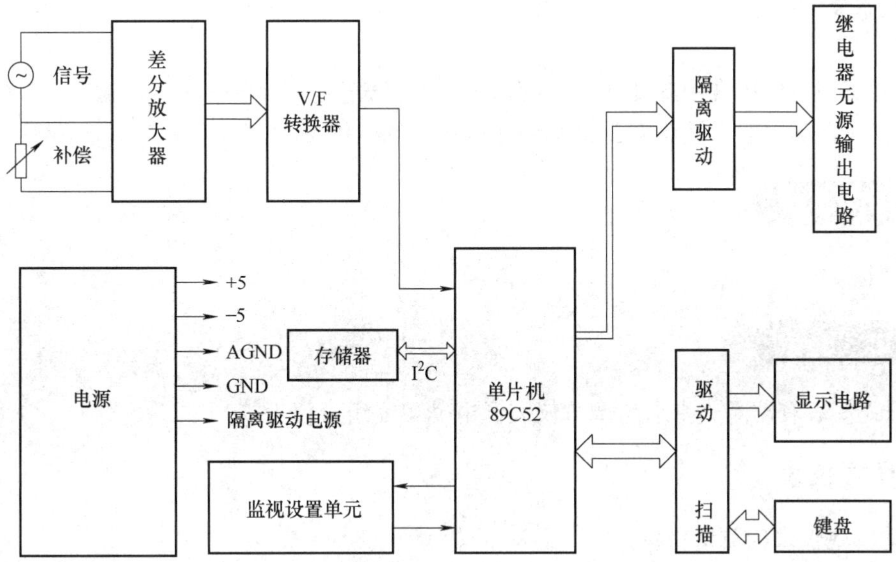

图 8-16　自动温度控制仪表原理框图

测控电路中信号的采集是关键，它直接影响系统的精度。一般现场情况都是比较恶劣的，信号易受干扰，所以在信号采集时必须采用有效的抗干扰措施，例如电源隔离、A/D 转换隔离、V/F 转换隔离、低通滤波器、差分放大等。

现场数据要按一定的算法进行运算，要进行非线性校正，要根据键盘输入设定的参数进行控制，控制必须按一定的方式进行。

工业控制中信号输出多采用继电器、晶闸管、固态继电器等方式，其可靠性很重要，将影响到系统的安全。一般被控对象的功率都很大，产生的干扰也大，所以在输出通道中要采用电源隔离、干扰吸收等措施。

单元小结

传感器与计算机输入接口的作用是将传感器的模拟量转换成计算机所能接受的数字量，并按一定程序输入计算机。输入接口电路主要有信号预处理电路、数据采集系统和计算机接口电路。传感器与计算机的接口是计算机化检测与控制系统的关键环节。

单元三　模拟式仪表

单元引入

在工程现场用检测仪表显示、记录或对被控参数进行控制。一般将检测仪表称为一次仪表，显示和调节仪表称为二次仪表。显示和调节仪表是检测仪表中的一部分。

学习目标

1）能识别和使用常用温度和压力的指示调节仪表。

2）能根据简单的工艺要求，选配和连接指示调节仪表。

建议课时

2 学时

知 识 点

模拟式仪表有动圈式指示与调节仪表和电动单元组合仪表等。

一、动圈式仪表

1. 动圈式仪表的测量机构

动圈式仪表的核心是一个磁电系测量机构，其结构如图 8-17 所示。测量机构由一个永久磁铁和一个被两根游丝架起来的线圈组成。

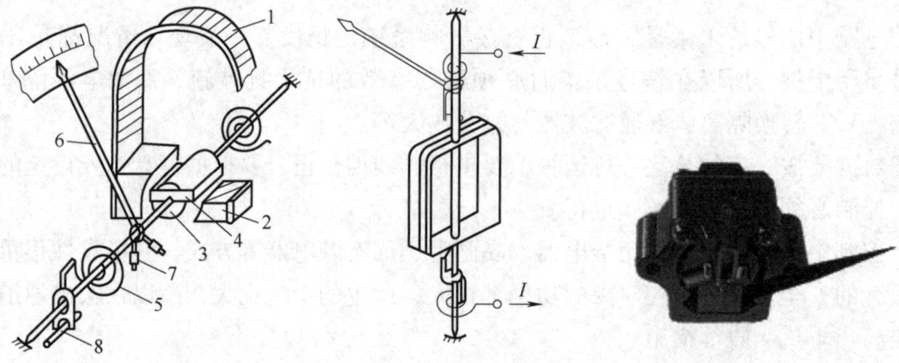

a) 机构图　　b) 电流途径　　c) 测量机构外观

图 8-17　磁电系测量机构的结构

1—永久磁铁　2—极掌　3—铁心　4—动圈　5—游丝　6—指针　7—平衡锤　8—调零器

可动部分由绕在铝框架上的可动线圈（动圈）4、线圈两端的两个半轴、与转轴相连的指针 6、平衡锤 7 以及游丝 5 所组成。整个可动部分支承在轴承上，线圈位于环形气隙之中。在矩形框架的两个短边上固定有转轴，转轴分前后两个半轴，每个半轴的一端固定在矩形框架上，另一端则通过轴尖支承于轴承中。当可动部分偏转时，带动指针偏转，用来指示被测电流的大小。

当可动线圈通以电流时，在永久磁铁磁场的作用下，产生转动力矩并使线圈转动。反作用力矩通常由游丝产生。磁电系测量机构的游丝-般有两个，且绕向相反，游丝一端与可动线圈相连，另一端固定在支架上，它的作用是既产生反作用力矩，同时又是将电流引进可动线圈的引线。线圈的转动角度与线圈中的电流成正比。

磁电系测量机构广泛用于测量微弱的直流电流，与测量线路组成动圈式指示仪表；配合给定机构，还可以组成动圈式调节仪表。磁电系测量机构可以扩展到测量直流电压，加整流装置后还可以测量交流电压。

动圈式仪表结构简单、价格低、易维护，精度可达 1.0 级，与相应传感器或变送器配合使用，广泛用于温度、压力、物位等物理量的测量与控制。

2. 动圈式指示仪表

常用的动圈式指示仪表型号为 XCZ 系列，其外观如图 8-18a 所示。图 8-18b 所示为动圈式指示仪表测量电路。

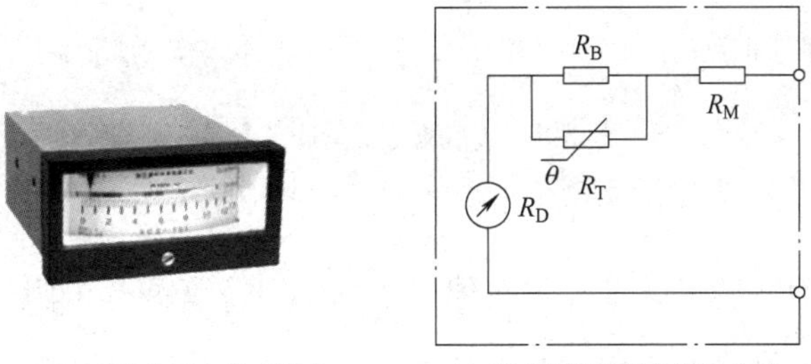

a) XCZ系列动圈式指示仪表　　b) 动圈式指示仪表测量电路

图 8-18　动圈式指示仪表测量电路

动圈式指示仪表的测量电路由内部电路和外接电阻两部分组成。内部电路用于仪表的量程设置和线性补偿，外接电阻用于调节仪表的内阻以适应不同的传感器。

专配热电偶的 XCZ-101 型动圈式温度指示仪表电路如图 8-19 所示。左侧方框为冷端温度补偿器，右侧方框为一般内部电路，$R_{外}$ 的阻值取决于热电偶的输出电阻。此外还有配热电阻的 XCZ-102 型仪表等。

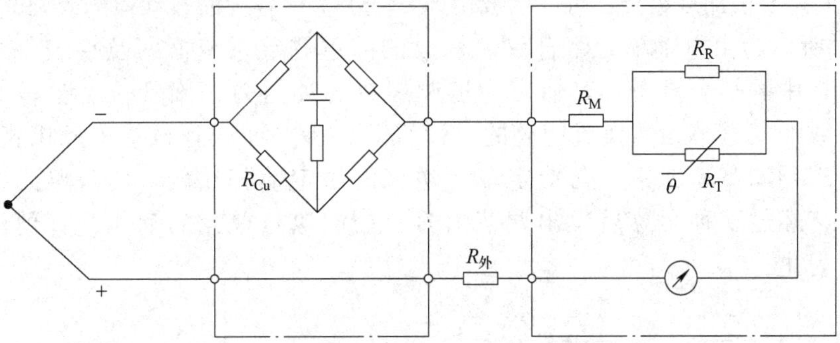

图 8-19　XCZ-101 动圈式温度指示仪表电路

3. 动圈式调节仪表

（1）动圈式双位调节仪表　动圈式双位调节仪表只有“全开”和“全关”两个状态，可实现“通”和“断”两种状态的控制。利用仪表的通断信号，还可组成顺序控制系统。除了双位控制外，这类仪表常用于报警系统，当被监视的参数超出允许范围时，利用它的开关信号接通声光报警电路。动圈式双位调节仪表如图 8-20 所示。配热电偶的仪表型号为 XCT-101，配热电阻的仪表型号为 XCT-102。

（2）动圈式三位调节仪表

1）宽带三位调节仪表。宽带三位调节仪表的中间带较宽，可在标尺全长的 5%～100%

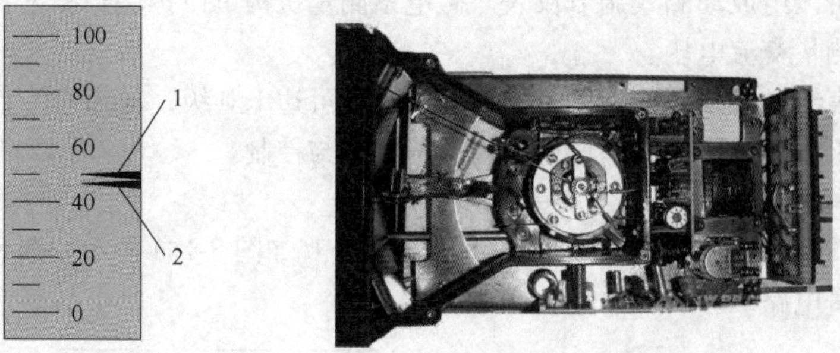

a) 外观和调节面板　　b) 仪表内部结构

图 8-20　动圈式双位调节仪表

1—指示指针（红）　2—给定指针（黑）

范围内调节。其型号有 XCT-121（配热电偶）和 XCT-122（配热电阻）。仪表内部两组线圈都装有针挡，指针仅能在上、下限之间活动。

2）狭带三位调节仪表。狭带三位调节仪表的中间带为标尺的 2%～10%。其型号有 XCT-111 和 XCT-112。它的指示指针上装有两个铝旗，上、下限检测线圈相距很近，去掉下限针挡，依靠仪表内部继电器接点的连线方法，以保证不发生有害的二次动作。

二、电动单元组合仪表

电动单元组合仪表是根据检测和调节系统中各个环节的功能，将整套仪表分为若干个能独立完成某项功能的典型单元。各单元之间采用统一的标准电信号。单元的类别不多，但可以按照生产工艺要求加以组合，可以构成多样复杂、程序各异的自动检测或调节系统。

图 8-21 所示为由电动单元组合仪表构成的简单调节系统框图及仪表外观。调节对象为生产过程中的某个设备，其输出为被调参数（如压力、流量、温度等工艺参数）。这些被调参数经变送单元转换成相应的电信号后，一方面送到显示单元供指示或记录，另一方面又送到调节单元中，与给定单元送来的给定值相比较。调节单元按照比较后输出的偏差，经过某种运算后发出调节信号，控制执行单元的动作，直到被调参数与给定值相等为止。

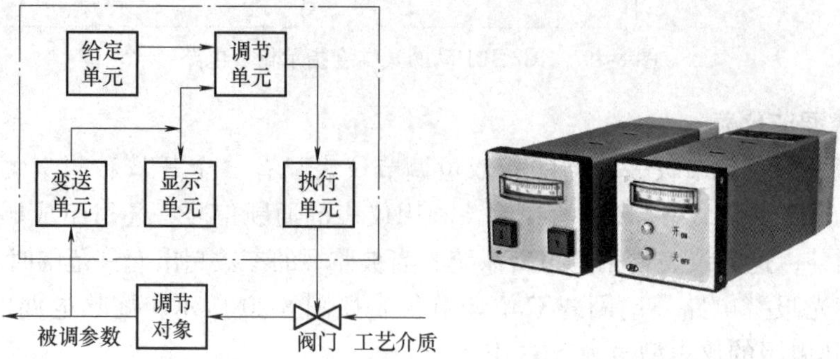

图 8-21　由电动单元组合仪表构成的简单调节系统框图及仪表外观

小知识

电磁式和电动式仪表

模拟式仪表除了上述磁电式，还有电磁式、电动式等结构，分别称为电磁系和电动系仪表。

电磁系仪表的结构如图 8-22 所示。图 8-22a 所示为吸引型，它由固定线圈和置于线圈内的可动铁心组成。图 8-22b 所示为排斥型。

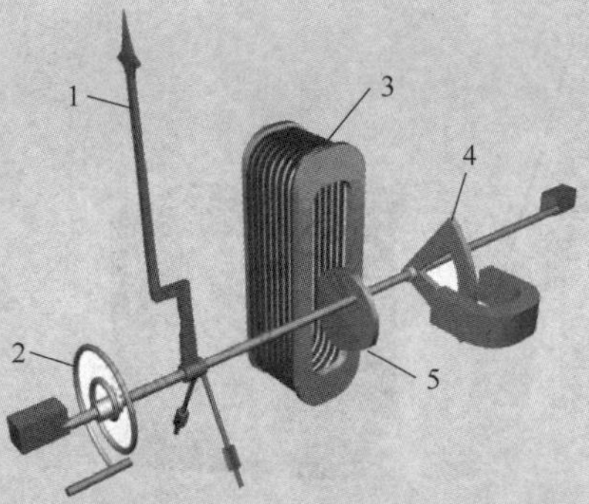

a) 吸引型

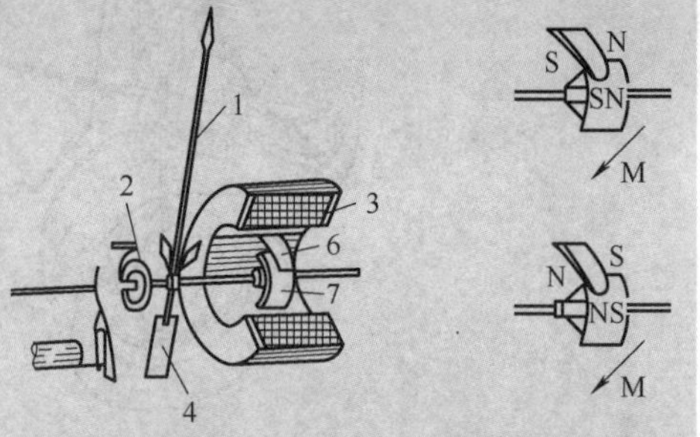

b) 排斥型

图 8-22 电磁系仪表的结构

1—指针 2—游丝 3—固定线圈 4—阻尼翼片 5—可动铁心 6—固定铁片 7—活动铁片

图 8-22a 所示吸引型中，可动铁心安装在转轴上且可以转动，转轴上的游丝用于产生反作用力矩。当固定线圈通入电流产生磁场时，吸引可动铁心，在电磁力矩作用下，可动铁心带动转轴转动，在游丝反作用力矩共同作用下，指针停于某一指示点。

图 8-22b 所示排斥型中，活动铁片可以在轴和轴承的支承下转动，轴上有产生反作用力矩的游丝。当线圈通电时，固定铁片和活动铁片同时被磁化，二者之间产生排斥的转动力矩，使活动铁片转动，在转动力矩与游丝反作用力矩共同作用下，指针停于某一指示点。

从以上分析可见，活动铁片的转动与电流方向无关，因此电磁系仪表既可用于交流电路，又可用于直流电路，这是电磁系仪表的优点。相比之下，磁电系仪表仅适用于直流电路。

图 8-23 所示为电动系仪表结构和外观。电动系仪表常做成瓦特表和功率因数表。

电动系仪表的测量机构由固定线圈（静圈）和可动线圈（动圈）组成。静圈线径较粗且匝数较少，分为串联和并联的两部分，以便在动圈周围产生均匀磁场。动圈在静圈之中，线径较细且匝数较多，动圈的电流由游丝引入。动圈、指针和阻尼翼片等都固定于转轴上。测量时动圈与用电器并联，静圈与用电器串联，动圈通入的电流受到静圈磁场的作用而产生力矩，带动转轴指针转动。动圈的偏转角度与两个线圈中电流的乘积成正比，所以，该仪表就可以用来测量用电器的功率，并且具有刻度均匀、交直流两用的特点。因为当使用交流电时，两个线圈中电流方向同时改变，动圈受力的方向不变，所以电动式仪表可以交直流两用。

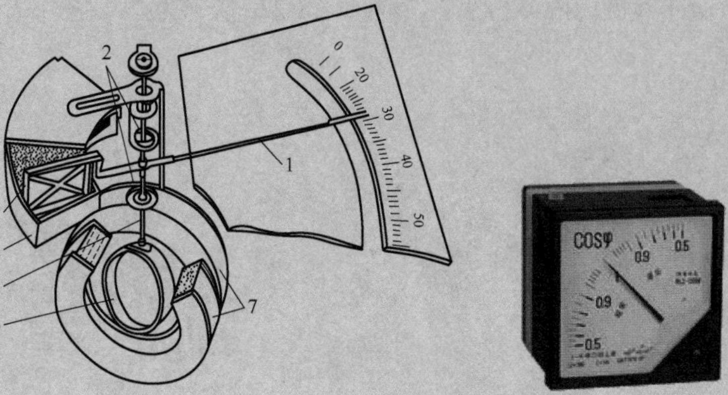

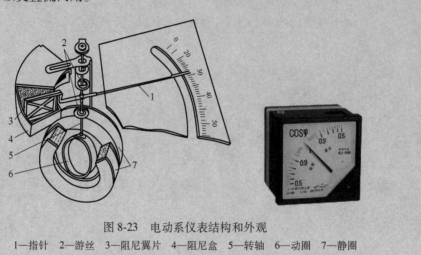

图 8-23　电动系仪表结构和外观

1—指针　2—游丝　3—阻尼翼片　4—阻尼盒　5—转轴　6—动圈　7—静圈

单元小结

常用检测仪表分为模拟式仪表和数字式仪表两大类。模拟式仪表的测量机构分为磁电式、电磁式和电动式等。常用的模拟式仪表有动圈式指示调节仪和电动单元组合仪表。目前最常用的 DDZ-Ⅲ系列电动单元组合仪表，采用 4~20mA 标准信号，有很高的可靠性和带负载能力，直流 24V 集中供电，易于构成安全火花防爆系统。

单元四　数字式仪表

单元引入

数字式仪表是一种以十进制数码形式显示被测量值的仪表，按仪表结构分为带微处理器和不带微处理器两大类型。若以输入信号形式分类，可分为电压型和频率型两类。数字式仪表便于人工观察、记录或数据远传处理，在生产过程中用于显示温度、压力和流量等过程变量，也可用于实验室精密测试等方面。

数字式仪表

学习目标

1）熟知数字面板表的基本原理及位数的含义。

2）能选择和使用实验室常规数字式仪表，完成传感器相关的实验。

3）能根据简单的工艺要求，选配和连接数字式仪表。

建议课时

2 学时

知识点

数字式仪表可与多种传感器或变送器相连接，对温度、压力、流量、液位以及电工量、机械量进行测量，并将被测变量转换成数字量，以数字形式显示出来或对被测变量进行调节。

一、数字式仪表的分类和组成

1. 数字式仪表的分类

（1）按输入信号的形式分类　分为电压型和频率型两类。

（2）按被测信号的点数分类　分为单点和多点两种。

（3）按仪表的功能分类　分为显示仪、显示报警仪、显示输出仪、显示记录仪及具有复合功能的数字显示报警输出记录仪等。

（4）按调节方式分类　分为继电器触点输出的二位调节、三位调节，时间比例调节，连续 PID 调节等。

2. 数字式仪表的组成

如图 8-24 所示，数字式仪表一般由信号变换、前置放大器、线性化器、标度变换、数字面板表、调节器及执行器、V/I 变换电路以及电源等部分所组成。其中，数字面板表是广泛用于各类测控系统的常用单元。

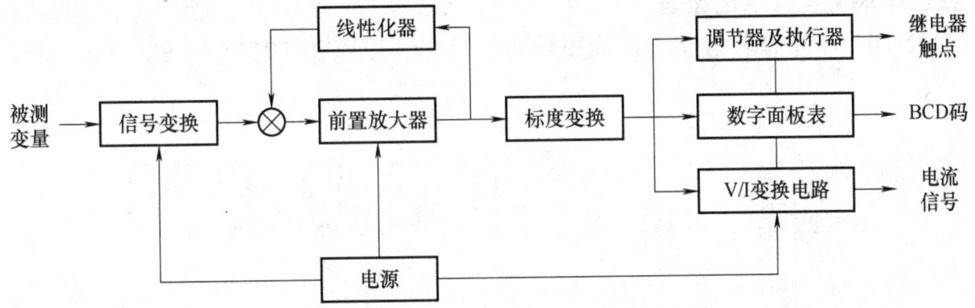

图 8-24　数字式仪表的组成

二、数字面板表

数字面板表简称 DPM，是一个由双积分 A/D 转换器构成的不带外壳的直流数字电压表，将直流电压信号线性地转为数字显示。它可以像一个表头那样装在仪表的外壳上，与各种传感器及相应电路配合构成各种非电量检测仪表。常用的显示位数为两位半（$2\frac{1}{2}$位）、三位半（$3\frac{1}{2}$位）、四位半（$4\frac{1}{2}$位）等。

1. 三位半数字面板表

图 8-25 为三位半数字面板表的电路原理和外观图。这种数字面板表主要由通用的 A/D 转换芯片 ICL7106 和液晶显示屏组成，使用 DC 9V 电池作为电源，量程范围是±200. 0mV 或±200mA，仪表不需要加接任何转换开关，可以得到两种测量功能。电压测量的输入点是 V-IN 端，电流测量输入点是 A-IN 端。

若显示部分采用 LED 数码管，则 A/D 转换芯片应使用 ICL7107。

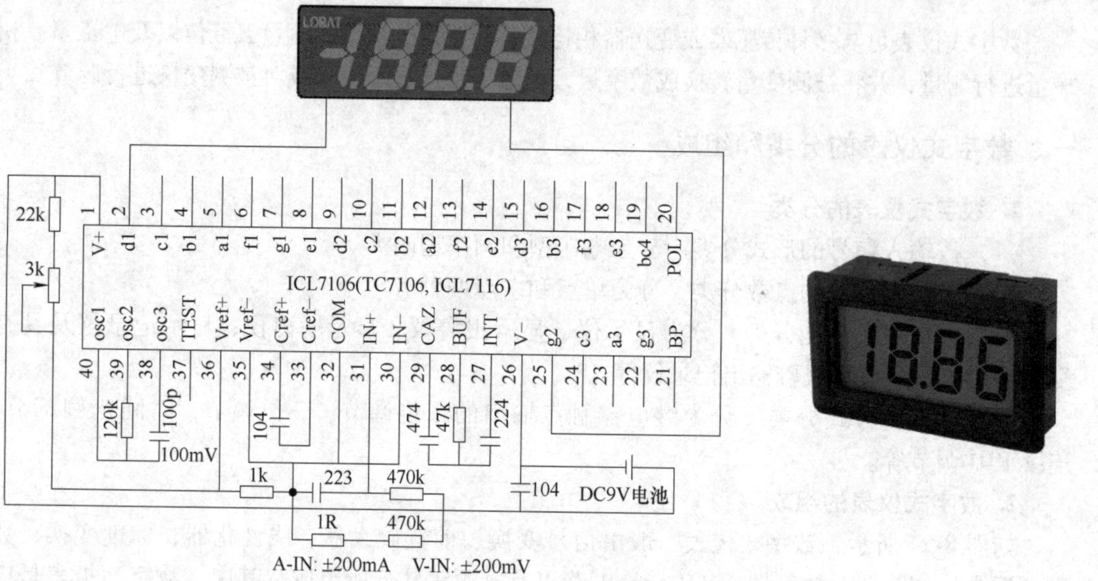

图 8-25 三位半数字面板表电路原理和外观图

2. 四位半单量程数字电压表

ICL7135 四位半单量程数字电压表电路如图 8-26 所示。ICL7135 的 B8、B4、B2、B1 各

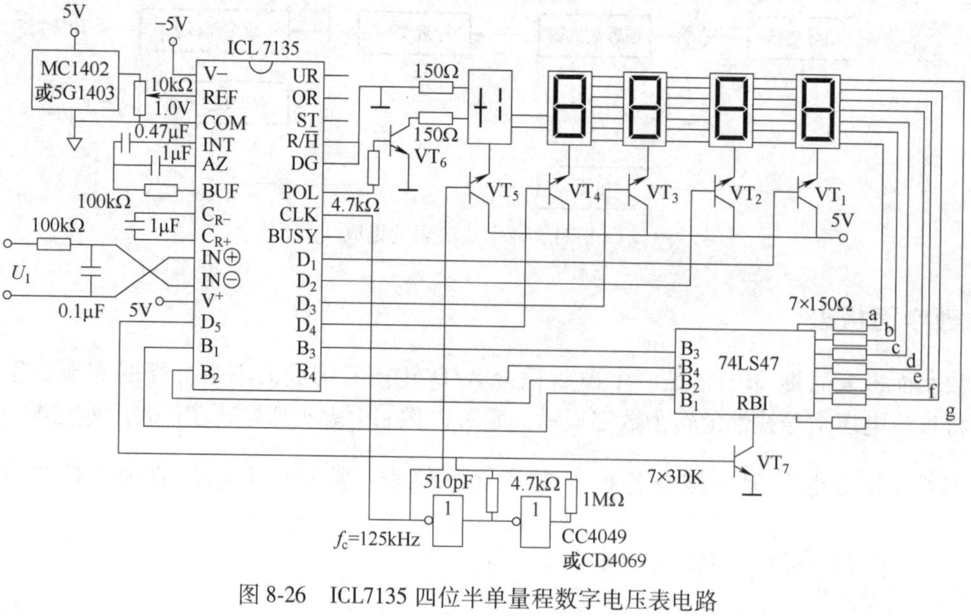

图 8-26 ICL7135 四位半单量程数字电压表电路

端送出的 BCD 码，经过 74LS47 BCD 码/七段译码器转换后，可同时能使 5 个共阳极数码管显示数字；$D_5 \sim D_1$ 提供位选通信号，经 $VT_5 \sim VT_1$ 对数码管由高位到低位分时扫描显示；利用 D5 信号经 VT_7 反相后控制 74LS47 的 RBI 端，可实现“万”位显示的控制。RBI = 0，74LS47 只能输出“0”以外的数字所对应的七段码，RBI = “1”则能输出包括“0”在内的任何数字所对应的七段码。

小知识

数字面板表的位数

数字表的位数常用“$a\frac{b}{c}$位”方式来表示，这里$\frac{b}{c}$位是表示首位数字能显示的范围的，其含义不是一个分数。例如，1999 计数的仪表称为 $3\frac{1}{2}$位（俗称三位半）；3999 计数的表称为 $3\frac{3}{4}$位（不能称为 3.75 位）。9999 计数的称为全 4 位仪表。

单元小结

数字式仪表能将被测的模拟量变成数字量，通过数字编码将测量结果以数字形式显示出来，具有准确度和分辨率高、测量快、简单可靠、易于维护等特点。按照原理和用途不同，数字式仪表分为多种类型。数字式仪表的重要特性指标有显示位数、量程等。

单元五　智能仪表

单元引入

指示仪表的发展经历了从机械指针式、模拟和数字式到智能式仪表乃至嵌入式、虚拟式仪表等的发展。智能仪表是指以微型计算机（单片机）为主体，将计算机技术和检测技术有机结合组成的新型仪表。与传统仪表相比较，智能仪表在测量过程的自动化、测量数据的处理、测量功能多样化等方面都有很大优势。

学习目标

1）能描述智能仪表的特点。

2）了解智能仪表的发展简史和应用案例。

3）能够通过自主的媒体学习，进一步了解智能仪表的发展趋向。

建议课时

4学时

知识点

智能仪表是以微型计算机（单片机）为核心，将计算机技术和检测技术有机结合的产物。智能仪表在测量过程自动化、测量数据处理及功能多样化方面具有强大的优势。智能仪表不仅解决了传统仪表不易解决的问题，还简化了仪表电路，提高了仪表的可靠性，使检测仪表更容易实现高精度、高性能和多功能。智能仪表不但能完成多种物理量的精确显示，而且可以有变送输出、继电器控制输出、通讯、数据保持等多种功能。智能仪表和内部嵌入通讯模块和控制模块的传感器配用，可以完成数据采集、数据处理和数据通讯功能，简单地理解，智能仪表就是在普通仪表和传感器上增加了单片机。

一、智能仪表的基本原理和特性

图8-27所示为智能仪表的典型结构框图。

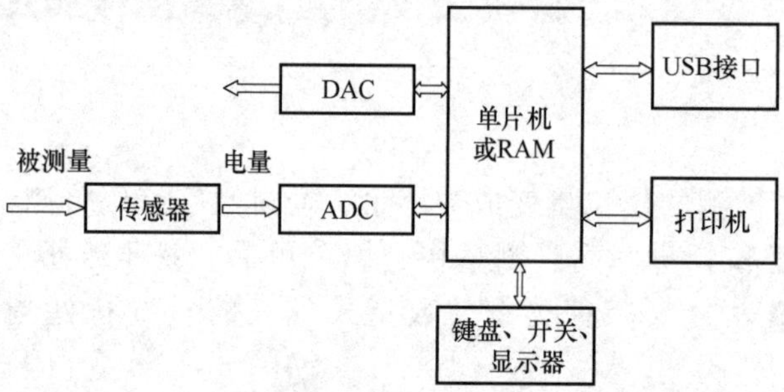

图8-27　智能仪表的典型结构框图

传感器将被测量转换成电信号，经调理和放大后进入A/D转换器（ADC）转换成脉冲信号，再送入单片机或RAM中。单片机根据设定的初值进行数据运算和处理（如非线性校正等），输出运算结果（数据）进行显示和打印；同时单片机把运算结果与设定参数进行比较，根据比较运算结果和控制要求，输出控制信号。

与传统仪表相比较，智能仪表具有以下特点：

（1）操作自动化　仪表的全部测量过程如键盘扫描、量程选择、数据采集、传输与处理以及显示打印等，都用单片机或微控制器来控制操作，实现测量过程的全部自动化。

（2）具有自测功能　自测功能包括自动调零、自动故障与状态检验、自动校准、自诊断及量程自动转换等。智能仪表能自动检测出故障的部位甚至故障的原因，这种自测试可以在仪器起动时运行，同时也可在仪器工作中运行，极大地方便了仪器的维护。

（3）具有数据处理功能　智能仪表由于采用了单片机或微控制器，可以用软件非常灵活地解决许多原来用硬件难以解决的问题。例如，传统的数字万用表只能测量电阻、交直流电压、电流等，而智能型数字万用表不仅能进行上述测量，还能对测量结果进行复杂的数据处理，如零点平移、取平均值、求极值、统计分析等，大大提高了仪器的测量精度。

（4）具有友好的人机对话能力　智能仪表使用键盘代替传统仪器中的切换开关，操作人员只需通过键盘输入命令，就能实现某种测量功能。与此同时，智能仪器还通过显示屏将仪器的运行情况、工作状态以及对测量数据的处理结果及时告诉操作人员，使仪器的操作更加方便直观。

（5）具有可程控操作能力　一般智能仪器都配有 GPIB、RS-232C、RS-485 等标准的通信接口，可以很方便地与 PC 和其他仪器一起组成用户所需要的多种功能的自动测量系统，来完成更复杂的测试任务。

知识链接

通信接口

通信接口是指中央处理器和标准通信子系统之间的接口。如 RS232 接口。RS232 接口是一种串口，计算机机箱后方的 9 芯插座，旁边一般有“｜O｜O｜”样标识。

在工业现场能够选择的通讯接口非常多，常见的是 RS-232、RS-485、以太网、GPIB、USB、无线、光纤等。标准串口（RS-232）通讯线路简单，只要一根交叉线即可与 PC 主机进行点对点双向通讯。线缆成本低，但传输速度慢、不适于长距离通讯。RS-232 多存在于工控机及部分通信设备中。

二、智能仪表的发展

智能仪表的发展有以下几个方面：微电子技术的进步促进智能仪表设计；DSP 芯片使仪表数字信号处理功能大大加强；计算机的发展使仪表有更强大的数据处理能力；图像处理功能被广泛应用。智能仪表的发展方向有以下方面：

（1）小型化和多功能　随着微电子技术、MEMS 技术、信息技术的发展，智能仪器向体积小、功能全的方向发展。

（2）人工智能　人工智能是计算机应用的一个新领域，智能设备将引入人工智能来完成测试或控制功能。

（3）网络共享　Internet 通信和远程技术使智能仪器系统的设计、维护等功能网络化。智能仪表的网络化是一个重要的发展趋势。

（4）虚拟仪器　相同硬件的虚拟仪器，采用不同的软件编程，可以得到完全不同的测量仪器，并且可以扩展和升级，为用户带来极大的好处。一台计算机配备相应的测量模板或扩展机箱，可以成为一个数字存储示波器、频谱分析仪、数字万用表或函数发生器。虚拟仪器成为智能仪器发展的新趋势。

单元小结

智能仪表是以微型计算机为核心，将计算机技术与检测技术相结合。智能仪表具有数据存储运算、逻辑判断、数据通信及自检测等功能。智能仪表的测量范围宽、精度高、稳定性好，在诸多领域有越来越多的应用。

单元六　应用案例——飞行器仪表

单元引入

飞行器仪表是指为飞行人员提供有关飞行器及其分系统信息的设备。飞行器仪表与各种控制器一起形成人机接口，使飞行人员能按飞行计划操纵飞行器。仪表提供的信息既是飞行人员操纵飞行器的依据，同时又反映出飞行器被操纵的结果。

本单元介绍飞行器仪表的分类、民用航空飞机仪表系统的组成以及航空地平仪的相关知识。

学习目标

1）能描述飞行器仪表的基本功能和特点。

2）了解飞行器仪表的发展简史和应用案例。

3）通过自主学习，了解智能化航空仪表的发展。

建议课时

2 学时

知识点

一、飞行器仪表简史

飞行器仪表的发展与飞行器的发展密切相关。早期飞机上没有专门设计的仪表，装在飞机上的是一些地面用的简陋仪表，如指示高度用的真空膜盒式气压计、指示航向用的磁罗盘、指示飞机姿态用的气泡式水平仪。那时人们主要靠肉眼观察，在能见度许可的情况下飞行。第一次世界大战期间飞机上已装有少量的飞行仪表及发动机仪表。此后，飞机上逐渐装备了罗盘、倾侧和俯仰角指示器、转弯倾斜仪和时钟等。1929 年9 月，美国飞机驾驶员 J · H · 杜立特凭借仪表和无线电导航设备安全完成首次盲目飞行，即仪表飞行，开创了仪表发展的新阶段。从 1930 年开始，一些国家相继规定飞机上必须配备能完成盲目飞行的、一定数量的基本仪表，其中包括空速表、高度表、陀螺地平仪、航向陀螺仪、升降速度表和转弯倾斜仪等。1930—1950 年，飞机仪表有了很大的发展，出现了远读仪表、伺服仪表等新式仪表。这一时期最重大的进展是出现了各种机电型综合仪表，最有代表性的是指引地平仪、航道罗盘、大气数据计算机。1960—1970 年，电子技术尤其是微电子技术的发展以及彩色阴极射线管和其他新型光电元件的相继问世，为仪表数字化、小型化、综合化和智能化提供了条件。数字式大气数据计算机、捷联式惯性导航系统等带微型计算机的数字测量系统和以平视显示器（Head Up Display，HUD）为代表的电子综合显示仪的出现，标志着飞行器仪表进入一个新的发展阶段。

二、飞行器仪表的分类

飞行器仪表按照功能分为飞行仪表、导航仪表、发动机仪表等。按照组成原理不同，飞行器仪表又可分为直读仪表、远读仪表、伺服仪表和综合仪表等。

1. 飞行仪表

飞行仪表是指示飞行器在飞行中的运动参数（包括线运动和角运动）的仪表，驾驶员凭借这类仪表能够正确地驾驶飞机。这类仪表主要有利用大气特性的各种气压式仪表、利用陀螺特性的各种陀螺仪表和利用物体惯性的加速度（过载）仪表等。

2. 导航仪表

导航仪表用于显示飞行器相对于地球或其他天体的位置，为飞行员或飞行控制系统提供使飞行器按规定航线飞向预定目标所需要的信息。定位和定向是导航中的两大问题。导航仪表包括导航时钟、各种航向仪表和各类导航系统。导航系统按工作原理分为航位推算导航系统、无线电导航系统、天文导航系统、卫星导航系统，以及它们有机结合、互相校正的组合导航系统。航位推算导航系统按原始信息的性质又分为利用真实空速推算的自动领航仪、利用地速推算的多普勒导航系统和利用加速度推算的惯性导航系统。

3. 发动机仪表

发动机仪表用于检查和指示发动机工作状态。按被测参数分类，主要有转速表、压力表、温度表和流量表等。现代发动机仪表还包括振动监控系统，用于指示发动机的结构不平衡性和预告潜在的故障。燃油是直接供发动机使用的，故指示燃油油量的油量表通常也归属于发动机仪表。

4. 直读仪表

很多早期的仪表都属于直读仪表类，如气压式高度表、空速表、升降速度表、磁罗盘、航向陀螺仪等。直读仪表通常由敏感元件（直接感受被测物理量的元件）、放大传动机构和指示装置组成，如气压式仪表等。有的直读仪表则直接由敏感元件来带动指示装置，如磁罗盘和航向陀螺仪。直读仪表简单、可靠，不仅仍大量用于一些低空飞行的轻型飞机上，而且几乎在所有飞机上都还用它们作为应急仪表。

5. 远读仪表

远读仪表通常由传感器和指示器两部分组成。传感器远离仪表板，指示器则在仪表板上。大多数发动机仪表均属此类，如发动机排气温度表用热电偶式感温头作为传感器，用毫伏表作为指示器。还有一些仪表利用远距同步传输系统来实现远读的功能。

6. 伺服仪表

伺服仪表是利用伺服系统原理构成的仪表，也称闭环仪表。采用伺服机构能减小摩擦力

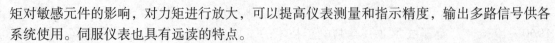

矩对敏感元件的影响，对力矩进行放大，可以提高仪表测量和指示精度，输出多路信号供各系统使用。伺服仪表也具有远读的特点。

7. 综合仪表

综合仪表也称为组合仪表。仪表的综合化有两条平行的途径：一为传感器综合化，二为显示器综合化。

传感器综合化又分为两种方式。一种方式是把原理不同而功用类似的几个传感器组合在一起，以达到互相校正和提高仪表性能的目的。由磁罗盘和航向陀螺仪组成的陀螺磁罗盘是这种综合方式的典型例子。另一种方式是把少量公用的原始信息传感器集中起来，通过计算机计算，输出为数众多的不同的信号。这方面的典型实例是大气数据计算机。传感器综合化方式的优点是大大减少了设备的重复性，减小了体积和重量，又能采用较完善的测量原理，进行多种误差补偿而提高了参数测量精度。

显示器综合化是把有关的参数集中在一个显示器内显示，这样做不仅能有效地减少仪表数量、减轻仪表板的拥挤程度、减轻飞行员的目视负担，而且还能得到用单一参数指示器所不能得到的有用信息。早期的组合式高度表、组合式航向仪表，后来的机电型指引地平仪、航道罗盘以及现代的电子综合显示仪（EFIS）都是显示综合化的实例。

飞行仪表是飞机性能参数和导航参数显示的窗口，可为飞行员提供驾驶飞机所需的飞行参数、导航数据及飞机系统状态等信息。现代民用飞机的座舱仪表系统已经逐渐向电子飞行仪表系统过渡，以先进的智能液晶显示器取代原有的分离机电式仪表，给飞行员提供全新的人机界面，因此，对飞行员操作程序（POP）的评估也成为民用飞机顶层设计的重要环节，以达到最佳的人机功效。

现代飞机驾驶舱普遍采用数字式显示计算机替代以往机电式显示仪表，如地平仪、航道罗盘、电动高度表、马赫空速表等，并将飞行、导航等大量信息进行综合，形成电子飞行仪表系统，系统主要显示内容包括主飞行显示参数，如飞机姿态、高度信息、速度信息、A/P 和 A/T 衔接状态及工作方式、重要的警告信息；主要导航信息，包括各种导航参数与飞行计划、系统故障信息等。这些数据信息主要通过 RS-232、RS-485、Arinc429 以及以太总线接口技术与航电系统其他部件进行交联传输数据。飞行驾驶员通过 EFIS 显示信息实时地对飞机工作状态进行全过程操控。

三、民用航空飞机仪表系统的组成

民用航空飞机仪表系统主要由仪表、显示控制系统组成。

1. 仪表

机械式仪表通过机械化陀螺、内置或外置的传感器，将飞机的姿态、空速、高度等数据传递给飞行员。以机械式高度表为例，机械膜盒式仪表通过膜盒探测外界的气压，将压力值转化为高度、速度数值，再通过机械连杆带动仪表指针在刻度盘上显示数值，具有感受、传送和指示环节。早期机械式仪表仅能够分别显示姿态、高度、速度或航向等简单的参数，仪表的集合度和可维修性都较差。后期随着机电仪表的逐渐发展，机械式仪表得到了优化，在信号传输到仪表的过程使用了电信号。但是电信号在传输通路中是以模拟离散的量进行传导。仪表的数量的增多，以及早期的人机环境因素考虑不足，造成飞行员的工作负荷较大。

离散的数据仪表很难满足飞行员对于数据的采集和观察。在 20 世纪 80 年代，CRT 显示器在飞行仪表系统中得到了运用，将飞行员所需的数据集中进行显示。且根据“T”字排列的要求，将有效的信息合理的分布在一块显示器上，极大地降低了飞行员的工作负荷。

20 世纪 90 年代后，LCD 显示器逐渐替代了 CRT 显示器，LCD 显示器以更小的体积、更低的重量与能耗以及更高的可靠性，在电子飞行仪表系统中的应用范围逐渐增加。目前主流的电子飞行仪表系统显示器均为 LCD 显示器。

2. 显示控制系统

显示控制系统经历了单纯的显示界面、机械按键显示控制以及触摸方式显示控制等阶段。

由于机电仪表的显示局限，早期的显示控制系统并没有过多考虑对于显示内容、方式的更改。当电子飞行仪表引入了 CRT 显示器及 LCD 显示器后，显示控制成为一个不得不考虑的内容。由于系统的集成度大幅度提高，电子飞行仪表与全机多个系统进行了互联。电子飞行仪表系统的控制功能便成为了各个系统功能控制的唯一输入，包括自动飞行系统、导航系统、飞管系统乃至维护系统等。为了对各个系统进行有效的控制，带有机械按键显示的控制板逐渐得到运用，包括显示控制、光标控制、调谐控制、飞管的控制显示等。伴随着显示界面的菜单化、显示信息的融合化以及显示系统的复杂化，物理按键的控制方式逐渐无法满足全部的控制要求，触摸方式的显示控制可以有效的输入和控制显示信息，在越来越多的主流飞机仪表系统中出现。

四、飞机仪表案例——航空地平仪

航空地平仪又称姿态仪，作用是显示飞机相对于地平线的姿态，飞行员通过姿态仪能判断飞机姿态的左倾、右倾，及上仰和下俯。飞行姿态对于飞机的运动状态和保证飞行安全都有重要的意义，因此，姿态仪作为首要的飞行仪表，通常被安装在仪表板中间最显著的位置上，也称为姿态指引仪或陀螺地平仪。

姿态仪利用陀螺特性测量飞机俯仰和倾斜姿态，其核心结构是一个陀螺仪，无论飞机的姿态如何变化，陀螺的定轴性在空间保持相同，因而能显示出飞机的姿态。姿态仪是飞机飞行时的重要仪表，在能见度差的飞行天气中以及在山地飞行中，飞行员看不到地平线，失去地平线的参考，只能通过地平仪判断飞机的姿态。失去或不相信地平仪，飞行员极易进入空间迷失。

姿态仪分为直读式与远读式两种。直读式姿态仪直接通过表的指示机构表示飞机姿态。远读式姿态仪通过装在陀螺仪上的传感元件输出飞机姿态信号，由远距传输系统送到地平指示器进行显示。这种带有信号传感元件的陀螺仪称为垂直陀螺，它作为姿态传感器可向各机载系统提供飞机俯仰和倾斜角信号。歼击机或老式飞机中用直读式姿态仪，当飞机爬升时，飞机标志移到地平线下方，俯冲时则相反，不符合人的判读习惯，远读式姿态仪克服这一缺点而被现代飞机广泛采用。

图 8-28a～e 分别为飞机平飞、向左倾斜、向右倾斜、上仰约 10°和下俯约 10°的状态下远读式姿态仪显示器中显示的飞机的姿态。

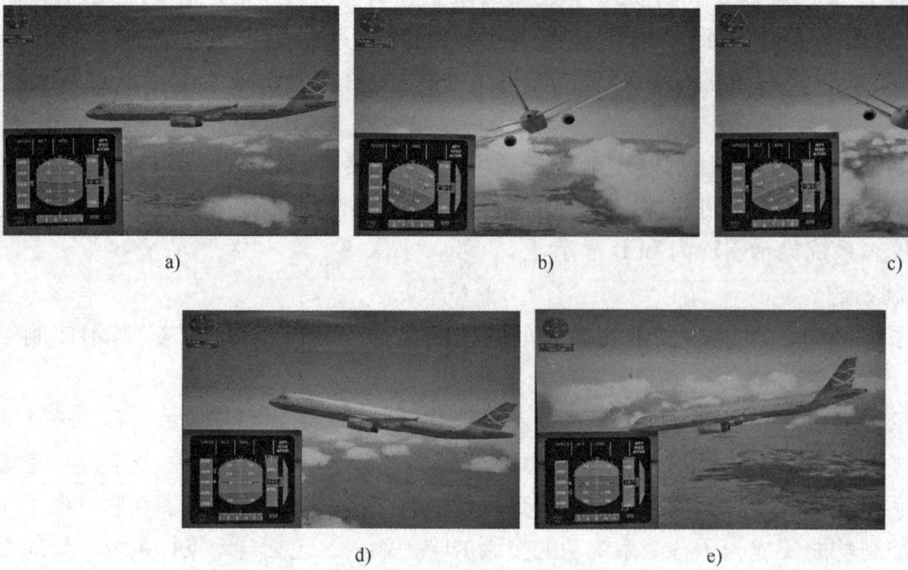

图 8-28 远读式姿态仪显示器中显示的飞机的各种姿态

单元小结

飞行器仪表是测定和表示飞行器数据的工具，飞行器仪表分为飞行仪表、导航仪表等不同类型。飞机仪表是飞机中必不可少的一部分，飞行员根据飞机仪表指示的数据做出判断和进行操作。姿态仪是飞机仪表中最重要的部分，它能显示飞机相对于地平线的姿态，姿态仪是根据陀螺仪的原理工作的。

模块总结

传感器信号处理

传感器信号处理电路是传感器检测系统中非常重要的部分，其性能直接影响检测系统的精度和灵敏度。处理电路要根据传感器输出信号特征选取。传感器输出信号分为开关型、模拟型和数字型等，见表 8-3。常用的信号处理电路有电桥、放大器、滤波电路等，见表 8-4。为了解决传感系统的信号干扰问题，常采用屏蔽、接地、滤波等技术。

表 8-3 传感器的输出信号形式

信号类型	输出形式	输出物理量	实例
开关型	有触点式	开关	干簧管
	无触点式	开关	接近开关

（续）

信号类型	输出形式	输出物理量	实例
模拟型	连续式	电压	热电偶
		电流	集成温度传感器
		电阻	应变片
		电容	容栅传感器
		电感	差动变压器
	脉冲式	脉冲频率	超声波传感器
		脉冲峰值	
		脉冲宽度	电容式传感器
	频率式	频率	转速传感器
数字型	脉冲数式	电脉冲	光栅传感器
	编码式	电脉冲	角编码器

表 8-4　典型的传感器接口

输入接口电路	信号预处理功能
阻抗变换电路	将传感器输出的高阻抗转换为低阻抗，便于检测电路准确拾取传感器信号
放大电路	将微弱的传感器信号放大
电流电压转换电路	将传感器的电流转换为电压信号
电桥电路	将传感器的电阻、电容或电感转换为电流或电压信号
频率电压转换电路	将传感器输出的频率信号转换为电流或电压信号
电荷放大器	将传感器输出的电荷信号转换为电压信号
有效值转换电路	当传感器为交流输出时，转换为有效值，变为直流输出
滤波电路	通过低通及带通滤波器消除传感器的噪声（干扰信号）
线性化电路	使传感器输出信号与被测量符合线性关系（线性校正）
对数压缩电路	当传感器输出信号动态范围较宽时，用对数电路进行压缩

输入接口电路的作用是将传感器的模拟量转换成计算机所能接受的数字量，并按一定程序输入计算机。输入接口电路主要由信号预处理电路、数据采集系统和计算机接口电路组成。传感器与计算机的接口是计算机化检测与控制系统的关键环节。

显示仪表分为模拟式和数字式两大类。以单片机为主体，将计算机技术和检测技术有机结合的新一代智能仪表，在测量的自动化、数据处理及功能多样化方面，取得了巨大进展。随着技术的发展，新型智能仪表的应用越来越广泛，它的功能已远远超出传统仪表的显示功用。

模块测试

8-1 按传感器输出信号的变化形式，可将传感器分为哪些类型？

8-2 传感器信号的处理电路主要有哪些？举出一种电路说明其具体应用。

8-3 简述开关类传感器信号的预处理方法。

8-4 什么是相敏检波？相敏检波有哪些特点？

8-5 传感器信号在输入计算机前要做哪些处理？举例说明。

8-6 抑制噪声的方法有哪些？屏蔽分为哪几种？

8-7 根据接口电路实例的讨论，简单解释采样保持器的作用。

8-8 用电位器式传感器和单片机组成一个自动测量系统，试设计并画出电路组成框图。

8-9 调制与解调电路的作用分别是什么？

8-10 飞行数据采集器的基本功能有哪些？

8-11 与传统仪表相比较，智能仪表具有哪些特点？

附　录

附录 A　常用传感器的性能比较

传感器类型	典型示值范围	主要优缺点		应用场合与领域
电位器	500mm 以下 或 360°以下	结构简单、输出信号大、测量电路简单	摩擦力大、需要较大的输入能量、动态响应差。应用于无腐蚀性气体的环境中	直线和角位移测量
应变片	2000μm 以下	体积小、价格低廉、精度高、频率特性较好	输出信号小、测量电路较复杂、易损坏	力、应力、应变、小位移、振动、速度、加速度及扭矩测量
电感	0.001~20mm	结构简单、分辨力高、输出电压高	体积大、动态响应较差、需要较大的激励功率、易受环境振动的影响	小位移测量、液体及气体压力测量、振动测量
电涡流	100mm 以下	体积小、灵敏度高、非接触测量、使用方便、频响好、应用领域宽	标定复杂、须远离非被测金属物体	小位移、振动、加速度、振幅、转速、表面温度及状态测量、无损探伤
电容	0.001~0.5mm	体积小、动态响应好、能在恶劣条件下工作、需要的激励功率小	测量电路复杂、对湿度影响较敏感、需要良好屏蔽	小位移测量，气体及液体压力测量，湿度、含水量、液位测量
压电	0.5mm 以下	体积小、高频响应好、属发电型传感器、测量电路简单	受潮后易漏电	振动、加速度、速度测量
光电	视应用情况而定	非接触式测量、动态响应好、精度高、应用范围广	易受杂光干扰、需要防光护罩	亮度、温度、转速、位移、振动、透明度测量及应用于其他特殊领域
霍尔	5mm 以下	体积小、灵敏度高、线性好、动态响应好、非接触式、测量电路简单、应用范围广	易受外界磁场和温度影响	磁场强度、角度、位移、振动、转速、压力测量及应用于其他特殊场合

（续）

传感器类型	典型示值范围	主要优缺点		应用场合与领域
热电偶	-200~1300℃	体积小、精度高、安装方便、属发电型传感器、测量电路简单	冷端补偿复杂	测温
超声波	视应用情况而定	灵敏度高、动态响应好、非接触测量、应用范围广	测量电路复杂、标定复杂	距离、速度、位移、流量、流速、厚度、液位、物位测量和无损探伤
光栅	$0.001\sim1\times10^4$mm	测量结果易数字化、精度高、温度影响小	成本高、不耐冲击、易受油污及灰尘影响、需要遮光和防尘	大位移、静动态测量，多应用于自动化机床
磁栅	$0.001\sim1\times10^4$mm	测量结果易数字化、精度高、温度影响小、录磁方便	成本高、易受外界磁场影响、需要磁屏蔽	大位移、静动态测量，多应用于自动化机床
感应同步器	0.005mm 至几米	测量结果易数字化、精度较高、受温度影响小、对环境要求低	易产生接长误差	大位移、静动态测量，多应用于自动化机床

附录 B 热电偶分度表

表 B-1 镍铬-镍硅热电偶分度表（分度号：K） （参考端温度为 0℃）

工作端温度/℃	0	-10	-20	-30	-40	-50	-60	-70	-80	-90
	热电动势/mV									
0	0.000	-0.392	-0.778	-1.156	-1.527	-1.889	-2.243	-2.587	-2.920	-3.243
-100	-3.554	-3.852	-4.138	-4.411	-4.669	-4.913	-5.141	-5.354	-5.550	-5.730
-200	-5.891	-6.035	-6.158	-6.262	-6.344	-6.404	-6.441	-6.458	—	—

工作端温度/℃	0	10	20	30	40	50	60	70	80	90
	热电动势/mV									
0	0.000	0.397	0.798	1.203	1.612	2.023	2.436	2.851	3.267	3.682
100	4.096	4.509	4.920	5.328	5.735	6.138	6.540	6.941	7.340	7.739
200	8.138	8.539	8.940	9.343	9.747	10.153	10.561	10.971	11.382	11.795
300	12.209	12.624	13.040	13.457	13.874	14.293	14.713	15.133	15.554	15.975
400	16.397	16.820	17.243	17.667	18.091	18.516	18.941	19.366	19.792	20.218
500	20.644	21.071	21.497	21.924	22.350	22.776	23.203	23.629	24.055	24.480

（续）

工作端温度/℃	0	10	20	30	40	50	60	70	80	90
	热电动势/mV									
600	24.905	25.330	25.755	26.179	26.602	27.025	27.447	27.869	28.289	28.710
700	29.129	29.548	29.965	30.382	30.798	31.213	31.628	32.041	32.453	32.865
800	33.275	33.685	34.093	34.501	34.908	35.313	35.718	36.121	36.524	36.925
900	37.326	37.725	38.124	38.522	38.918	39.314	39.708	40.101	40.494	40.885
1000	41.276	41.665	42.053	42.440	42.826	43.211	43.595	43.978	44.359	44.740
1100	45.119	45.497	45.873	46.249	46.623	46.995	47.367	47.737	48.105	48.473
1200	48.838	49.202	49.565	49.926	50.286	50.644	51.000	51.355	51.708	52.060
1300	52.410	—	—	—	—	—	—	—	—	—

表 B-2　铂铑$_{10}$-铂热电偶分度表（分度号：S）　　（参考端温度为 0℃）

工作端温度/℃	0	-10	-20	-30	-40	-50	-60	-70	-80	-90
	热电动势/mV									
0	0	-0.053	-0.103	-0.150	-0.194	-0.236	—	—	—	—
工作端温度/℃	0	10	20	30	40	50	60	70	80	90
	热电动势/mV									
0	0.000	0.055	0.113	0.173	0.235	0.299	0.365	0.433	0.502	0.573
100	0.646	0.720	0.795	0.872	0.950	1.029	1.110	1.191	1.273	1.357
200	1.441	1.526	1.612	1.698	1.786	1.874	1.962	2.052	2.141	2.232
300	2.323	2.415	2.507	2.599	2.692	2.786	2.880	2.974	3.069	3.164
400	3.259	3.355	3.451	3.548	3.645	3.742	3.840	3.938	4.036	4.134
500	4.233	4.332	4.432	4.532	4.632	4.732	4.833	4.934	5.035	5.137
600	5.239	5.341	5.443	5.546	5.649	5.753	5.857	5.961	6.065	6.170
700	6.275	6.381	6.486	6.593	6.699	6.806	6.913	7.020	7.128	7.236
800	7.345	7.454	7.563	7.673	7.783	7.893	8.003	8.114	8.226	8.337
900	8.449	8.562	8.674	8.787	8.900	9.014	9.128	9.242	9.357	9.472
1000	9.587	9.703	9.819	9.935	10.051	10.168	10.285	10.403	10.520	10.638
1100	10.757	10.875	10.994	11.113	11.232	11.351	11.471	11.590	11.710	11.830
1200	11.951	12.071	12.191	12.312	12.433	12.554	12.675	12.796	12.917	13.038
1300	13.159	13.280	13.402	13.523	13.644	13.766	13.887	14.009	14.130	14.251
1400	14.373	14.494	14.615	14.736	14.857	14.978	15.099	15.220	15.341	15.461
1500	15.582	15.702	15.822	15.942	16.062	16.182	16.301	16.420	16.539	16.658
1600	16.777	16.895	17.013	17.131	17.249	17.366	17.483	17.600	17.717	17.832
1700	17.947	18.061	18.174	18.285	18.395	18.503	18.609	—	—	—

表 B-3 铂铑$_{30}$-铂铑$_6$ 热电偶分度表（分度号：B） （参考端温度为0℃）

工作端温度/℃	0	10	20	30	40	50	60	70	80	90
	热电动势/mV									
0	−0.000	−0.002	−0.003	−0.002	0.000	0.002	0.006	0.11	0.017	0.025
100	0.033	0.043	0.053	0.065	0.078	0.092	0.107	0.123	0.141	0.159
200	0.178	0.199	0.220	0.243	0.267	0.291	0.317	0.344	0.372	0.401
300	0.431	0.462	0.494	0.527	0.561	0.596	0.632	0.669	0.707	0.746
400	0.787	0.828	0.870	0.913	0.957	1.002	1.048	1.095	1.143	1.192
500	1.242	1.293	1.344	1.397	1.451	1.505	1.561	1.617	1.675	1.733
600	1.792	1.852	1.913	1.975	2.037	2.101	2.165	2.230	2.296	2.363
700	2.431	2.499	2.569	2.639	2.710	2.782	2.854	2.928	3.002	3.078
800	3.154	3.230	3.308	3.386	3.466	3.546	2.626	3.708	3.790	3.873
900	3.957	4.041	4.127	4.213	4.299	4.387	4.475	4.564	4.653	4.743
1000	4.834	4.926	5.018	5.111	5.205	5.299	5.394	5.489	5.585	5.682
1100	5.780	5.878	5.976	6.075	6.175	6.276	6.377	6.478	6.580	6.683
1200	6.786	6.890	6.995	7.100	7.205	7.311	7.417	7.524	7.632	7.740
1300	7.848	7.957	8.066	8.176	8.286	8.397	8.508	8.620	8.731	8.844
1400	8.956	9.069	9.182	9.296	9.410	9.524	9.639	9.753	9.868	9.984
1500	10.099	10.215	10.331	10.447	10.563	10.679	10.796	10.913	11.029	11.146
1600	11.263	11.380	11.497	11.614	11.731	11.848	11.965	12.082	12.199	12.316
1700	12.433	12.549	12.666	12.782	12.898	13.014	13.130	13.246	13.361	13.476
1800	13.591	13.706	13.820	—	—	—	—	—	—	—

表 B-4 铜-康铜热电偶分度表（分度号：T） （参考端温度为0℃）

工作端温度/℃	0	−10	−20	−30	−40	−50	−60	−70	−80	−90
	热电动势/mV									
0	0.000	−0.383	−0.757	−1.121	−1.475	−1.819	−2.153	−2.476	−2.788	−3.089
−100	−3.379	−3.657	−3.923	−4.177	−4.419	−4.648	−4.865	−5.070	−5.261	−5.439
−200	−5.603	−5.753	−5.888	−6.007	−6.105	−6.180	−6.232	−6.258	—	—
工作端温度/℃	**0**	**10**	**20**	**30**	**40**	**50**	**60**	**70**	**80**	**90**
	热电动势/mV									
0	0.000	0.391	0.790	1.196	1.612	2.036	2.468	2.909	3.358	3.814
100	4.279	4.750	5.228	5.714	6.206	6.704	7.209	7.720	8.237	8.759
200	9.288	9.822	10.362	10.907	11.458	12.013	12.574	13.139	13.709	14.283
300	14.862	15.445	16.032	16.624	17.219	17.819	18.422	19.030	19.641	20.255
400	20.872	—	—	—	—	—	—	—	—	—

附录 C　热电阻分度表

表 C-1　铂热电阻 Pt100 分度表

温度/℃	0	-10	-20	-30	-40	-50	-60	-70	-80	-90
	电阻值/Ω									
0	100.00	96.09	92.16	88.22	84.27	80.31	76.33	72.33	68.33	64.30
-100	60.26	56.19	52.11	48.00	43.88	39.72	35.54	31.34	27.10	22.83
-200	18.52	—	—	—	—	—	—	—	—	—

温度/℃	0	10	20	30	40	50	60	70	80	90
	电阻值/Ω									
0	100.00	103.90	107.79	111.67	115.54	119.40	123.24	127.08	130.90	134.71
100	138.51	142.29	146.07	149.83	153.58	157.33	161.05	164.77	168.48	172.17
200	175.86	179.53	183.19	186.84	190.47	194.10	197.71	201.31	204.90	208.48
300	212.05	215.61	219.15	222.68	226.21	229.72	233.21	236.70	240.18	243.64
400	247.09	250.53	253.96	257.38	260.78	264.18	267.56	270.93	274.29	277.64
500	280.98	284.30	287.62	290.92	294.21	297.49	300.75	304.01	307.25	310.49
600	313.71	316.92	320.12	323.30	326.48	329.64	332.79	335.93	339.06	342.18
700	345.28	348.38	351.46	354.53	357.59	360.64	363.67	366.70	369.71	372.71
800	375.70	378.68	381.65	384.60	387.55	390.48	—	—	—	—

表 C-2　铜热电阻 Cu50 分度表

温度/℃	0	-10	-20	-30	-40	-50	-60	-70	-80	-90
	电阻值/Ω									
0	50.000	47.854	45.706	43.555	41.400	39.242	—	—	—	—

温度/℃	0	10	20	30	40	50	60	70	80	90
	电阻值/Ω									
0	50.000	52.144	54.285	56.426	58.565	60.704	62.842	64.981	67.120	69.259
100	71.400	73.542	75.686	77.833	79.982	82.134	—	—	—	—

参考文献

[1] 牛百齐，董铭. 传感器与检测技术［M］. 2 版. 北京：机械工业出版社，2021.
[2] 胡向东. 传感器与检测技术［M］. 4 版. 北京：机械工业出版社，2021.
[3] 吴建平，彭颖. 传感器原理及应用［M］. 4 版. 北京：机械工业出版社，2021.
[4] 北京新大陆时代教育科技有限公司. 传感器应用技术［M］. 北京：机械工业出版社，2021.
[5] 张玉莲. 传感器与自动检测技术［M］. 3 版. 北京：机械工业出版社，2020.
[6] 张梅. 传感器应用技术项目实训教程［M］. 北京：机械工业出版社，2020.
[7] 于彤. 传感器应用与信号检测［M］. 北京：航空工业出版社，2019.
[8] 金发庆. 传感器技术及其工程应用［M］. 2 版. 北京：机械工业出版社，2020.
[9] 梁长垠. 传感器应用技术［M］. 北京：高等教育出版社，2018.
[10] 苗玲玉. 传感器应用基础［M］. 北京：机械工业出版社，2017.
[11] 王煜东. 传感器及应用［M］. 3 版. 北京：机械工业出版社，2017.
[12] 刘娇月，杨聚庆. 传感器技术及应用项目教程［M］. 2 版. 北京：机械工业出版社，2022.
[13] 贾海瀛. 传感器技术与应用［M］. 2 版. 北京：高等教育出版社，2021.
[14] 沈燕卿. 传感器技术［M］. 2 版. 北京：中国电力出版社，2019.
[15] 梁森，王侃夫，黄杭美. 自动检测与转换技术［M］. 4 版. 北京：机械工业出版社，2019.